141个实战案例全面覆盖

建模 + 材质 + 灯光 + 渲染 + 动画

中文版

3ds Max 2016

完全自学教程（实例版）

韩高峰 编著

人民邮电出版社

北 京

图书在版编目（ＣＩＰ）数据

中文版3ds Max 2016完全自学教程：实例版 / 韩高
峰编著. -- 北京：人民邮电出版社，2020.9
ISBN 978-7-115-52839-1

Ⅰ．①中… Ⅱ．①韩… Ⅲ．①三维动画软件—教材
Ⅳ．①TP391.414

中国版本图书馆CIP数据核字(2020)第066483号

内 容 提 要

本书以 3ds Max、V-Ray 和 Corona 软件为基础，以案例的形式讲解了这 3 个软件的基本功能和实际运用。通过学习本书，读者不仅可以掌握软件的基本操作，还可以学习软件在不同领域的应用。

本书共 14 章，前 8 章为 3ds Max 2016 的基础操作部分，涉及软件基础、建模、摄影机、材质与贴图、灯光、环境与效果，以及毛发与布料等；第 9 章介绍 V-Ray 渲染器的使用方法和技巧；第 10 章介绍 Corona 渲染器的基础知识；第 11~14 章介绍 3ds Max 中较为复杂的功能，涉及粒子与空间扭曲、动力学和动画制作。

本书在编排的过程中特意设计了技巧与提示、疑难问答和技术专题，这些可以帮助读者快速掌握一些关键知识或技术。本书最后还提供了 3ds Max 快捷键索引、效果图材质参数索引，以及 3ds Max 常见问题的解决方案。本书附带学习资源，内容包括本书所有实例的场景文件、实例文件，以及在线教学视频。读者可以通过在线方式获取这些资源，具体方法请参看本书前言。

本书非常适合作为 3ds Max 初学者的入门及提高参考书。另外，请读者注意，本书使用的软件为中文版 3ds Max 2016、V-Ray 3.40.01 和 Corona 1.3。

◆ 编　　著　韩高峰

责任编辑　张丹丹

责任印制　马振武

◆ 人民邮电出版社出版发行　　北京市丰台区成寿寺路 11 号

邮编　100164　　电子邮件　315@ptpress.com.cn

网址　https://www.ptpress.com.cn

北京瑞禾彩色印刷有限公司印刷

◆ 开本：880×1092　1/16

印张：19

字数：719 千字　　　　　　　　　　2020 年 9 月第 1 版

印数：1 – 2 000 册　　　　　　　　2020 年 9 月北京第 1 次印刷

定价：108.00 元

读者服务热线：(010)81055410　印装质量热线：(010)81055316

反盗版热线：(010)81055315

广告经营许可证：京东市监广登字 20170147 号

前　言

　　Autodesk公司的3ds Max是一款三维软件，3ds Max强大的功能使其从诞生以来就一直受到CG界艺术家的喜爱。3ds Max在模型塑造、场景渲染、动画及特效等方面都能制作出高品质的对象（注意，3ds Max在效果图领域的应用非常广泛），这使其在室内设计、建筑表现、影视与游戏制作等领域中占据了重要地位。

　　本书是初学者自学中文版3ds Max 2016的技术操作实践书。全书从实用角度出发，全面、系统地讲解了中文版3ds Max 2016的常用功能和操作技法，基本涵盖了中文版3ds Max 2016的常用工具、面板、对话框和菜单命令。本书除了介绍常用的V-Ray渲染器外，还介绍了新兴的Corona渲染器。全书以实例练习的方式演示了3ds Max 2016的各项重要工具及命令，精心安排了141个具有针对性的实例练习和77个技术回顾练习，帮助读者轻松掌握3ds Max 2016的使用技巧和具体应用，以做到学用结合，并且全部实例都配有教学视频，详细演示了实例的具体制作过程。

　　本书采用以练代学的方法，让读者通过实例练习去领悟软件的使用方法和使用技巧。本书在实例的编排上突出针对性和实用性，对于建模技术、灯光技术、材质技术、渲染技术和动画技术等3ds Max制作的核心技术，我们均进行了分享，以期再续经典。

本书的结构与内容

　　本书共14章，分为4部分，具体内容介绍如下。

基础部分（第1章）：讲解3ds Max 2016界面的基本操作。
功能部分（第2~8章）：讲解3ds Max 2016的常用建模方法、摄影机、材质与贴图、灯光、环境与效果，以及毛发与布料技术。
渲染器部分（第9、10章）：讲解V-Ray渲染器和Corona渲染器的相关知识。
动画部分（第11~14章）：讲解3ds Max 2016的粒子动画、动力学动画、基础动画和高级动画。

本书的版面结构说明

　　为了达到让读者轻松自学，快速深入地了解效果图制作技术的目的，本书除了设计了理论和实例这一套先学后练的学习系统之外，还专门设计了"技巧与提示""疑难问答""技术专题"等项目，简要介绍如下。

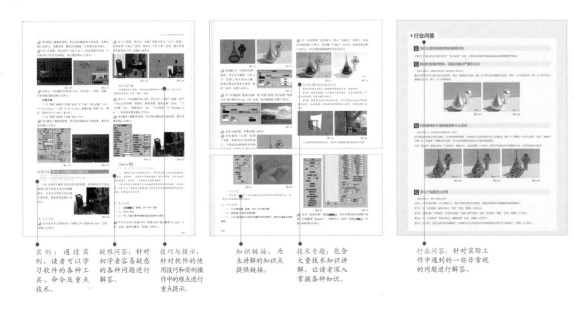

实例：通过实例，读者可以学习软件的各种工具、命令及重点技术。

疑难问答：针对初学者容易疑惑的各种问题进行解答。

技巧与提示：针对软件的使用技巧和实例操作中的难点进行重点提示。

知识链接：为未讲解的知识点提供链接。

技术专题：包含大量技术知识讲解，让读者深入掌握各种知识。

行业问答：针对实际工作中遇到的一些非常规的问题进行解答。

本书检索说明

为了让读者更加方便地学习3ds Max，同时在学习本书内容时能更轻松地查找到重要内容，我们在本书的最后提供了3个附录，分别是"附录A 3ds Max快捷键索引""附录B 常见材质参数设置索引""附录C 3ds Max 2016优化与常见问题速查"，简要介绍如下。

附录A 包含3ds Max的快捷键索引。

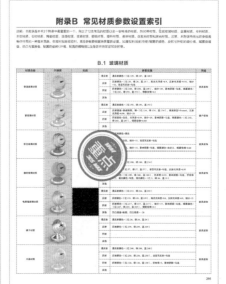

附录B 这是三大索引中最重要的一个，包含60种常见材质的参数设置索引，"技术回顾"中有这些材质的制作视频。

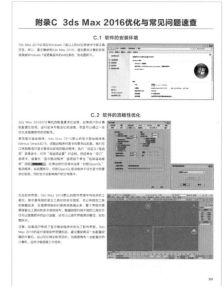

附录C 介绍了3ds Max常见的问题及解决办法。对于初学者来说非常重要。

其他说明

本书附带学习资源，内容包括本书所有实例的场景文件、实例文件，以及在线教学视频。扫描"资源获取"二维码，关注"数艺设"的微信公众号，即可得到资源文件获取方式。如需资源获取技术支持，请致函szys@ptpress.com.cn。

由于时间仓促，编者水平有限，书中难免存在不足之处，敬请广大读者批评指正。

资源获取

编者

2020年3月

资 源 与 支 持

本书由"数艺设"出品，"数艺设"社区平台（www.shuyishe.com）为您提供后续服务。

配套资源

本书的场景文件和实例文件可以通过在线下载的方式获取，教学视频需要通过"数艺设"社区平台在线观看。配套资源具体内容介绍如下。

资源获取请扫码

○ 场景文件

本书所有实例用到的场景文件。

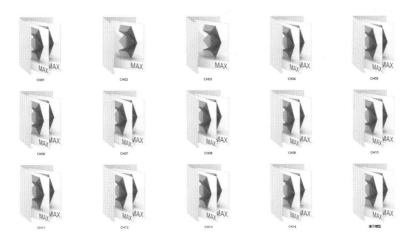

○ 实例文件

本书所有实例的源文件、效果图和贴图。

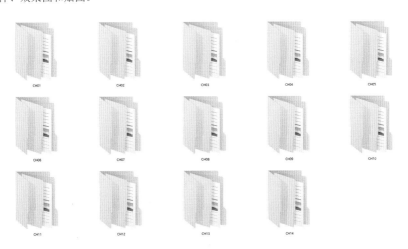

◎ 在线教学视频

141个实例视频

34个演示视频

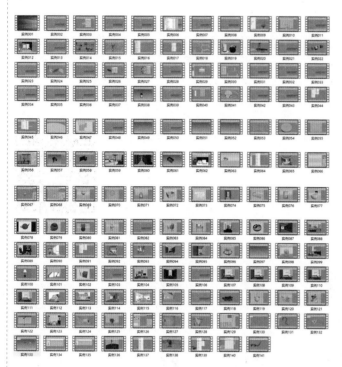

77个技术回顾教学视频

"数艺设"社区平台，为艺术设计从业者提供专业的教育产品。

与我们联系

我们的联系邮箱是 szys@ptpress.com.cn。如果您对本书有任何疑问或建议，请您发邮件给我们，并请在邮件标题中注明本书书名及ISBN，以便我们更高效地做出反馈。

如果您有兴趣出版图书、录制教学课程，或者参与技术审校等工作，可以发邮件给我们；有意出版图书的作者也可以到"数艺设"社区平台在线投稿（直接访问 www.shuyishe.com 即可）。如果学校、培训机构或企业想批量购买本书或"数艺设"出版的其他图书，也可以发邮件给我们。

如果您在网上发现针对"数艺设"出品图书的各种形式的盗版行为，包括对图书全部或部分内容的非授权传播，请您将怀疑有侵权行为的链接通过邮件发给我们。您的这一举动是对作者权益的保护，也是我们持续为您提供有价值的内容的动力之源。

关于"数艺设"

人民邮电出版社有限公司旗下品牌"数艺设"，专注于专业艺术设计类图书出版，为艺术设计从业者提供专业的图书、U书、课程等教育产品。出版领域涉及平面、三维、影视、摄影与后期等数字艺术门类，字体设计、品牌设计、色彩设计等设计理论与应用门类，UI设计、电商设计、新媒体设计、游戏设计、交互设计、原型设计等互联网设计门类，环艺设计手绘、插画设计手绘、工业设计手绘等设计手绘门类。更多服务请访问"数艺设"社区平台www.shuyishe.com。我们将提供及时、准确、专业的学习服务。

目录

第9章 V-Ray渲染器 200

第10章 Corona渲染器 224

初识3ds Max 2016

Autodesk公司出品的3ds Max是一款优秀的三维软件，3ds Max强大的功能使其从诞生以来就一直受到CG艺术家的喜爱。3ds Max在模型塑造、场景渲染、动画及特效等方面都能制作出高品质的作品，这使其在插画、影视动画、游戏、产品造型和效果图等领域中占据了重要地位，成为全球非常受欢迎的三维制作软件之一，使用它制作的作品如图1-1~图1-4所示。

图1-1　　　　　　　图1-2　　　　　　　图1-3　　　　　　　图1-4

技巧与提示

从3ds Max 2009开始，Autodesk公司推出了两个版本的3ds Max，一个是面向影视动画专业人士的3ds Max，另一个是专门为建筑师、设计师以及可视化设计量身定制的3ds Max Design，对于大多数用户而言，这两个版本是没有任何区别的。本书是按照中文版3ds Max 2016版本来编写的，3ds Max 2016将两个版本合二为一，在初次启动时会弹出选择版本的窗口，请读者选择"标准"模式，如图1-5所示。

图1-5

下面将以实例的形式重点介绍3ds Max 2016的工作界面以及其工具选项，所以请读者在自己的计算机上安装好3ds Max 2016，以便边学边练。

实例001 启动3ds Max 2016

场景位置	无
实例位置	无
学习目标	掌握启动3ds Max 2016的方法

01 安装好3ds Max 2016后，在"开始"菜单中执行"所有程序>Autodesk>Autodesk 3ds Max 2016 >3ds Max 2016 - Simplified Chinese"命令，如图1-6所示。

02 在启动3ds Max 2016的过程中，可以观察到3ds Max 2016的启动画面，如图1-7所示，此时将加载软件必需的文件。启动3ds Max 2016后，其工作界面如图1-8所示。这是启动中文版3ds Max 2016的方法。

图1-6　　　　　　　　　　　　　　　　　　　图1-7

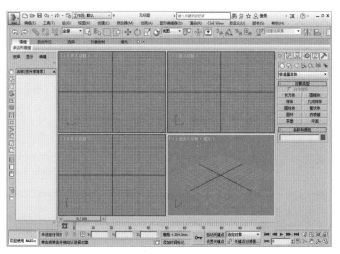

图1-8

03 除了上述方法，还可以使用鼠标左键双击桌面上的快捷图标，直接打开3ds Max 2016。但这种方式直接打开的是英文版3ds Max 2016。若要将快捷方式设置为中文版，需要在快捷图标上单击鼠标右键，然后选择"属性"选项，接着在弹出的"3ds Max 2016属性"对话框的"目标"文本框文字后面添加"/Language=CHS"，最后单击"确定"按钮，如图1-9所示。

图1-9

技巧与提示

如果需要从中文版转换为英文版3ds Max 2016，只需要将"/Language=CHS"改为"/Language=ENU"即可。

04 默认设置下，启动完成后首先将弹出"欢迎使用3ds Max"对话框，此时单击右上角的 ✕ 按钮退出即可，如图1-10所示。

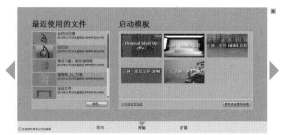

图1-10

技巧与提示

初次启动3ds Max 2016时，系统会自动弹出"欢迎使用3ds Max"对话框，其中包括学习、开始、扩展三大部分，若想在启动3ds Max 2016时不弹出"欢迎使用3ds Max"对话框，只需要在该对话框左下角取消勾选"在启动时显示此欢迎屏幕"选项即可，若要恢复显示"欢迎使用3ds Max"对话框，可以执行"帮助>欢迎屏幕"菜单命令来打开该对话框，如图1-11所示。

图1-11

在"欢迎使用3ds Max"对话框中选择启动模板时，主要选择"默认"模板，其界面如图1-12所示。在需要渲染工业产品时，可以选择"示例-Studio场景"模板，其界面如图1-13所示。需要渲染室外展示的产品时，可以选择"示例-室外HDRI庭院"模板，其界面如图1-14所示。

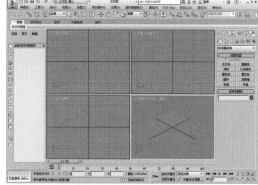

图1-12

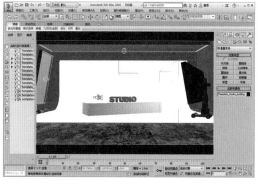

图1-13

图1-14

05 3ds Max 2016的默认工作界面是以四视图显示的,如果要以单一的视图显示,可以单击界面右下角的"最大化视口切换"按钮🔲或按快捷键Alt+W,如图1-15所示。

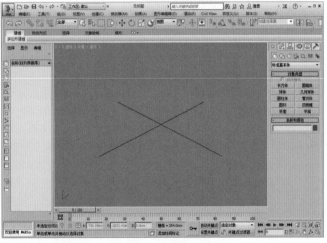

图1-15

> **技术专题** 🌐 **3ds Max 2016的界面组成**
>
> 3ds Max 2016的工作界面分为标题栏、菜单栏、主工具栏、建模工具选项卡、场景资源管理器、视口区域、命令面板、时间尺、状态栏、时间控制按钮和视口导航控制按钮11部分,如图1-16所示。

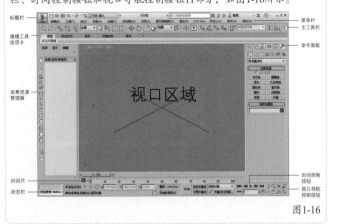

图1-16

标题栏:位于界面的顶部,显示当前编辑的文件的名称(如果没有打开文件,则显示为"无标题")、软件版本信息,包含"应用程序"按钮、快速访问工具栏和信息中心3个非常人性化的部分,如图1-17所示。

应用程序　　　快速访问工具栏　　　　　　　　信息中心

图1-17

菜单栏:包含"编辑""工具""组""视图""创建""修改器""动画""图形编辑器""渲染""Civil View""自定义""脚本""帮助"13个主菜单,如图1-18所示。

编辑(E)　工具(T)　组(G)　视图(V)　创建(C)　修改器(M)　动画(A)　图形编辑器(D)　渲染(R)　Civil View　自定义(U)　脚本(S)　帮助(H)

图1-18

命令面板:对场景对象的操作都可以在该面板中完成,包含"创建"面板、"修改"面板、"层次"面板、"运动"面板、"显示"面板和"实用程序"面板,如图1-19所示。

创建面板　修改面板　层次面板　运动面板　显示面板　实用程序面板

图1-19

主工具栏:集合了常用的一些编辑工具,图1-20所示为默认状态下的主工具栏。某些工具的右下角有一个三角形图标,单击该图标就会弹出下拉工具列表。以"捕捉开关"为例,单击"捕捉开关"按钮就会弹出捕捉工具列表,如图1-21所示。

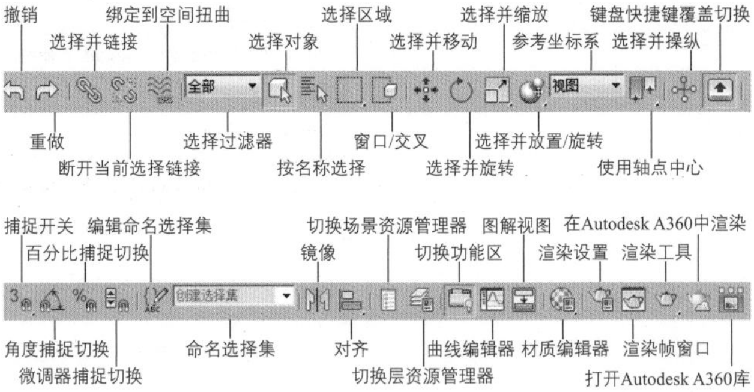

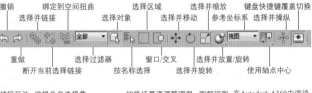

图1-20

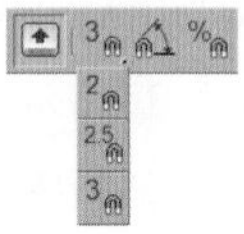

图1-21

视口区域:这是界面中最大的一个区域,也是3ds Max中用于实际工作的区域,默认状态下以四视图显示,包括顶视图、左视图、前视图和透视图4个视图,在这些视图中可以从不同的角度对场景中的对象进行观察和编辑。每个视图的左上角都会显示视图的名称和模型的显示方式,右上角有一个导航器(不同视图显示的状态也不同),如图1-22所示。

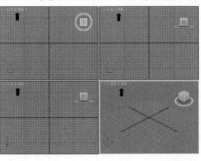

图1-22

状态栏：提供了选定对象的数目、类型、变换值和栅格数目等信息，并且可以基于当前光标位置和当前活动程序来提供动态反馈信息，如图1-23所示。

选择对象提示　　孤立当前选择切换　　绝对/偏移模式变换输入

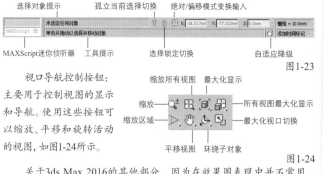

MAXScript迷你侦听器　　工具提示　　选择锁定切换　　自适应降级

图1-23

视口导航控制按钮：主要用于控制视图的显示和导航。使用这些按钮可以缩放、平移和旋转活动的视图，如图1-24所示。

缩放所有视图　　最大化显示
缩放
缩放区域　　　　　　　　　　所有视图最大化显示
　　　　　　　　　　　　　　最大化视口切换
平移视图　　环绕子对象

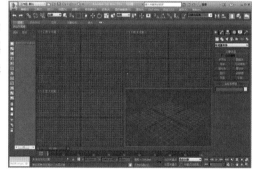

图1-24

关于3ds Max 2016的其他部分，因为在效果图表现中并不常用，所以在此不做详细讲解。

实例002 设置界面颜色

场景位置	无
实例位置	无
学习目标	掌握3ds Max 2016界面颜色的设置方法

在默认情况下，进入3ds Max 2016后的用户界面是黑色，如图1-25所示。在实际工作中一般不使用黑色界面，而是用灰色界面。

图1-25

01 单击菜单栏中的"自定义>加载自定义用户界面方案"选项，如图1-26所示。

02 在弹出的"加载自定义用户界面方案"对话框中选择3ds Max 2016安装路径下的UI文件夹中的界面方案，一般选择ame-light界面方案，接着单击"打开"按钮 打开(Q)，如图1-27所示。其界面效果如图1-28所示。

图1-26

图1-27

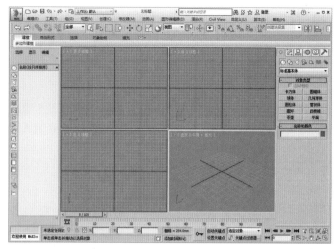

图1-28

实例003 设置系统单位

场景位置	场景文件>CH01>01.max
实例位置	无
学习目标	掌握3ds Max 2016系统单位的设置方法

在使用3ds Max时，要先设置好系统单位。这样能避免在导出或导入场景模型时产生单位误差。

01 打开本书学习资源中的"场景文件>CH01>01.max"文件，这是一个长方体，在命令面板中单击"修改"按钮，然后在"参数"卷展栏下查看，可以发现该模型的尺寸只有数字，没有显示任何单位，如图1-29所示。

02 将长方体的单位设置为mm（毫米）。单击菜单栏中的"自定义>单位设置"选项，然后在弹出的"单位设置"对话框中设置"显示单位比例"为"公制"，接着在下拉菜单中选择单位为"毫米"，如图1-30和图1-31所示。

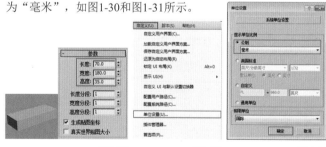

图1-29　　　　　图1-30　　　　　图1-31

03 单击"确定"后退出"单位设置"对话框，再次查看长方体的参数，可以发现添加了单位"mm"，如图1-32所示。

图1-32

在实际工作中经常需要导入或导出模型,以便在不同的三维软件中完成项目制作。为了避免导入或导出的模型与其他软件产生单位误差,在设置好显示单位后还需设置系统单位。显示单位与系统单位一定要一致。

04 再次打开"单位设置"对话框,然后单击"系统单位设置"按钮 系统单位设置 ,接着在弹出的"系统单位设置"对话框中设置"系统单位比例"为"毫米",最后单击"确定"按钮 确定 ,如图1-33所示。

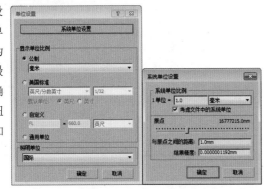

图1-33

实例004 设置快捷键

场景位置	无
实例位置	无
学习目标	掌握如何自定义快捷键

在实际工作中,可以用快捷键来代替很多烦琐的操作,以提高工作效率。在3ds Max 2016中,用户还可以自行设置快捷键来调用常用工具和命令。

01 单击菜单栏中的"自定义>自定义用户界面"选项,然后在弹出的"自定义用户界面"对话框中单击"键盘"选项卡,将"类别"设置为"Edit"(编辑)可以方便查找命令,此时可以看到在下方的列表中一些命令已经设置了快捷键,如图1-34和图1-35所示。

图1-34

图1-35

02 选择当前未定义快捷键的"镜像"命令,然后在右侧"热键"输入框中按快捷键Alt+M,接着单击"指定"按钮 指定 ,如图1-36所示。

03 单击"指定"按钮后,可以看到在左侧的列表中已经将快捷键Alt+M指定给了"镜像"命令,如图1-37所示。

图1-36

图1-37

在设置快捷键时往往会与其他打开的软件的热键冲突,为了避免快捷键冲突造成的不便,可以修改其他软件的热键。

04 为了方便以后在其他计算机上使用这套快捷键,可以将其保存为文件。在"自定义用户界面"对话框中单击"保存"按钮 保存... ,然后在弹出的"保存快捷键文件为"对话框中设置好保存的路径与文件名,接着单击"保存"按钮完成保存,如图1-38所示。

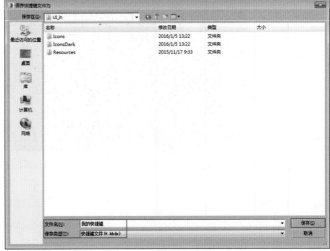

图1-38

05 如果要在其他计算机上调取这套快捷键,可以先进入"自定义用户界面"对话框中的"键盘"选项卡,然后单击"加载"按钮 加载 ,如图1-39所示,接着在弹出的"加载快捷键文件"对话框中选择保存好的文件,最后单击"打开"按钮即可,如图1-40所示。

图1-39

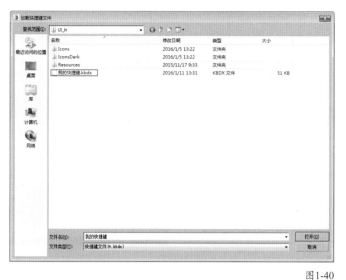

图1-40

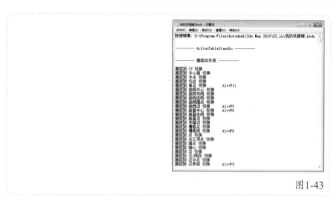

图1-43

技术专题 ⊛ 将快捷键导出为文本文件

对于初学者来说，如果要记忆快捷键，可以将设置好的快捷键导出为TXT（记事本）文件，以便随时查看，方法如下。

第1步：首先设置好快捷键，然后在"自定义用户界面"对话框中单击"写入键盘表"按钮 **写入键盘表...** ，如图1-41所示，接着在弹出的"将文件另存为"对话框中设置文件格式为TXT，再输入文件名，最后单击"保存"按钮 **保存(S)** ，如图1-42所示。

图1-41

实例005 新建场景

场景位置	无
实例位置	无
学习目标	掌握如何新建场景

01 启动3ds Max 2016后，单击标题栏中的"应用程序"图标 ，在弹出的下拉菜单中单击"新建"选项，如图1-44所示。打开后的界面效果如图1-45所示。

图1-44

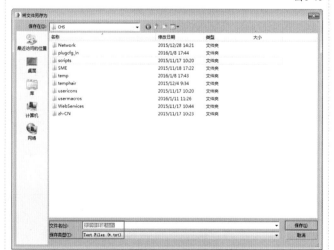

图1-42

第2步：打开保存好的记事本文档，可以查看到当前所有设置的快捷键，如图1-43所示。

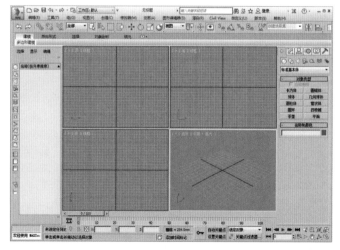

图1-45

02 单击"新建"后的三角按钮 ，会在右侧弹出一个菜单，以便选择新建场景的类型，如图1-46所示。

图1-46

疑难问答 ❓

问：为什么新建场景后，视图没有任何变化？

答：如果界面中已经打开了某个场景，现在需要一个新的场景，只需要将原场景保存，再新建场景，就可以恢复默认界面，不需要关闭3ds Max后再打开，这样可以提高效率。

还有一种方法是单击"新建"选项下方的"重置"选项，也可以重建一个新的场景。

技巧与提示 ✏

按快捷键Ctrl＋O同样可以执行这种打开方式。要注意的是如果此时场景中已经有场景模型，通过此方法打开后，原先的文件将自动关闭，3ds Max始终只打开一个软件窗口。

实例006 打开场景文件

场景位置	场景文件>CH01>02.max
实例位置	无
学习目标	掌握如何打开场景

场景文件就是指已经存在的MAX文件，根据场景的用途，通常会选择不同的打开方法。

01 下面介绍第1种方法。启动3ds Max 2016后，单击标题栏中的"应用程序"图标，在弹出的下拉菜单中单击"打开"选项，如图1-47所示，然后在弹出的"打开文件"对话框中选择想打开的场景文件（本例场景文件为"场景文件>CH01>02.max"），最后单击"打开"按钮，如图1-48所示，打开场景文件后的效果如图1-49所示。

02 下面介绍第2种方法。找到要打开的文件，然后直接双击即可打开，如图1-50~图1-52所示。

图1-50

图1-51

图1-52

图1-47　　　　　图1-48

03 下面介绍第3种方法。找到要打开的文件，用鼠标左键拖曳到视口区域，然后在弹出的菜单中选择"打开文件"选项，如图1-53所示，打开后的场景效果如图1-54所示。

图1-53

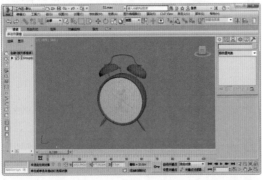

图1-49

图1-54

实例007 保存场景文件

场景位置	无
实例位置	无
学习目标	掌握如何保存场景和另存为场景

在创建场景的过程中，需要适当地对场景进行保存，以避免突发情况造成文件损坏或丢失。在场景制作完毕后同样也需要保存，以保证下次打开文件时得到最终场景效果。

01 保存文件有"保存"和"另存为"两种。下面讲解"保存"文件。单击标题栏中的"应用程序"图标 ，在弹出的下拉菜单中单击"保存"选项，如图1-55所示，接着在弹出的"文件另存为"对话框中选择好场景的保存路径，并为场景命名，最后单击"保存"按钮 保存(S) ，如图1-56所示。

图1-55　　　　　　　　　　　　图1-56

02 接下来讲解"另存为"文件。单击标题栏中的"应用程序"图标 ，在弹出的下拉菜单中单击"另存为"选项，如图1-57所示，接着在弹出的"文件另存为"对话框中选择好场景的保存路径，并为场景命名，最后单击"保存"按钮 保存(S) ，如图1-58所示。

图1-57　　　　　　　　　　　　图1-58

技巧与提示

当场景文件已经被保存过后，选择"保存"会在原来文件的基础上进行覆盖，最终只会有1个场景文件，而选择"另存为"会新建一个场景文件，原场景文件不会改变。在实际工作中，建议使用"另存为"保存文件，以便在需要返回以前的步骤时使用。

如果想要单独保存场景中的一个模型，可以选中需要保存的模型，单击"另存为"右侧菜单中的"保存选定对象"选项，如图1-59所示。

图1-59

实例008 导入外部文件

场景位置	场景文件>CH01>03.3ds
实例位置	无
学习目标	掌握如何导入外部场景

在场景制作中，为了提高制作效率，可以将一些已经制作好的外部文件（如3DS、OBJ、DWG文件等）导入现有场景。

01 单击标题栏中的"应用程序"图标 ，在弹出的下拉菜单中单击"导入>导入"选项，如图1-60所示。

02 在弹出的"选择要导入的文件"对话框中，选择资源文件中的"场景文件>CH01>03.3ds"文件，然后单击"打开"按钮 打开(O) ，如图1-61所示。

图1-60　　　　　　　　　　　　图1-61

03 在弹出的"3DS导入"对话框中选中"合并对象到当前场景"选项，然后单击"确定"按钮 确定 ，如图1-62所示，导入场景后的效果如图1-63所示。

图1-62　　　　　　　　　　　　图1-63

技巧与提示

如果在导入3DS文件时选择了"完全替换当前场景"选项，则会自动将当前打开的场景关闭，只打开导入的文件。

实例009 合并外部文件

场景位置	场景文件>CH01>04-1.max和04-2.max
实例位置	无
学习目标	掌握如何合并外部文件

合并文件是将外部的MAX文件合并到当前场景中。这种合并是有选择性的，合并对象可以是几何体、二维图形，也可以是灯光、摄影机等，在实际工作中是使用频率非常高的一项操作。

01 打开学习资源中的"场景文件>CH01>04-1.max"文件，这是一个圆桌模型，如图1-64所示。

02 单击标题栏中的"应用程序"图标，在弹出的下拉菜单中单击"导入>合并"选项，如图1-65所示。接着在弹出的对话框中选择资源文件中的"场景文件>CH01>04-2.max"文件，并单击"打开"按钮 打开(O)，如图1-66所示。

图1-64

图1-65　　　　　　　　　　　图1-66

03 执行上一步操作后，系统会自动弹出"合并"对话框，用户可以选择要合并的文件类型，这里选择Group10，然后单击"确定"按钮 确定，如图1-67所示，合并后的效果如图1-68所示。

图1-67　　　　　　　　　图1-68

技巧与提示

合并时，也可以从文件夹中将需要合并的场景文件直接拖入视口区域，在弹出的菜单中选择"合并文件"选项，如图1-69所示。

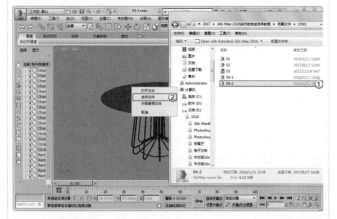

图1-69

22

实例010 导出选定对象

场景位置	场景文件>CH01>05.max
实例位置	无
学习目标	掌握导出选定对象的方法

创建完一个场景后，也可以将场景中的若干个对象单独保存或存为其他格式。

01 打开本书学习资源中的"场景文件>CH01>05.max"文件，选中场景中的台灯模型，如图1-70所示。

图1-70

02 单击标题栏中的"应用程序"图标，在弹出的下拉菜单中单击"导出>导出选定对象"选项，如图1-71所示。接着在弹出的对话框中选择导出模型的路径、名称以及格式，最后单击"保存"按钮 保存(S)，如图1-72所示。

图1-71　　　　　　　　　图1-72

03 在弹出的"将场景导出到.3DS文件"对话框中勾选"保持MAX的纹理坐标"选项，然后单击"确定"按钮 确定，如图1-73所示。导出的模型文件可以在设置的文件路径中找到，如图1-74所示。

图1-73　　　　　　　　　图1-74

实例011 设置文件自动备份

场景位置	无
实例位置	无
学习目标	掌握如何设置文件自动备份

下面介绍一下设置自动备份文件的方法。

单击菜单栏中的"自定义>首选项"选项，然后在弹出的"首选项设置"对话框中单击"文件"选项卡，接着在"自动备份"选项组下勾选"启用"选项，最后单击"确定"按钮 确定，如图1-75所示。

如有特殊需要,可以适当加大或减小"Autobak文件数"和"备份间隔(分钟)"的数值。

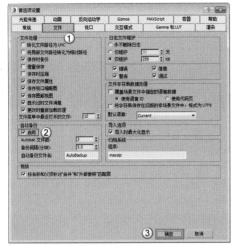

图1-75

技巧与提示

3ds Max 2016在运行过程中对计算机的配置要求比较高,占用系统资源也比较大。在运行3ds Max 2016时,某些计算机配置较低和系统性能不稳定等原因会导致文件关闭或发生死机现象。当进行较为复杂的计算(如光影追踪渲染)时,一旦出现无法排除的故障,就会丢失所做的各项操作,造成无法弥补的损失。解决这类问题除了提高计算机硬件的配置外,还可以通过增强系统稳定性来减少死机现象。在一般情况下,可以通过以下3种方法来提高系统的稳定性。

第1种:要养成经常保存场景的习惯。

第2种:在运行3ds Max 2016时,尽量不要或少启动其他程序,而且硬盘也要留有足够的缓存空间。

第3种:如果当前文件发生了不可修正的错误,可以通过备份文件来打开前面自动保存的场景。

实例012 将场景归档

场景位置	场景文件>CH01>06.max
实例位置	实例文件>CH01>将场景归档.zip
学习目标	掌握如何将场景归档

如果需要在其他计算机上打开创建好的3ds Max场景文件,不仅需要场景模型,还需要相关的贴图和光域网文件,使用场景归档便可直接将模型、贴图和光域网文件打包成一个ZIP文件。

01 打开本书学习资源中的"场景文件>CH01>06.max"文件,如图1-76所示。

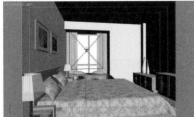

图1-76

02 单击标题栏中的"应用程序"图标,在弹出的下拉菜单中单击"另存为>归档"选项,如图1-77所示,接着在弹出的"文件归档"对话框中选择归档文件的路径和名称,最后单击"保存"按钮,如图1-78所示。场景归档完成后,保存

位置会出现一个ZIP压缩包,如图1-79所示。

03 双击进入压缩包会发现,压缩包中包含了场景文件、贴图和光域网文件,同时还有一个记录了场景信息的TXT文档,如图1-80所示。

图1-77　　　　　　　图1-78

图1-79

图1-80

实例013 安全退出3ds Max 2016

场景位置	无
实例位置	无
学习目标	掌握退出3ds Max 2016的两种方法

在使用完3ds Max 2016后,通过标准的方法退出可以避免文件信息损坏或丢失。

01 第1种方法。单击标题栏中的"应用程序"图标,在弹出的下拉菜单中单击"退出3ds Max"按钮,如图1-81所示。

图1-81

23

02 第2种方法。单击界面右上角的"关闭"按钮**x**，如图1-82所示。

图1-82

实例014 视口布局设置

场景位置	场景文件>CH01>07.max
实例位置	无
学习目标	掌握如何快速调整3ds Max 2016的视口布局

对于不同的场景，使用合适的视口数量与适当的视口大小，可以更好地观察场景细节并简化操作步骤。

01 打开本书学习资源中的"场景文件>CH01>07.max"文件，如图1-83所示。

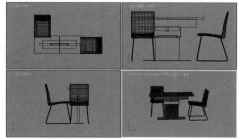

图1-83

02 当前场景以大小均衡的四视口显示，为了能让右下角的摄影机视图显示更多的细节，单击视图左上角的＋号，在弹出的菜单中选择"配置视口"选项，如图1-84所示。

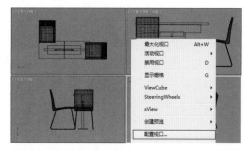

图1-84

03 进行上一步操作后，在弹出的"视口配置"对话框中选择"布局"选项卡，然后选择图1-85中所选的布局，接着单击"确定"按钮确定。

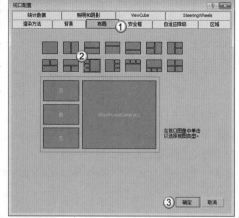

图1-85

04 视口布局选择完成后，还可以调整左侧3个视口的宽度，将光标放在视口竖线分割处，然后按住鼠标左键向右拖曳即可，如图1-86和图1-87所示。

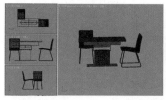 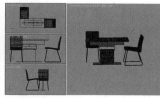

图1-86   图1-87

05 将光标放在横向分割处，还可以调整视口高度，如图1-88和图1-89所示。

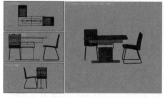 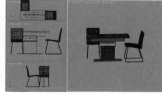

图1-88   图1-89

06 如果要还原视口，只需要将光标放在视口分割处的任意位置，然后单击鼠标右键，接着在弹出的菜单中选择"重置布局"选项，如图1-90和图1-91所示。

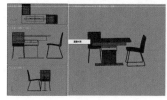 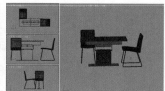

图1-90   图1-91

实例015 设置视图显示风格

场景位置	场景文件>CH01>08.max
实例位置	无
学习目标	掌握3ds Max 2016的视图显示风格的设置方法

在实际工作中，不同建模阶段需要显示不同模型风格。3ds Max 2016提供了多种视口显示风格。

01 打开本书学习资源中的"场景文件>CH01>08.max"文件，如图1-92所示。这是一个植物模型。

02 观察左上角，可以发现此时模型以"线框"显示，单击"线框"文字会弹出视口风格菜单，如图1-93所示。

图1-92   图1-93

03 选择其中的风格，模型将自动转变为对应的效果。比如要同时观察布线和三维模型，可以选择"真实"＋"边面"选项，如图1-94所示。

04 如果要观察模型的材质和阴影，可以选择"真实"选项，如图1-95所示。

图1-94　　　　　　　　　　　　图1-95

　　按快捷键F3可以在"线框"与"真实"之间切换；按快捷键F4可以在"真实"与"真实"＋"边面"之间切换。

05 如果要将模型最简化显示以节约系统资源，可以选择"边界框"选项，如图1-96所示。

06 如果要将模型在视口中直接显示为"石墨"等效果，可以选择"样式化"菜单下的命令，"石墨"效果如图1-97所示。

图1-96　　　　　　　　　　　　图1-97

实例016　加载视图背景图片

场景位置　　场景文件>CH01>09.jpg
实例位置　　无
学习目标　　掌握3ds Max背景贴图加载方法

　　在3ds Max中加载参考图片到视口背景中，多用于建模参考。

01 启动3ds Max 2016后，进入前视图，然后最大化显示，如图1-98所示。

图1-98

02 单击菜单栏中的"视图>视口背景>配置视口背景"选项（快捷键为Alt＋B），如图1-99所示。

03 在弹出的"视口配置"对话框中单击"背景"选项卡，然后选中"使用文件"选项，接着单击"文件"按钮 文件... ，如图1-100所示。

图1-99　　　　　　　　　　　　图1-100

04 在弹出的"选择背景图像"对话框中选择学习资源中的"场景文件>CH01>09.jpg"文件，接着单击"打开"按钮 打开(Q) ，如图1-101所示，最终效果如图1-102所示。

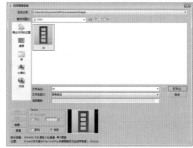

图1-101

图1-102

05 如果要取消显示背景图片，按快捷键Alt＋B，在弹出的"视口配置"对话框中单击"背景"选项卡，然后选中"使用自定义用户界面纯色"选项，最后单击"确定"按钮 确定 ，如图1-103所示，界面就会恢复默认设置。

图1-103

实例017 视图的切换

场景位置	场景文件>CH01>10.max
实例位置	无
学习目标	掌握如何切换视图

在实际工作中经常要调整模型的位置、高度以及角度，这时可以有针对性地切换到各个视图，既能快速查看，又能准确调整，从而提高工作效率。

01 打开学习资源中的"场景文件>CH01>10.max"文件，如图1-104所示。

图1-104

02 前视图中模型的显示与摄影机视图类似，为了观察到模型的更多细节，在前视图左上角的视图名称上单击鼠标右键，然后在弹出的菜单中选择"右"选项，此时视图便切换到了右视图，如图1-105和图1-106所示。

03 当场景中有摄影机时，将右下角的透视图切换为摄影机视图，可以按快捷键C，如图1-107所示。

图1-105

 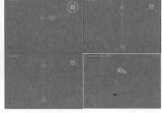

图1-106　　　　　图1-107

技巧与提示 ✍

在切换视图时，使用快捷键切换是最快速的选择，各个视图的快捷键如下。

顶视图快捷键为T；左视图快捷键为L；前视图快捷键为F；底视图快捷键为B；正交视图快捷键为U；透视图快捷键为P；摄影机视图快捷键为C。

如果场景中未创建摄影机，按快捷键C，系统会自动弹出提示"场景中无摄影机"的对话框，如图1-108所示。

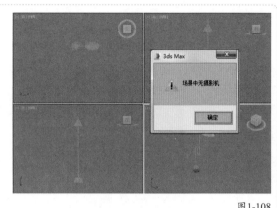

图1-108

实例018 视图的控制

场景位置	场景文件>CH01>11.max
实例位置	无
学习目标	掌握3ds Max控制视图的方法

视口导航控制按钮在工作界面的右下方，用来控制视图的显示和导航，主要包括缩放、平移和旋转活动视图等。控制按钮在标准视图、透视图和摄影机视图中有所不同。

01 打开学习资源中的"场景文件>CH01>11.max"文件，如图1-109所示。本场景的对象在前视图、顶视图和侧视图中均显示局部，没有居中。

02 单击"所有视图最大化显示选定对象"按钮，可以使整个场景中的对象都居中且最大化显示，如图1-110所示。

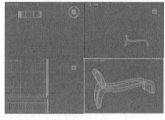 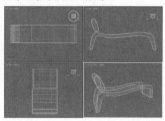

图1-109　　　　　图1-110

技巧与提示 ✍

在上一步操作中，由于当前未选定任何对象，单击"所有视图最大化显示选定对象"按钮时，3ds Max会自动切换到下拉按钮列表中的"所有视图最大化显示"按钮。

---

03 如果想要在某个视图中最大化显示选定的对象，首先需要在视图中选定要最大化显示的对象，如图1-111所示，然后单击"最大化显示选定对象"按钮（快捷键为Z），效果如图1-112所示。

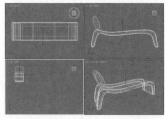 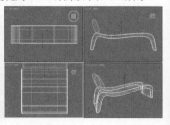

图1-111　　　　　图1-112

04 如果想在所有视图中使选定的对象最大化显示且居中，首先需要选定视图中的对象，然后单击"所有视图最大化显示选定对象"按钮，如图1-113所示。

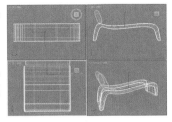

图1-113

05 如果想在选定对象的情况下，在所有视图中最大化显示所有对象且使它们居中，首先需要选择目标视图，然后单击"最大化显示"按钮，如图1-114和图1-115所示。

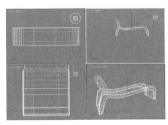
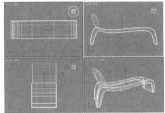

图1-114　　　　图1-115

06 如果要同时缩放所有视图内的模型，可以单击"缩放所有视图"按钮，然后在任一视图内拖曳鼠标即可缩放所有视图内的模型，如图1-116和图1-117所示。

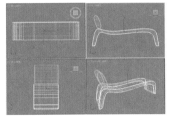
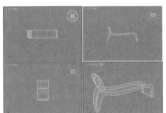

图1-116　　　　图1-117

技巧与提示

要在选定视图中缩放对象，在选定视图内滚动鼠标滚轮即可。但摄影机视图不能直接缩放，只能调整摄影机的位置。

07 如果想单独将某一个视图最大化显示，首先选择该视图，然后单击"最大化视口切换"按钮（快捷键为Alt＋W），如图1-118和图1-119所示。

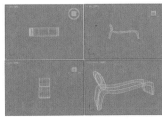

图1-118　　　　图1-119

08 如果想对某一个视图内的对象进行旋转观察，可以单击"选定的环绕"按钮，然后按住鼠标左键拖曳即可，如图1-120和图1-121所示。

图1-120　　　　图1-121

技巧与提示

旋转视图的快捷方法是在按住Alt键的同时按住鼠标滚轮拖曳鼠标。

09 如果视图内的对象没有处于理想观察位置，可以单击"平移视图"按钮，然后按住鼠标左键拖动即可，如图1-122和图1-123所示。

图1-122　　　　图1-123

技巧与提示

平移视图的快捷方法是在选定的视图中按住鼠标滚轮拖曳鼠标。

10 如果想要显示模型某一部分，首先需要单击"缩放区域"按钮，然后按住鼠标左键划定观察范围，如图1-124和图1-125所示。

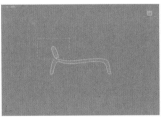

图1-124　　　　图1-125

在透视图中，相比于标准视图，只是多了一个"视野"按钮，下面介绍视野功能。

11 选择视图，按快捷键P切换到透视图，如图1-126所示。

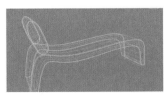

图1-126

12 单击"视野"按钮，在视图中按住鼠标左键向上拖曳，可以放大模型，如图1-127所示。向下拖曳鼠标可以缩小模型，如图1-128所示。

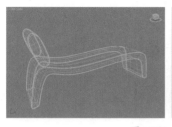

图1-127　　　　　　　　　　　　　　图1-128

摄影机视图的控制按钮与标准视图有所区别。

13 单击"推拉摄影机"按钮，在摄影机视图中拖曳鼠标，同样会使视图中的模型放大或缩小，如图1-129和图1-130所示。注意此时摄影机的位置变化。

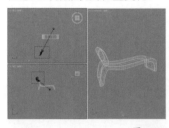
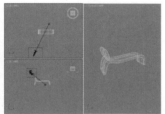

图1-129　　　　　　　　　　　　　　图1-130

14 单击"环游摄影机"按钮，在摄影机视图中拖曳鼠标，可以观察到摄影机的位置发生了移动，如图1-131和图1-132所示。

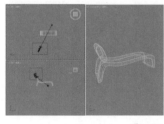
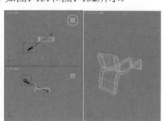

图1-131　　　　　　　　　　　　　　图1-132

实例019 选择对象

场景位置	场景文件>CH01>12.max
实例位置	无
学习目标	掌握选择对象的方法

◎ 工具："选择对象"工具、"选择区域"工具、"窗口/交叉"工具

◎ 快捷键：Q

◎ 位置：主工具栏

01 打开学习资源中的"场景文件>CH01>12.max"文件，这是一组电水壶模型，如图1-133所示。

02 在主工具栏中选择"选择对象"工具，然后在场景中选中电水壶，此时电水壶是被选中状态，如图1-134所示。

图1-133　　　　　　　　　　　　　　图1-134

03 如果要加选下方的电磁炉，按住Ctrl键并使用"选择对象"工具选中电磁炉模型即可，如图1-135所示。

04 如果要取消选择电水壶模型，按住Alt键并使用"选择对象"工具选中电水壶模型即可，如图1-136所示。

图1-135　　　　　　　　　　　　　　图1-136

05 如果要选择除去电磁炉以外的所有模型，在选中电磁炉模型的状态下，按快捷键Ctrl+I使用"反选"，就可以选中其他模型，如图1-137所示。

图1-137

> **技巧与提示**
>
> 在默认设置下，如果对象以三维面显示，使用"选择对象"工具后，被选中的对象周围会显示白色框（按快捷键J可以隐藏或显示该线框）。如果对象本身是以线框形式显示的，则会变成纯白色，因此在复杂场景中选择物体时，最好切换到线框显示风格。

06 如果要一次选中电磁炉和电水壶，使用"矩形选择区域"工具，然后在视图中按住鼠标左键拖曳出一个矩形选框范围，电磁炉和电水壶处于该范围内就会被一次选中，如图1-138和图1-139所示。

图1-138　　　　　　　　　　　　　　图1-139

> **技术专题 选择区域工具**
>
> 选择区域工具主要是通过划定选择范围的方式来选择对象，共包含5种工具，分别是"矩形选择区域"工具、"圆形选择区域"工具、"围栏选择区域"工具、"套索选择区域"工具和"绘制选择区域"工具，如图1-140所示。
>
>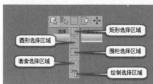
>
> 图1-140

"矩形选择区域"工具 ▣: 绘制出的是矩形选框, 如图1-141所示。

"圆形选择区域"工具 ▣: 绘制的是圆形选框, 如图1-142所示。

图1-141

图1-142

"围栏选择区域"工具 ▣: 绘制的是任意形状的选框, 如图1-143所示。

"套索选择区域"工具 ▣: 在视图中单击绘制封闭区域, 这个区域内的对象就被选中了, 如图1-144所示。

图1-143

图1-144

"绘制选择区域"工具 ▣: 以笔刷绘制的方式进行选择, 如图1-145所示。

这几种工具必须配合"选择对象"工具 ▣ 或"选择并移动"工具 ✛ 一起使用才有效, 也就是说在使用前必须激活这两种工具中的一种。

图1-145

07 单击"窗口/交叉"按钮 ▣, 使其处于激活状态 (显示为 ▣), 然后按住鼠标左键在视图中框选电磁炉和电水壶模型, 如图1-146所示, 接着松开鼠标左键, 可以观察到只有被完全框选的电磁炉模型被选中了, 未被完全框选的电水壶模型没有被选中, 如图1-147所示。

图1-146

图1-147

08 再次单击"窗口/交叉"按钮 ▣, 使其处于未激活状态 (显示为 ▣), 然后框选电磁炉和电水壶模型, 如图1-148所示, 接着松开鼠标左键, 可以观察到两者都被选中了, 如图1-149所示。

图1-148

图1-149

实例020 选择过滤器

场景位置	场景文件>CH01>13.max
实例位置	无
学习目标	掌握选择过滤器的方法

⚙ 工具: "选择过滤器"工具 全部 ▾

⚙ 位置: 主工具栏

01 打开本书学习资源中的"场景文件>CH01>13.max"文件, 如图1-150所示, 这是一个台球室场景。

02 场景中的元素很多, 此时要选择所有的灯光, 切换到顶视图, 然后单击"选择过滤器" 全部 ▾, 选择"L-灯光"选项, 如图1-151所示, 接着使用"选择对象"工具 ▣ 框选场景中的所有灯光, 如图1-152和图1-153所示, 可以观察到在场景中只选中了灯光, 其余框选的元素都未被选中。

图1-150　图1-151

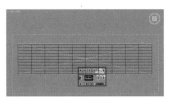
图1-152

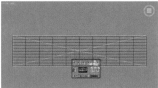
图1-153

03 按快捷键Shift+L可以隐藏/显示场景中的所有灯光, 这样在对其余元素进行操作时, 可以避免对灯光的误选, 如图1-154所示。

04 要选择场景中的摄影机, 单击"选择过滤器" 全部 ▾, 然后选择"C-摄影机"选项, 如图1-155所示。接着使用"选择对象"工具 ▣ 框选场景中的摄影机, 如图1-156和图1-157所示, 可以观察到在场景中只选中了摄影机, 其余框选的元素都未被选中。

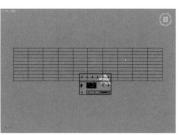
图1-154　图1-155

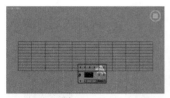

图1-156　　　　　　　　　　　　图1-157

05　按快捷键Shift＋C可以隐藏/
显示场景中的摄影机，这样在对
其余元素进行操作时，可以避
免对摄影机的误选，如图1-158
所示。

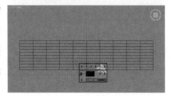

图1-158

实例021　移动对象

场景位置	无
实例位置	无
学习目标	掌握选择并移动工具的用法

◎ 工具："选择并移动"工具 ⊕

◎ 位置：主工具栏

◎ 快捷键：W

01　使用"球体"工具 ▐ 球体 ▐ 在场景中创建一个球体，如图
1-159所示。

02　选择"选择并移动"工具 ⊕，然后将光标放在x轴上，接着
按住鼠标左键选定x轴，如图1-160所示。

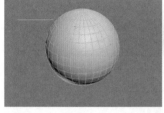
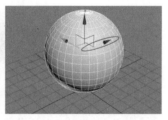

图1-159　　　　　　　　　　　　图1-160

03　拖曳鼠标，可以看到茶壶只能在选中的x轴上左右移
动，下方状态栏中x轴的数值表示茶壶移动的距离，如图
1-161所示。

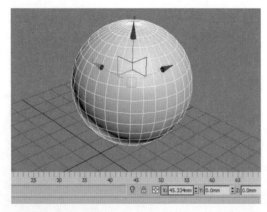

图1-161

在3ds Max中，常见的控制器包含移动、旋转以及缩放3种，其中旋转
和缩放控制器如图1-162和图1-163所示。它们的形状和功能各有不同，但
在颜色以及操作上有以下一些共同特点。

图1-162　　　　　　　　　　　　图1-163

第1点：所有控制器在轴向
与颜色上都是对应统一的，以移
动控制器为例，其对应关系如图
1-164所示。

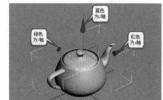

图1-164

第2点：当选择某一个控制轴向时，对应坐标轴会变为以黄色显
示，如图1-165所示。当选择某一个控制平面时，除了构成平面的轴
会以黄色显示外，平面还会呈高亮状态，如图1-166所示。

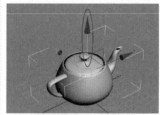

图1-165　　　　　　　　　　　　图1-166

第3点：移动控制器的大小是可以调整的，按＋键可以放大控制
器，按—键可以缩小控制器，如图1-167和图1-168所示。

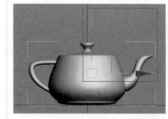

图1-167　　　　　　　　　　　　图1-168

04　在前视图或左视图中选定y轴或xy平面，可以发现球体只能在y
轴方向上或xy平面内移动，如图1-169和图1-170所示。

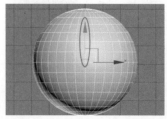
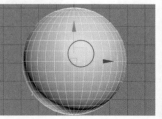

图1-169　　　　　　　　　　　　图1-170

05 除了手动调整距离外，也可以在"选择并移动"工具  上单击鼠标右键，打开"移动变换输入"对话框，如图1-171所示。该对话框左侧显示的是模型当前的坐标值，右侧用于设置各个轴向上的偏移量。

图1-171

06 如果要在x轴上向右移动100个单位，可以在"移动变换输入"对话框右侧的"X"参数后方输入"100"，然后按Enter键即可，如图1-172和图1-173所示。同样，在其他轴向上移动时只需要在对应参数后方输入数值即可。

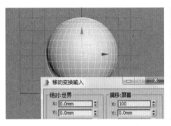
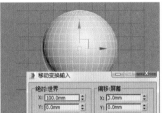

图1-172　　　　　　　　　　图1-173

ℹ️ **技巧与提示**

在复杂场景中移动对象时，模型较容易出现在选择轴向时误选到其他轴向的情况，为了避免发生这种情况，可以在主工具栏的空白处单击鼠标右键，然后在弹出的菜单中选择"轴约束"命令，调出"轴约束"工具栏，如图1-174所示，接着在"捕捉开关"工具 上单击右键，打开"栅格和捕捉设置"对话框，最后在"选项"选项卡下勾选"启用轴约束"选项，如图1-175所示。

图1-174　　　　　　　　　　图1-175

经过以上设置后就可以通过按键控制轴向了，如按F5键就会自动约束到x轴，选择的对象只能在x轴上移动，如图1-176所示。此外，按F6键将自动约束y轴，按F7键将自动约束z轴，按F8键则在约束xy\xz\yz平面间切换。

图1-176

实例022　旋转对象

场景位置	场景文件>CH01>14.max
实例位置	无
学习目标	掌握选择并旋转工具的用法

◎ 工具：　"选择并旋转"工具 🔄
◎ 位置：　主工具栏
◎ 快捷键：E

　　"选择并旋转"工具的使用方法与"选择并移动"工具的使用方法相似，当该工具处于激活状态时，被选中对象可以绕x、y、z这3个轴旋转。

01 打开本书学习资源中的"场景文件>CH01>14.max"文件，这是一组立方体模型，如图1-177所示。

图1-177

02 选择"选择并旋转"工具 🔄，然后选择青色立方体模型，显示旋转控制器，如图1-178所示。旋转控制器默认激活xy平面，移动鼠标即可旋转，如图1-179所示。

图1-178　　　　　　　　　　图1-179

03 选择绿色立方体模型，显示旋转控制器，如图1-180所示。将光标放在旋转控制器yz平面上，移动鼠标即可绕x轴旋转，如图1-181所示。

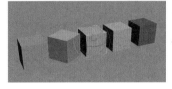
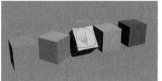

图1-180　　　　　　　　　　图1-181

04 选择黄色立方体模型，显示旋转控制器，如图1-182所示。将光标放在旋转控制器xz平面上，移动鼠标即可绕y轴旋转，如图1-183所示。

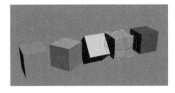
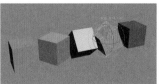

图1-182　　　　　　　　　　图1-183

05 在主工具栏中的"选择并旋转"工具上单击鼠标右键（快捷键为F12），打开"旋转变换输入"对话框，然后选中红色立方体模型，接着在"偏移：世界"选项组下输入z轴的旋转角度"50"，即可将选定对象绕z轴旋转50°，如图1-184和图1-185所示。

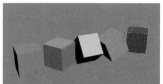

图1-184   图1-185

实例023 缩放对象

场景位置	无
实例位置	无
学习目标	掌握选择并缩放工具的用法

◎ 工具："选择并缩放"工具

◎ 位置：主工具栏

◎ 快捷键：R

在"选择并均匀缩放"工具 上按住鼠标左键不放会弹出隐藏的其他缩放工具，分别是"选择并均匀缩放"工具 、"选择并非均匀缩放"工具 和"选择并挤压"工具 ，如图1-186所示。

01 在场景中创建3个完全一样的球体模型，如图1-187所示。

02 选中左侧球体，然后选择"选择并均匀缩放"工具 ，接着将光标放在x轴上，待光标显示为三角形状态时，拖曳鼠标即可实现单个轴向的缩放，如图1-188和图1-189所示。

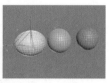

图1-187   图1-188   图1-189

03 选中中间的球体，然后将光标放在坐标平面外围的梯形区域内，待光标显示为三角形状态时，拖曳鼠标即可进行某个平面的缩放操作，如图1-190和图1-191所示。

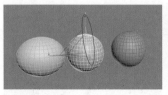

图1-190   图1-191

04 选中右侧的球体，然后将光标放在坐标平面内部的三角形区域内，待光标显示为三角形状态时，拖曳鼠标即可三轴向等比例缩放，如图1-192和图1-193所示。

图1-192   图1-193

05 在主工具栏上的"选择并均匀缩放"工具上单击鼠标右键，打开"缩放变换输入"对话框，然后在"偏移：世界"选项组下输入"60"，即可对3个轴向进行等比例缩放，如图1-194~图1-196所示。

图1-194   图1-195   图1-196

> **技巧与提示**
>
> "偏移：世界"选项组中的数值默认为100，大于100的数值使模型放大，小于100的数值使模型缩小。

06 选择"选择并挤压"工具 ，然后选择右边的球体，接着选中z轴，待光标显示为三角形时，拖曳鼠标即可挤压缩放模型，如图1-197所示。

图1-197

实例024 放置对象

场景位置	场景文件>CH01>15.max
实例位置	无
学习目标	掌握选择并放置工具的用法

◎ 工具："选择并放置"工具

◎ 位置：主工具栏

01 打开本书学习资源中的"场景文件>CH01>15.max"文件，如图1-198所示。

02 选中长方体模型，然后选择"选择并放置"工具 ，此时光标在长方体上显示为十字形，按住鼠标左键拖曳鼠标，将长方体移动到曲面上，如图1-199所示。

03 继续左右移动长方体，可以观察到长方体会沿着曲面的切向方向移动，如图1-200所示。

图1-198   图1-199   图1-200

> **技巧与提示**
>
> "选择并放置"工具主要用来将对象准确地定位到另一个对象的曲面上。此工具随时可以使用，不仅限于在创建对象时。"选择并放置"的弹出按钮列表中还提供了"选择并旋转"工具 。在"选择并放置"按钮上单击鼠标右键，弹出"放置设置"对话框，如图1-201所示。其中包含"旋转""使用基础对象作为轴""枕头模式""自动设置父对象"4个按钮和"对象上方向轴"下的5个按钮。
>
>
>
> 图1-201

实例025 复制对象

场景位置 无
实例位置 无
学习目标 掌握复制对象的方法

◎ 工具：克隆
◎ 位置：菜单栏"编辑>克隆"
◎ 快捷键：Ctrl + V

复制对象的方法有多种，包括使用菜单栏的"克隆"、移动复制、旋转复制、关联复制和参考复制。

01 在场景中创建一个球体，如图1-202所示。

02 选中球体，然后选择菜单栏中的"编辑>克隆"选项（快捷键为Ctrl＋V），打开"克隆选项"对话框，如图1-203所示，接着在"对象"选项组下选中"复制"选项，最后单击"确定"按钮，即可在原位置复制出一个球体，如图1-204所示。

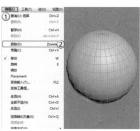

图1-202　　　　　图1-203　　　　　图1-204

03 由于复制出来的球体和原来的球体是重合的，这时使用"选择并移动"工具，将复制出来的球体拖曳到其他位置，以观察复制效果，如图1-205所示。

04 除了上面的方式，还可以直接使用"选择并移动"工具，然后按住Shift键拖曳鼠标复制出模型。选择一个球体模型，然后按住Shift键向旁边拖曳复制出一个球体模型，移动到目标位置后松开鼠标左键，最后在弹出的"克隆选项"对话框中选中"对象"选项组中的"复制"选项并单击"确定"按钮，如图1-206和图1-207所示。

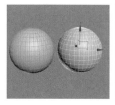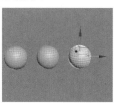

图1-205　　　　　图1-206　　　　　图1-207

技巧与提示

移动复制功能是指在移动对象的过程中进行模型的复制，这种复制方法也是工作中最常用的一种。

05 如果要进行等距离复制，在弹出的"克隆选项"对话框中修改"副本数"的数值即可，如图1-208所示。

06 使用"选择并旋转"工具选择所有球体，然后按住Shift键并选择旋转中心轴，如图1-209所示，按住Shift键不放，沿

着顺时针方向旋转选定的模型，如图1-210所示。

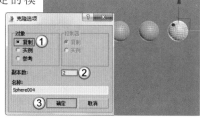

图1-208

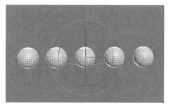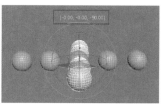

图1-209　　　　　图1-210

07 确定好旋转度数后松开鼠标左键，然后在弹出的"克隆选项"对话框中设置相关参数，如图1-211所示。旋转复制完成后的效果如图1-212所示。

图1-211　　　　　图1-212

技巧与提示

旋转复制对象是指在旋转的过程中复制对象，这种复制方法在制作交叉物体时非常有用。

除了"复制"的模式，还有一种"实例"的模式。

08 选择一个球体模型，使用"选择并移动"工具，按住Shift键复制一个，接着在弹出的"克隆选项"对话框中选中"对象"选项组中的"实例"选项，最后单击"确定"按钮，如图1-213所示。

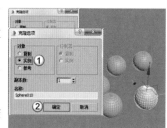

图1-213

09 选择以"实例"形式复制出来的球体模型，然后打开修改面板，接着给球体加载一个FFD 2×2×2修改器，这时发现原来的球体也被自动加载了一个FFD 2×2×2修改器，如图1-214所示。拖动修改的晶格，发现原来的球体也随之改变，如图1-215所示。

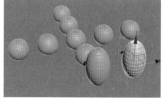

图1-214　　　　　图1-215

> **技巧与提示** ✅
>
> 使用复制方法复制出来的对象与源对象虽然完全相同，但是改变任何一个参数时，另一个对象都不会改变；而使用关联复制方法复制出来的对象，无论是源对象还是复制对象，只要改变其中一个的参数，另外一个都会随之改变，这种方法十分适用于批量处理相同的模型。

10 如果要解除实例球体的关联，先选择目标模型，然后进入"修改"面板单击"使唯一"按钮 ✅，即可解除关联，此时再修改参数不会影响其他模型，如图1-216所示。

图1-216

实例026 捕捉开关

场景位置	无
实例位置	无
学习目标	掌握捕捉开关的用法

◎ 工具："3D捕捉"工具 ³ᵃ、"2.5D捕捉"工具 ²⁵ᵃ、"2D捕捉"工具 ²ᵃ

◎ 位置：主工具栏

◎ 快捷键：S

01 启动3ds Max后，进入工作界面创建一个长方体，然后沿x轴复制一个，效果如图1-217所示。

02 在"3D捕捉"工具 ³ᵃ 上单击鼠标右键，然后在弹出的"栅格捕捉设置"对话框中选择"捕捉"选项卡，接着勾选常用的捕捉点，具体参数设置如图1-218所示。

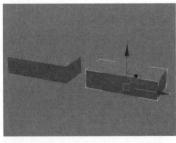

图1-217   图1-218

03 选择"选择并移动"工具 ✛，然后单击"3D捕捉"工具 ³ᵃ 将其激活，接着捕捉右侧长方体左上角顶点，按住鼠标左键将其移动到左侧长方体左下角的顶点上，最后松开鼠标左键即可，如图1-219和图1-220所示。

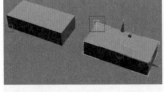
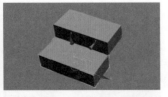

图1-219   图1-220

04 按快捷键Ctrl＋Z返回初始状态，然后将捕捉开关切换为"2D捕捉"工具 ²ᵃ，接着进行同样的移动操作，可以发现"2D捕捉"工具 ²ᵃ 无法捕捉到空间中的点，如图1-221所示。但将光标移动到与起点共面的其他顶点上，则会发现"2D捕捉"工具 ²ᵃ 可以成功捕捉，如图1-222所示。

图1-221   图1-222

05 按快捷键Ctrl＋Z返回初始状态，然后将捕捉开关切换为"2.5D捕捉"工具 ²⁵ᵃ，接着执行同样的操作，可以发现在透视图中"2.5D捕捉"工具 ²⁵ᵃ 似乎与"3D捕捉"工具 ³ᵃ 一样，可以捕捉到空间中的点，但是始终不能与之重合，如图1-223所示。

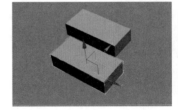

> **技巧与提示** ✅
>
> 当移动捕捉点位于不可见位置时，"2.5D捕捉"工具 ²⁵ᵃ 可以捕捉到空间中的点作为移动结束参考，但只能将对象在平面上移动。

图1-223

实例027 镜像对象

场景位置	场景文件>CH01>16.max
实例位置	实例文件>CH01>镜像对象.max
学习目标	掌握镜像工具的用法

◎ 工具："镜像"工具 ▦

◎ 位置：主工具栏

01 打开本书学习资源中的"场景文件>CH01>16.max"文件，如图1-224所示。

02 我们需要复制出3把椅子，并摆成一边两把的造型。首先选中椅子模型，然后在顶视图中向下复制一把椅子，如图1-225所示。

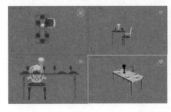
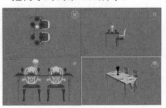

图1-224   图1-225

03 框选两把椅子，然后在主工具栏中单击"镜像"按钮 ▦，接着在弹出的"镜像"对话框中设置"镜像轴"为x轴，"偏移"为－700，"克隆当前选择"为"复制"，最后单击"确定"按钮，如图1-226所示，最终效果如图1-227所示。

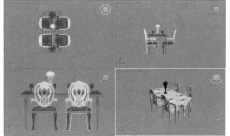

图1-226　　　　　　　　　　　图1-227

实例028　调整对象轴点中心

场景位置	无
实例位置	无
学习目标	掌握各种对象变换中心的用法与区别

◎ 工具："使用轴点中心"工具、"使用选择中心"工具、"使用变换坐标中心"工具

◎ 位置：主工具栏

01　启动3ds Max，在视图中创建3个长方体，如图1-228所示。

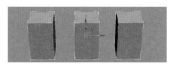

图1-228

02　当选择场景中任意一个长方体时，控制中心将会自动选择"使用轴点中心"工具，如图1-229所示。

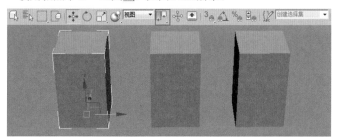

图1-229

03　当选择场景中的几个长方体时，控制中心将自动选择"使用选择中心"工具，如图1-230所示。如果对选择的对象进行旋转或缩放，都将以选择的整体为参考，如图1-231和图1-232所示。

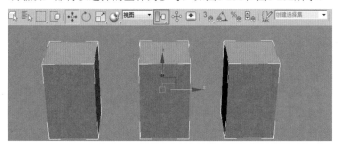

图1-230

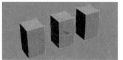　　　　

图1-231　　　　　　　　　图1-232

04　如果对所有对象进行单独的旋转或缩放，需要手动将"使用选择中心"工具切换到"使用轴点中心"工具，然后再进行旋转或缩放操作，如图1-233和图1-234所示。

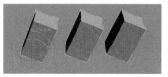　　

图1-233　　　　　　　　　　图1-234

05　如果需要对所有对象以原点为参考点进行移动、旋转和缩放，则可以手动切换为"使用变换坐标中心"工具，然后再进行相关操作即可，如图1-235~图1-237所示。

图1-235　　　　　图1-236　　　　　图1-237

实例029　将对象成组与解组

场景位置	场景文件>CH01>17.max
实例位置	无
学习目标	掌握对象的成组与解组方法

◎ 位置：菜单栏

01　打开本书学习资源中的"场景文件>CH01>17.max"文件，如图1-238所示。这是一个椅子模型。

图1-238

02　若要对椅子所有的部件进行操作，选择起来比较麻烦，因此需要将所有部件成组。选择椅子的所有部件模型，然后单击菜单栏中的"组>组"选项，接着在弹出的对话框中将"组名"设置为"椅子"，最后单击"确定"按钮，如图1-239和图1-240所示。

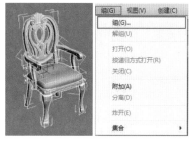　

图1-239　　　　　　　　　　图1-240

03　将椅子的所有部件模型编成一组后，只要选取任意一个部件模型，处于该组中的所有部件都会被选中，这样操作就很方便，如图1-241所示。

图1-241

04 若需要单独选择并调整组内的模型，可以选择菜单栏中的"组>解组"选项，如图1-242所示，解组完成后可以选取任意部件模型，如图1-243所示。

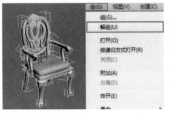 

图1-242　　　　　　　　　　　图1-243

05 如果想在不解组的情况下调整组内模型，可以选择菜单栏中的"组>打开"选项，如图1-244所示。调整完后选择菜单栏中的"组>关闭"选项，就能选择整个组的模型，如图1-245所示。

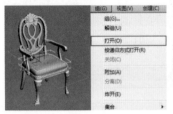 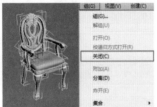

图1-244　　　　　　　　　　　图1-245

实例030　对齐对象

场景位置	场景文件>CH01>18.max
实例位置	无
学习目标	掌握对齐工具的用法

◎ 工具："对齐"工具

◎ 位置：菜单栏

◎ 快捷键：Alt + A

01 打开本书学习资源中的"场景文件>CH01>18.max"文件，可以看到场景中有两个大小不一的圆柱体，如图1-246所示。

图1-246

02 选中右侧的圆柱体，然后单击"对齐"工具，接着选择左侧的圆柱体并切换到前视图，再在弹出的"对齐当前选择"对话框中设置"对齐位置（屏幕）"为"X位置"和"Y位置"，"当前对象"为"轴点"，"目标对象"为"轴点"，接着单击"确定"按钮，如图1-247所示，右侧圆柱体就会移动到左侧圆柱体下方轴心位置，如图1-248所示。

 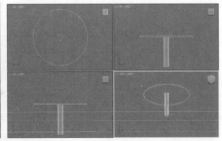

图1-247　　　　　　　　　　　图1-248

03 选中下方的圆柱体，然后单击"对齐"工具，接着选择上方的圆柱体并切换到前视图，再在弹出的"对齐当前选择"对话框中设置"对齐位置（屏幕）"为"X位置"，"当前对象"为"最小"，"目标对象"为"最小"，接着单击"确定"按钮，如图1-249所示，下方的圆柱体就会移动到与上方圆柱体内侧相切的位置，如图1-250所示。

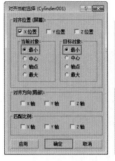 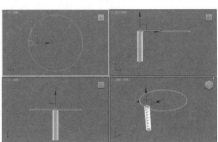

图1-249　　　　　　　　　　　图1-250

技术专题　⑩ 对齐工具介绍

对齐工具包括6种，分别是"对齐"工具、"快速对齐"工具、"法线对齐"工具、"放置高光"工具、"对齐摄影机"工具、"对齐到视图"工具，如图1-251所示。

"对齐"工具：使用该工具可以将当前选择对象与目标对象对齐。快捷键为Alt＋A。

图1-251

"快速对齐"工具：使用该工具可以立即将当前选择对象与目标对象对齐。如果当前选择对象为单个对象，"快速对齐"需要使用到两个对象的轴；如果当前选择对象是多个对象或子对象，则使用"快速对齐"可以将选中对象的选择中心对齐目标对象的轴。快捷键为Shift＋A。

"法线对齐"工具：该工具基于每个对象的面或以选择的法线方向来对齐两个对象。要打开"法线对齐"对话框，先要选择对齐对象，然后单击对象上的面，接着单击第2个对象上的面，松开鼠标左键后就可以打开。快捷键为Alt＋N。

"放置高光"工具：使用该工具可以将灯光与另一个对象对齐，以便精确定位其高光与反射。快捷键为Ctrl＋H。

"对齐摄影机"工具：使用该工具可以将摄影机与选定面的法线对齐。

"对齐到视图"工具：使用该工具可以将对象或子对象的局部轴与当前视图对齐。该工具适用于任何可变换的对象。

灵活使用各种对齐工具，可以准确地移动对象的位置，尤其是在拼合模型时会非常快速与准确。

Q 如何加载V-Ray 3.4渲染器

演示视频001：如何加载V-Ray 3.4渲染器

安装好V-Ray渲染器之后，需要在3ds Max中加载V-Ray渲染器。加载V-Ray渲染器的方法有两种。

第1种：进入3ds Max界面后，按F10键打开"渲染设置"对话框，然后在"公用"选项卡下展开"指定渲染器"卷展栏，接着单击"产品级"选项后面的"选择渲染器"按钮 ，最后在弹出的"选择渲染器"对话框中选择V-Ray渲染器即可，如图1-252所示。

第2种：直接在"渲染设置"对话框上方的"渲染器"下拉菜单中选择V-Ray渲染器，如图1-253所示。

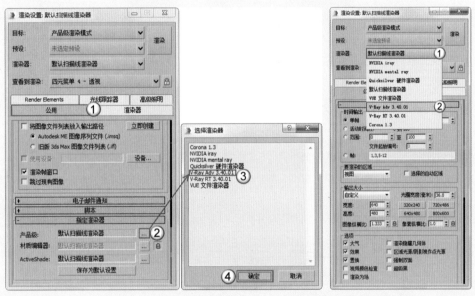

图1-252   图1-253

Q 实例复制在什么时候用合适

"实例"形式的复制对象与源对象在修改属性时会被同步修改，这样某些统一修改参数的操作会简便很多，大大提高了制作效率。初学者在使用时就会疑惑，什么时候用"实例"复制合适？这里笔者将简单举例介绍。

第1种：建模时要对多个模型进行同样的参数修改或是添加修改器操作，这时就可以使用"实例"复制。在制作时，参数的修改不可能一步到位，都要经过多次调试，"实例"复制就能同时调整所有关联的模型，不必再手动逐一调整。"实例"复制不仅限于基础建模，也适用于多边形建模等高级建模。需要注意的是，如果只调整单个模型的参数，就不能使用"实例"复制。

第2种：创建灯光系统时，往往会创建很多同种类型且参数一致的灯光，如射灯。这时就要使用"实例"复制，同时调整这些灯的强度、颜色等属性来进行测试。

» 行业问答

演示视频002：模型边缘有蓝色框怎么取消显示

打开3ds Max 2016后，创建的模型边缘会出现蓝色的边框，如图1-254所示。这是2016版本新加入的功能，可以直观地显示对象的边缘。如果觉得影响观察或使计算机卡顿，可以通过下面的方式取消显示。

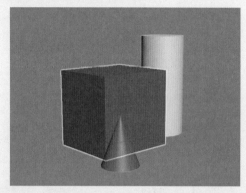

图1-254

第1步：执行"自定义>首选项"菜单命令，如图1-255所示。

第2步：在弹出的"首选项设置"对话框中切换到"视口"选项卡，然后取消勾选"选择/预览亮显"选项，最后单击"确定"按钮，如图1-256所示。

这时再单击模型，边缘就不会出现蓝色的边缘框了，如图1-257所示。

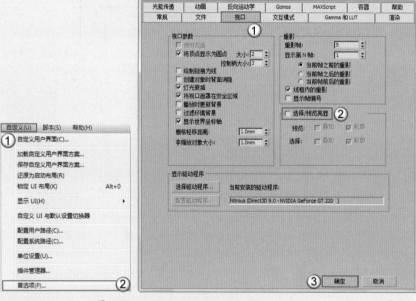

图1-255

图1-256

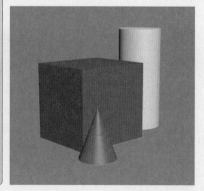

图1-257

Q 模型实体在场景中显示为全黑色怎么办

演示视频003：模型实体在场景中显示为全黑色怎么办

在某些情况下，将摄影机切换为"真实"时，模型会显示为黑色，如图1-258所示。这种情况通常是由于创建了外部灯光而没有使用外部灯光照明所造成的。要解决该问题，只需要按快捷键Ctrl+L切换为外部灯光照明即可。

在某些情况下将视图切换为"真实"显示时，模型上会有黑色杂点，如图1-259所示。这些并不是杂点，而是3ds Max的实时照明和阴影显示效果。如果要关闭实时照明和阴影，可以单击"真实"文字，然后在弹出的菜单中选择"配置"命令，如图1-260所示，接着在弹出的"视口配置"对话框中单击"视觉样式和外观"选项卡，再取消勾选"天光作为环境光颜色""阴影""环境光阻挡""环境反射"选项，最后单击"应用到活动视图"按钮，如图1-261所示，这样在视图中就不会显示实时照明效果和阴影了，如图1-262所示。

图1-258

图1-259

图1-260

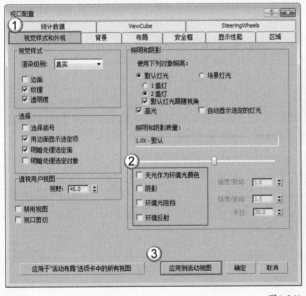

图1-261

图1-262

3DS MAX INSTANCE

技术专题
疑难问答
技巧与提示

Employment Direction
从业方向 ≫

家具造型师　　建筑设计表现师

工业设计师　　室内设计表现师

第2章 入门级建模技术

　　建模是一幅作品的基础，没有模型，材质和灯光就无从谈起，图2-1和图2-2所示是两幅非常优秀的效果图模型作品。

　　本章将介绍3ds Max 2016的入门级建模技术，包括创建标准基本体、扩展基本体、复合对象和二维图形。通过对本章的学习，可以快速地创建出一些简单的模型。

图2-1　　　　　　　　　　图2-2

　　标准基本体是3ds Max中自带的一些模型，用户可以直接创建出这些模型。

　　在"创建"面板中单击"几何体"按钮○，然后在下拉列表中选择几何体类型为"标准基本体"。标准基本体包含10种对象类型，分别是长方体、圆锥体、球体、几何球体、圆柱体、管状体、圆环、四棱锥、茶壶和平面，如图2-3所示。

　　"扩展基本体"是基于"标准基本体"的一种扩展物体，共有13种，分别是异面体、环形结、切角长方体、切角圆柱体、油罐、胶囊、纺锤、L-Ext、球棱柱、C-Ext、环形波、软管和棱柱，如图2-4所示。本章只对在实际工作中比较常用的一些扩展基本体进行介绍。

　　使用3ds Max内置的模型就可以创建出很多优秀的模型，但是在很多时候还会使用复合对象，因为使用复合对象来创建模型可以大大节省建模时间。复合对象包括12种建模工具，如图2-5所示。

　　样条线是由顶点和线段组成的，只需要调整顶点及样条线的参数就可以生成复杂的二维图形，利用这些二维图形又可以生成三维模型。

　　在"创建"面板中单击"图形"按钮◯，然后设置图形类型为"样条线"，这里有12种样条线，分别是线、矩形、圆、椭圆、弧、圆环、多边形、星形、文本、螺旋线、卵形和截面，如图2-6所示。

图2-3

图2-4

图2-5

图2-6

实例031 用长方体制作俄罗斯方块

场景位置	无
实例位置	实例文件>CH02>用长方体制作俄罗斯方块.max
学习目标	学习用长方体创建模型

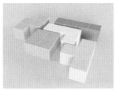

俄罗斯方块是生活中常见的游戏模型，可以用大小不等的长方体拼接成固定造型，俄罗斯方块的效果如图2-7所示。

图2-7

🔷 模型创建

01　使用"长方体"工具 长方体 在场景中创建一个长方体，然后在"参数"卷展栏下设置"长度"为20mm，"宽度"为20mm，"高度"为10mm，接着设置"长度分段"和"宽度分段"都为2，如图2-8所示。

02　使用"长方体"工具 长方体 在场景中再创建一个长方体，"长度"为20mm，"宽度"为10mm，"高度"为10mm，接着设置"长度分段"为2，位置及参数如图2-9所示。

图2-8 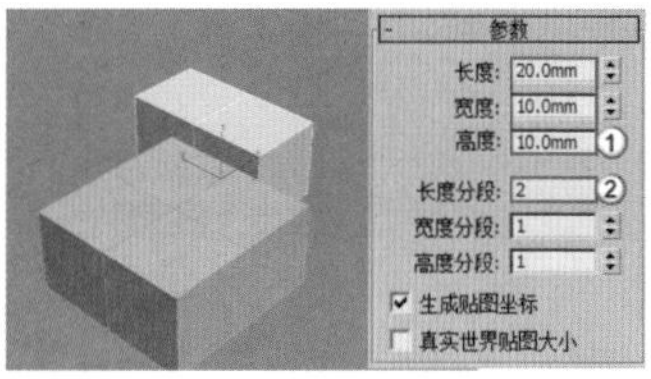　　　　　　　　图2-9

03　将上一步创建的长方体复制并旋转至如图2-10所示的位置。

> **技巧与提示** ✍
>
> 移动拼合长方体时，开启"捕捉开关"工具，在顶视图中移动，以确保模型完全拼合。

图2-10

04　使用"长方体"工具 长方体 在场景中再创建一个长方体，"长度"为30mm，"宽度"为10mm，"高度"为10mm，接着设置"长度分段"为3，位置及参数如图2-11所示。

05　使用"长方体"工具 长方体 在场景中再创建一个长方体，"长度"为10mm，"宽度"为10mm，"高度"为10mm，位置及参数如图2-12所示。

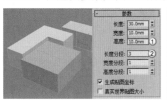

图2-11　　　　　　　　图2-12

06　使用"长方体"工具 长方体 在场景中创建一个长方体，"长度"为10mm，"宽度"为40mm，"高度"为10mm，接着设置"宽度分段"为4，位置及参数如图2-13所示。

图2-13

07　使用"长方体"工具 长方体 在场景中创建一个长方体，"长度"为20mm，"宽度"为10mm，"高度"为10mm，接着设置"长度分段"为2，位置如图2-14所示。

08　选中上一步创建的长方体，然后向下复制。俄罗斯方块的最终效果如图2-15所示。

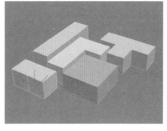
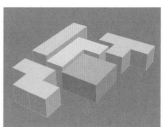

图2-14　　　　　　　　图2-15

↻ 技术回顾

◇ 工具： 长方体 　视频：001-长方体

◇ 位置：几何体>标准基本体

◇ 用途：使用"长方体"工具 长方体 ，能创建出很多生活中的模型，比如方桌、墙体等。另外，在多边形建模中，长方体也是最常用的基础几何体之一。

01　在"创建"面板中单击"几何体"按钮 ◯ ，然后选择"标准基本体"，接着单击"长方体"工具 长方体 ，最后在视图中按住鼠标并拖曳，创建出一个长方体，如图2-16所示。

图2-16

02　切换到前视图，选中上一步创建的长方体，然后按住Shift键，并使用鼠标左键向右拖曳复制一个立方体模型，接着在弹出的"克隆选项"对话框中设置"对象"为"复制"，再设置"副本数"为2，最后单击"确定"按钮 确定 ，如图2-17所示，效果如图2-18所示。

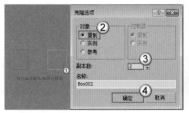

图2-17　　　　　　　　　　　图2-18

实例032　用圆柱体制作圆桌

场景位置	无
实例位置	实例文件>CH02>用圆柱体制作圆桌.max
学习目标	学习用圆柱体创建模型

圆桌模型是由不同尺寸的圆柱体拼合而成的，案例效果如图2-25所示。

图2-25

技巧与提示 ✓

在不同视图中建立长方体时，"长度""宽度""高度"所对应的边不同，本案例是在透视图中创建。

03 选中左侧长方体，展开"参数"卷展栏，然后将"长度"设置为800mm，可以观察到长方体沿z轴的长度增大了，如图2-19所示。

04 选中中间的长方体，展开"参数"卷展栏，然后设置"宽度"为800mm，可以观察到长方体沿x轴的长度增大了，如图2-20所示。

❖ 模型创建

01 使用"圆柱体"工具 圆柱体 在场景中创建一个圆柱体，然后在"参数"卷展栏下设置"半径"为100mm，"高度"为8mm，"高度分段"为1，"边数"为64，如图2-26所示。

02 使用"圆柱体"工具 圆柱体 在场景中创建一个圆柱体，然后在"参数"卷展栏下设置"半径"为2mm，"高度"为－120mm，"高度分段"为1，"边数"为64，如图2-27所示。

图2-19　　　　　　　　　　　图2-20

05 选中右侧的长方体，展开"参数"卷展栏，然后设置"高度"为1000mm，可以观察到长方体沿y轴的长度增大了，如图2-21所示。

06 选中左侧长方体，展开"参数"卷展栏，然后设置"长度分段"为4，可以观察到长方体沿z轴方向被等分为4份，如图2-22所示。

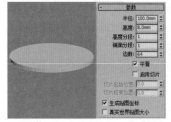
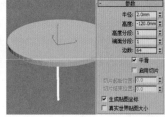

图2-26　　　　　　　　　　　图2-27

03 选中上一步创建的圆柱体模型，然后在"层次"面板中单击"仅影响轴"按钮 仅影响轴 ，接着将轴心移动至桌面圆柱体的轴心位置，如图2-28所示。

04 按住Shift键，并用"选择并旋转"工具 将圆柱体沿y轴旋转60°复制出5个，其位置如图2-29所示。

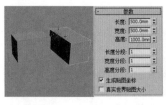
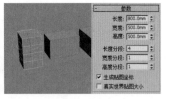

图2-21　　　　　　　　　　　图2-22

07 选中中间的长方体，展开"参数"卷展栏，然后设置"宽度分段"为2，可以观察到长方体沿x轴方向被等分为2份，如图2-23所示。

08 选中右侧长方体，展开"参数"卷展栏，然后设置"高度分段"为5，可以观察到长方体沿y轴方向被等分为5份，如图2-24所示。

图2-28　　　　　　　　　　　图2-29

05 将桌腿的圆柱体成组，然后使用"对齐"工具 将桌面和桌腿对齐，如图2-30所示，效果如图2-31所示。

图2-23　　　　　　　　　　　图2-24

图2-30　　　　　　　　　　　图2-31

06 将桌面的圆柱体向下复制，然后设置"半径"为40mm，"高度"为4mm，如图2-32所示。

07 选中上一步创建的圆柱体，然后使用"对齐"工具 ▣ 将其与桌腿模型对齐，最终效果如图2-33所示。

图2-32　　　　　　　　　　　图2-33

🔄 技术回顾

○ **工具：** 圆柱体 　视频：002–圆柱体

○ **位置：** 几何体>标准基本体

○ **用途：** 使用"圆柱体"工具 圆柱体 可以创建出很多生活中的模型，比如玻璃杯和桌腿等，制作由圆柱体构成的物体时，可以先将圆柱体转换成可编辑多边形，然后对细节进行调整。

01 在"创建"面板中单击"几何体"按钮 ○，然后选择"标准基本体"，接着单击"圆柱体"工具 圆柱体 ，最后在视图中按住鼠标并拖曳，创建出一个圆柱体，如图2-34所示。

图2-34

02 切换到前视图，选中上一步创建的圆柱体，然后按住Shift键，并使用鼠标左键向右拖曳复制一个球体模型，接着在弹出的"克隆选项"对话框中设置"对象"为"复制"，再设置"副本数"为2，最后单击"确定"按钮 确定 ，如图2-35所示，效果如图2-36所示。

图2-35　　　　　　　　　图2-36

03 选中左侧圆柱体，然后在"参数"卷展栏中将"半径"修改为300，可以观察到圆柱体变粗了，如图2-37所示。

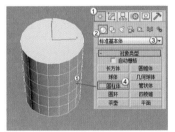

图2-37

04 选中中间的圆柱体，然后在"参数"卷展栏中将"高度"修改为300，可以观察到圆柱体变矮了，如图2-38所示。

图2-38

05 选中右侧的圆柱体，然后在"参数"卷展栏中将"高度分段"修改为2，可以观察到圆柱体曲面被均分为两段，如图2-39所示。

图2-39

06 继续选中右侧的圆柱体，然后在"参数"卷展栏中将"端面分段"修改为3，可以观察到圆柱体上下两个端面被均分成3段，如图2-40所示。

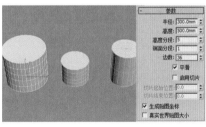

图2-40

07 选中左侧的圆柱体，然后在"参数"卷展栏中将"边数"修改为36，可以看到圆柱体曲面上的纵向分段增加了，比其他圆柱体更圆滑，如图2-41所示。

图2-41

08 选中中间的圆柱体，然后在"参数"卷展栏中勾选"启用切片"按钮，设置"切片起始位置"为50，可以发现圆柱体沿z轴被切成了扇形状态，如图2-42所示。设置"切片起始位置"为270，可以发现圆柱体切片沿逆时针方向旋转，如图2-43所示。

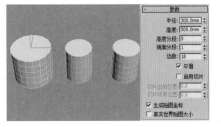

图2-42

图2-43

09 继续选中中间的圆柱体。然后在"参数"卷展栏中设置"切片起始位置"为0，"切片结束位置"为50，可以观察到切片另一端沿着逆时针方向旋转，如图2-44所示。

图2-44

▷ **技巧与提示** ✅

当设置"切片起始位置"或"切片结束位置"为正值时，切片都沿着逆时针旋转，而设置为负值时，切片都沿着顺时针旋转。

实例033　用球体制作化学分子模型

场景位置	无
实例位置	实例文件>CH02>用球体制作化学分子模型.max
学习目标	学习用球体和圆柱体创建模型

化学分子模型在有机化学教学中经常见到，模型中的球体模拟各种化学元素，圆柱体模拟化学键，案例效果如图2-45所示。

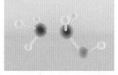 

图2-45

◆ **模型创建**

01 使用"球体"工具 球体 在场景中创建一个球体作为C原子，然后在"参数"卷展栏下设置"半径"为45mm，"分段"为32，如图2-46所示。

02 使用"圆柱体"工具 圆柱体 在场景中创建一个圆柱体作为化学键，然后设置"半径"为8mm，"高度"为100mm，其位置和参数如图2-47所示。

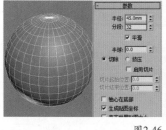 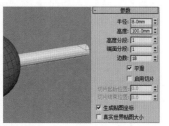

图2-46　　　　　　　　图2-47

03 选中球体模型，然后复制到圆柱体的另一端，其位置如图2-48所示。

04 将步骤2中创建的圆柱体复制6个，其位置如图2-49所示。

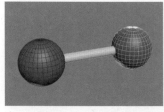 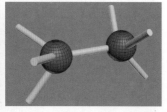

图2-48　　　　　　　　图2-49

05 使用"球体"工具 球体 在场景中创建一个球体，然后在"参数"卷展栏下设置"半径"为25mm，其位置和参数如图2-50所示。

06 将上一步创建的球体复制4个，其位置如图2-51所示。

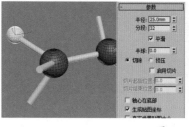 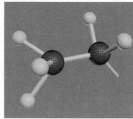

图2-50　　　　　　　　图2-51

07 使用"球体"工具 球体 在场景中创建一个球体，然后在"参数"卷展栏下设置"半径"为35mm，其位置和参数如图2-52所示。

08 选中一组球体和圆柱体，然后复制并移动到上一步创建的球体下方，分子模型的最终效果如图2-53所示。

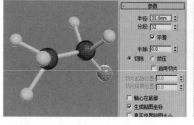 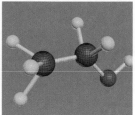

图2-52　　　　　　　　图2-53

↻ **技术回顾**

◎ 工具：球体 视频：003–球体

◎ 位置：几何体>标准基本体

◎ 用途：使用"球体"模型 球体 可以创建出很多生活中的常见物品。在3ds Max中，可以创建完整的球体，也可以创建半球体或球体的其他部分。

01 在"创建"面板中单击"几何体"按钮，然后选择"标准基本体"，接着单击"球体"工具 球体 ，最后在视图中按住鼠标并拖曳，创建出一个球体，如图2-54所示。

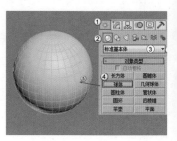

图2-54

02 切换到前视图，选中上一步创建的圆柱体，然后按住Shift键，并使用鼠标左键向右拖曳复制一个圆柱体模型，接着在弹出的"克隆选项"对话框中设置"对象"为"复制"，最后单击"确定"按钮 确定 ，如图2-55所示，效果如图2-56所示。

03 选中左侧的球体，然后在"参数"卷展栏中将半径修改为20mm，可以观察到球体体积变小了，如图2-57所示。

04 选中右侧的球体,然后在"参数"卷展栏中将"分段"修改为16,可以观察到球体没有以前圆滑,如图2-58所示。

图2-55

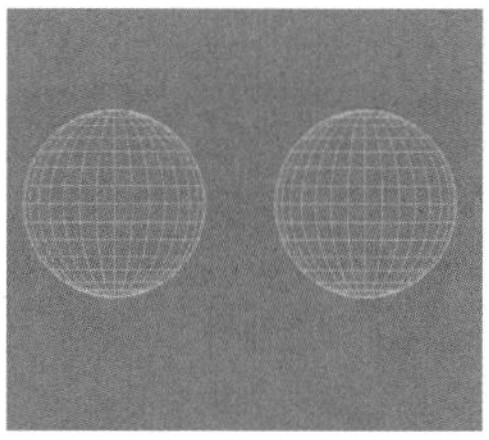

图2-56

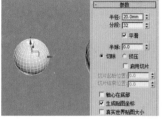

图2-57

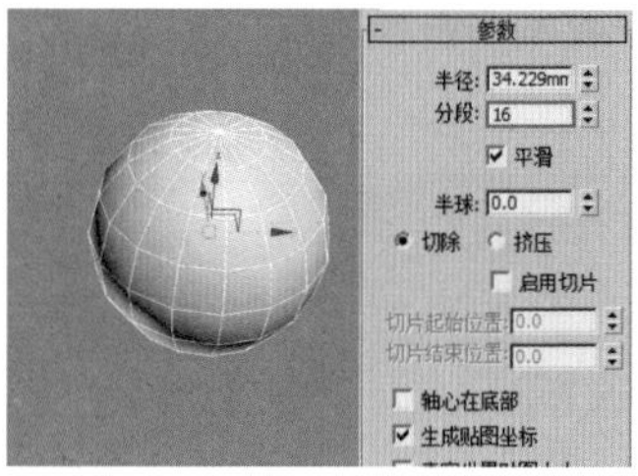

图2-58

05 选中右侧的球体,然后在"参数"卷展栏中将"半球"设置为0.5,再将类型设置为"切除",可以观察到球体从下方被切除掉了一半,如图2-59所示。将类型切换为"挤压",可以观察到,球体从下方被切掉了一半,但纬度上的分段没有变化,如图2-60所示。

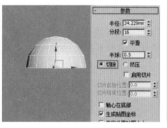

图2-59

图2-60

06 选中左侧的球体,然后在"参数"卷展栏中勾选"启用切片"选项,然后设置"切片起始位置"为100,可以观察到,球体沿着逆时针方向被切除了一部分,如图2-61所示。设置"切片起始位置"为0,"切片结束位置"为100,可以观察到球体沿逆时针方向被切除了一部分,如图2-62所示。

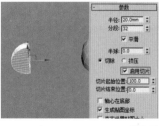

图2-61

图2-62

实例034 用管状体制作吸管

场景位置	无
实例位置	实例文件>CH02>用管状体制作吸管.max
学习目标	学习用管状体和圆柱体创建模型

场景中的瓶子是由圆柱体拼合而成的,而吸管则是用管状体制作而成的,案例效果如图2-63所示。

图2-63

📦 模型创建

01 使用"圆柱体"工具 圆柱体 在场景中创建一个圆柱体,然后在"参数"卷展栏下设置"半径"为80mm,"高度"为160mm,"高度分段"为12,"边数"为24,如图2-64所示。

02 选中上一步创建的圆柱体,然后在修改器列表中为其加载一个"网格平滑"修改器,效果如图2-65所示。

图2-64

图2-65

---- 技巧与提示 ✍

"网格平滑"修改器可以使瓶子的边缘圆滑。修改器的具体用法会在下一章进行讲解。

03 将圆柱体向上复制一个,然后在"参数"卷展栏下设置"半径"为65mm,"高度"为20mm,"高度分段"为5,如图2-66所示。

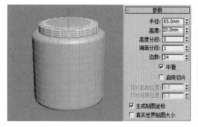

技巧与提示 ✍

复制的圆柱体也会带有"网格平滑"修改器。修改圆柱体的参数时,在修改器堆栈中选中"圆柱体"选项即可。

图2-66

04 使用"管状体"工具 管状体 在场景中创建一个管状体,然后在"参数"卷展栏中设置"半径1"为5mm,"半径2"为5.5mm,"高度"为250mm,"高度分段"为1,其位置和参数如图2-67所示。

05 调整吸管的位置后模型最终效果如图2-68所示。

图2-67

图2-68

○ 技术回顾

◎ 工具： 管状体 　视频：004-管状体

◎ 位置： 几何体>标准基本体

◎ 用途： 管状体外形与圆柱体相似，不过管状体是空心的，可以创建一些特殊造型的模型。

01 在"创建"面板中单击"几何体"按钮○，然后选择"标准基本体"，接着单击"管状体"工具 管状体 ，最后在视图中按住鼠标并拖曳，创建出一个管状体，如图2-69所示。

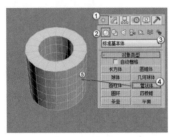

图2-69

02 切换到前视图，选中上一步创建的管状体，然后按住Shift键，并使用鼠标左键向右拖曳复制一个管状体模型，接着在弹出的"克隆选项"对话框中设置"对象"为"复制"，最后单击"确定"按钮 确定 ，如图2-70所示，效果如图2-71所示。

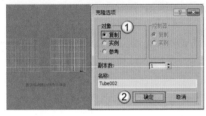

图2-70　　　　　　　　　　　　　图2-71

03 选中左侧的管状体，然后在"参数"卷展栏中设置"半径1"为60mm，可以观察到管状体外侧周长变大了，如图2-72所示。设置"半径2"为10mm，可以观察到管状体内侧的周长变小了，如图2-73所示。

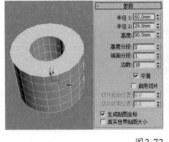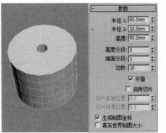

图2-72　　　　　　　　　　　　　图2-73

04 选中右侧的管状体，然后在"参数"卷展栏中设置"高度"为60mm，可以观察到管状体变矮了，如图2-74所示。

05 继续选中右侧管状体。然后在"参数"卷展栏中设置"高度分段"为2，可以观察到管状体曲面被均分为两段，如图2-75所示。

06 选中左侧管状体，然后在"参数"卷展栏中设置"端面分段"为3，可以观察到在管状体上下两个端面被均分为3段，如图2-76所示。

07 继续选中左侧管状体，然后在"参数"卷展栏中设置"边数"为9，可以观察到曲面分段减少了，没有以前圆滑，如图2-77所示。

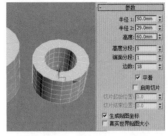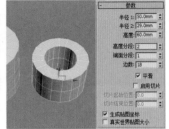

图2-74　　　　　　　　　　　　　图2-75

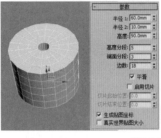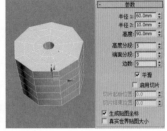

图2-76　　　　　　　　　　　　　图2-77

08 选中左侧管状体，然后在"参数"卷展栏中勾选"启用切片"选项，接着设置"切片起始位置"为－100，与圆柱体一样，切片都是沿着顺时针方向旋转，如图2-78所示。再设置"切片起始位置"为0，"切片结束位置"为100，可以观察到切片位置沿逆时针方向旋转，如图2-79所示。

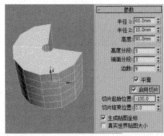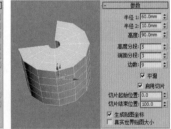

图2-78　　　　　　　　　　　　　图2-79

技术专题 ⑮ 坐标轴在视图中的显示

在创建模型时，时常会观察到模型所显示的坐标轴与视图窗口左下角的坐标轴不一致，如图2-80所示，在前视图中创建的长方体模型所显示的坐标轴为x、y轴，而屏幕左下角的坐标则显示的是x、z轴。

出现这种情况，是因为主工具栏中的"参考坐标系"被设置为了"视图" 视图 ▼ ，将其设置为"世界" 世界 ▼ 即可与左下角坐标系一致，如图2-81所示。

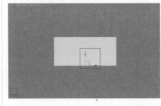

图2-80　　　　　　　　　　　　　图2-81

合理选择参考坐系，可以有效地在视图中移动、旋转模型。图2-82所示是透视图中的长方体模型，参考坐系为"视图"视图　▼，如果要将长方体沿x轴向右平移，只需要将参考坐标系设置为"屏幕"屏幕　▼即可，如图2-83所示。

图2-82　　　　　　　　　　图2-83

实例035 用切角长方体制作床头柜

场景位置　无
实例位置　实例文件>CH02>用切角长方体制作床头柜.max
学习目标　学习用切角长方体创建模型

床头柜模型是用不同尺寸的切角长方体和切角圆柱体拼合而成的，案例效果如图2-84所示。

图2-84

模型创建

01 使用"切角长方体"工具 切角长方体 在场景中创建一个切角长方体，然后展开"参数"卷展栏，设置"长度"为400mm，"宽度"为40mm，"高度"为600mm，"圆角"为2mm，如图2-85所示。

02 使用"切角长方体"工具 切角长方体 在场景中创建一个切角长方体，然后在"参数"卷展栏下设置"长度"为600mm，"宽度"为40mm，"高度"为600mm，"圆角"为2mm，接着移动切角长方体，与上一步创建的切角长方体拼合，如图2-86所示。

图2-85　　　　　　　　　　图2-86

技巧与提示

拼合切角长方体时，开启捕捉工具，可以快速拼合两个模型。

03 选择步骤1创建的切角长方体，然后按住Shift键沿x轴向右侧平移，接着在弹出的"克隆选项"对话框中设置"对象"为"复制"，并单击"确定"按钮 确定 ，如图2-87所示，最后

将复制出的切角长方体与横向切角长方体拼合，其位置如图2-88所示。

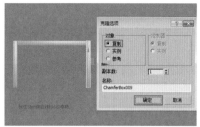 

图2-87　　　　　　　　　　图2-88

04 使用"长方体"工具 长方体 在场景中创建一个长方体，然后在"参数"卷展栏下设置"长度"为360mm，"宽度"为600mm，"高度"为15mm，其位置如图2-89所示。

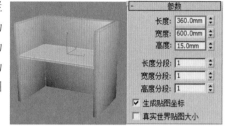

图2-89

05 使用"切角长方体"工具 切角长方体 在场景中创建一个切角长方体，然后在"参数"卷展栏下设置"长度"为680mm，"宽度"为40mm，"高度"为260mm，"圆角"为2mm，其位置与参数如图2-90所示。

06 将上一步创建的切角长方体移动至与长方体高度相同的位置，床头柜最终效果如图2-91所示。

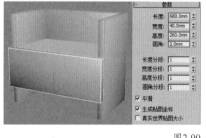 

图2-90　　　　　　　　　　图2-91

技术回顾

○ 工具：切角长方体　视频：005-切角长方体
○ 位置：几何体>扩展基本体
○ 用途：切角长方体是长方体的扩展物体，可以快速创建出带圆角效果的长方体。

01 在"创建"面板中单击"几何体"按钮 ，然后选择"扩展基本体"，接着单击"切角长方体"工具 切角长方体 ，最后在视图中按住鼠标并拖曳，创建出一个切角长方体，如图2-92所示。

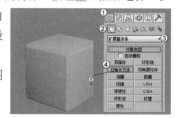

图2-92

02 切换到前视图，选中上一步创建的切角长方体，然后按住Shift键，并使用鼠标左键向右拖曳复制一个切角长方体模型，接着在弹出的"克隆选项"对话框中设置"对象"为"复制"，最后单击"确定"按钮 **确定** ，如图2-93所示，效果如图2-94所示。

图2-93　　　　　　　　　图2-94

03 选中左侧的切角长方体，然后在"参数"卷展栏中设置"长度"为200mm，可以观察到切角长方体在y轴方向上的长度增大了，如图2-95所示。接着设置"宽度"为50mm，可以观察到切角长方体在x轴方向上缩短了，如图2-96所示。再设置"高度"为150mm，可以观察到切角长方体在z轴方向上长度增大了，如图2-97所示。

图2-95

 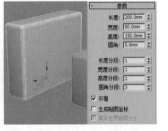

图2-96　　　　　　　　　图2-97

04 选中右侧的切角长方体，然后在"参数"卷展栏中设置"圆角"为10mm，可以观察到切角长方体的圆角半径增大了，如图2-98所示。

05 继续选中右侧切角长方体，然后在"参数"卷展栏中设置"圆角分段"为6，可以观察到圆角变得更加圆滑了，如图2-99所示。

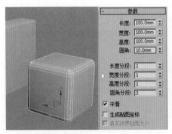 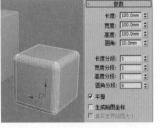

图2-98　　　　　　　　　图2-99

技巧与提示 ✅

"长度分段""宽度分段""高度分段"3个参数与长方体的意义一致，这里就不再详细讲解。

实例036　用切角圆柱体制作圆凳

场景位置	无
实例位置	实例文件>CH02>用切角圆柱体制作圆凳.max
学习目标	学习用切角圆柱体创建模型

　　圆凳是由不同尺寸的切角圆柱体拼合而成的，案例效果如图2-100所示。

图2-100

🔷 **模型创建**

01 使用"切角圆柱体"工具 **切角圆柱体** 在场景中创建一个切角圆柱体，然后在"参数"卷展栏下设置"半径"为300mm，"高度"为250mm，"圆角"为30mm，"圆角分段"为3，"边数"为24，如图2-101所示。

02 使用"切角圆柱体"工具 **切角圆柱体** 在场景中创建一个切角圆柱体，然后在"参数"卷展栏下设置"半径"为40mm，"高度"为300mm，"圆角"为10mm，"圆角分段"为3，"边数"为24，其位置与参数如图2-102所示。

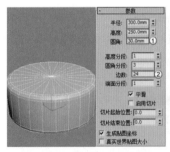 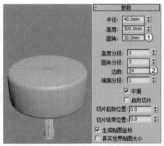

图2-101　　　　　　　　　图2-102

03 选中上一步创建的切角圆柱体模型，然后复制3个并调整位置，圆凳最终效果如图2-103所示。

图2-103

🔄 **技术回顾**

◎ 工具： **切角圆柱体** 　视频：006-切角圆柱体

◎ 位置：几何体>扩展基本体

◎ 用途：切角圆柱体是圆柱体的扩展物体，可以快速创建出带圆角效果的圆柱体。

01 在"创建"面板中单击"几何体"按钮○，然后选择"扩展基本体"，接着单击"切角圆柱体"工具 切角圆柱体 ，最后在视图中按住鼠标并拖曳，创建出一个切角圆柱体，如图2-104所示。

图2-104

02 切换到前视图，选中上一步创建的切角圆柱体，然后按住Shift键，并使用鼠标左键向右拖曳复制一个切角圆柱体模型，接着在弹出的"克隆选项"对话框中设置"对象"为"复制"，最后单击"确定"按钮 确定 ，如图2-105所示，效果如图2-106所示。

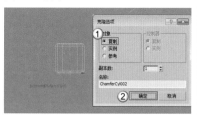 

图2-105   图2-106

03 选中右侧的切角圆柱体，然后在"参数"卷展栏中设置"圆角"为12，可以观察到圆角更加圆滑，半径也更大，如图2-107所示。

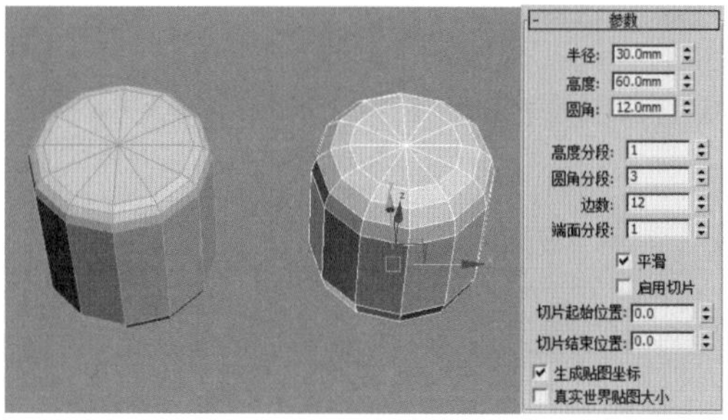

图2-107

04 继续选中右侧的切角圆柱体，然后在"参数"卷展栏中设置"圆角分段"为1，可以观察到圆角变得锐利，如图2-108所示。

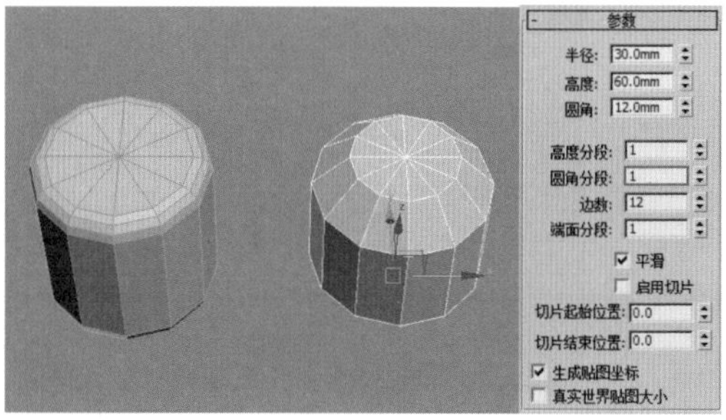

图2-108

实例037 用异面体制作戒指

场景位置	无
实例位置	实例文件>CH02>用异面体制作戒指.max
学习目标	学习用异面体、管状体和切角圆柱体创建模型

戒指由管状体的指环、切角圆柱体的托架和异面体的宝石组成，案例效果如图2-109所示。

图2-109

📦 **模型创建**

01 使用"管状体"工具 管状体 在场景中创建一个管状体，然后在"参数"卷展栏中设置"半径1"为40mm，"半径2"为38mm，"高度"为15mm，"高度分段"为6，"边数"为36，如图2-110所示。

02 选中上一步创建的管状体，然后在修改器堆栈中为其加载一个"网格平滑"修改器，使得管状体更加圆滑，如图2-111所示。

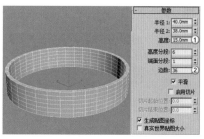 

图2-110   图2-111

03 使用"切角圆柱体"工具 切角圆柱体 在场景中创建一个切角圆柱体，然后在"参数"卷展栏下设置"半径"为8mm，"高度"为1.5mm，"圆角"为0.5mm，"圆角分段"为3，"边数"为36，其位置如图2-112所示。

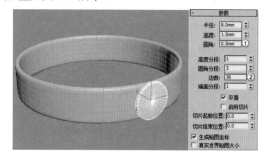

图2-112

04 使用"异面体"工具 异面体 ，在切角圆柱体上创建一个异面体，然后在"参数"卷展栏中设置"系列"为"十二面体/二十面体"，"半径"为15mm，其模型效果如图2-113所示。

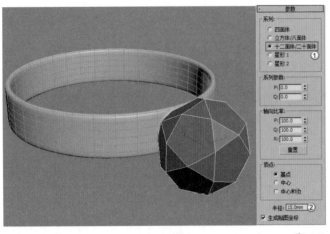

图2-113

05 继续使用"异面体"工具 异面体 ，在指环上创建一些小
的异面体，其参数设置及模型效果如图2-114所示。

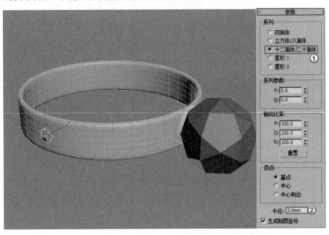

图2-114

06 将上一步创建的小异面体在
指环上复制一圈，最终效果如图
2-115所示。

图2-115

○ **技术回顾**

◎ 工具：异面体 视频：007–异面体

◎ 位置：几何体>扩展基本体

◎ 用途：异面体是一种很典型的扩展基本体，可以用它来创建四面
体、立方体和星形等一些特殊的模型结构。

01 在"创建"面板中单击"几何体"按钮 ，然后选择"扩展基
本体"，接着单击"异面体"工具 异面体 ，"系列"默认为"四面
体"，保持不变，最后在视图中按住鼠标并拖曳，创建出一个异面
体，如图2-116所示。

02 图2-117~图2-120是在"参数"卷展栏中分别设置"系列"
为"立方体/八面体""十二面体/二十面体""星形1""星形
2"时呈现的模型。

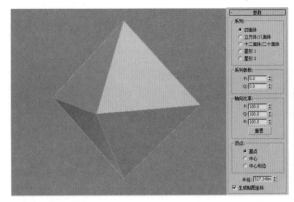

图2-116

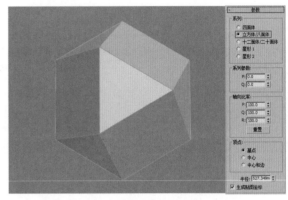

图2-117

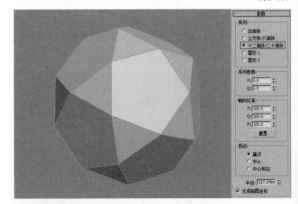

图2-118

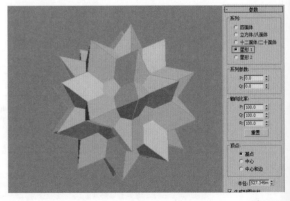

图2-119

50

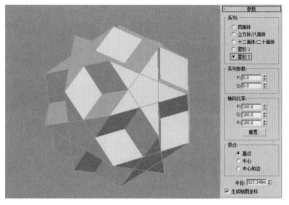

图2-120

03 无论选择"系列"中哪个选项，下方的参数类型都是一致的，下面以"四面体"为例具体讲解下方参数。

04 在"参数"卷展栏中设置"系列参数"的P值为0.5，可以观察到沿y轴的三角面减少了，生成了六边面，如图2-121所示。

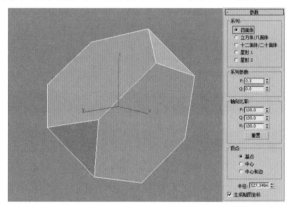

图2-121

05 在"参数"卷展栏中设置"系列参数"的P值为0，Q值为0.5，可以观察到沿x轴的三角面减少了，生成了六边面，如图2-122所示。

> **技巧与提示**
>
> P、Q两个选项主要用来切换多面体顶点与面之间的关联关系，其取值范围为 0~1。

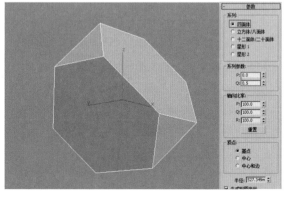

图2-122

06 在"参数"卷展栏中设置"轴向比率"的Q值为120，可以观察到三角面向外凸出，如图2-123所示。设置R值为150，可以观察到六边面向外凸出，如图2-124所示。

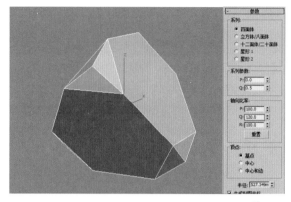

图2-123

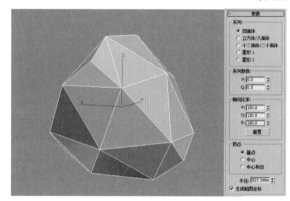

图2-124

> **技巧与提示**
>
> 异面体可以拥有多达3种的多面体的面，如三角形面、方形面或五边形面。这些面可以是规则的，也可以是不规则的。如果多面体只有一种或两种面，则只有一个或两个轴向比率参数处于活动状态，不活动的参数不起作用。P、Q、R控制多面体一个面反射的轴。如果调整了参数，单击"重置"按钮 **重置** 可以将P、Q、R的数值恢复到默认值100。

07 在"参数"卷展栏中设置"顶点"为"中心和边"，可以观察到异面体模型的表面增加了线，因而增加了面数，如图2-125所示。这是因为这个选项组中的参数决定多面体每个面的内部几何体。"中心"和"中心和边"选项会增加对象的顶点数，从而增加面数。

08 在"参数"卷展栏中设置"半径"为10mm，可以观察到异面体模型的体积减小了，如图2-126所示。

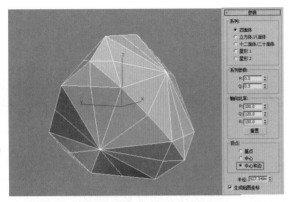

图2-125

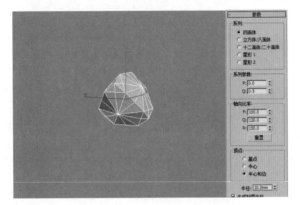

图2-126

实例038 用复合对象制作花瓶花纹

场景位置　　场景文件>CH02>01.max
实例位置　　实例文件>CH02>用复合对象制作花瓶花纹.max
学习目标　　学习复合对象的创建方法

花瓶花纹是通过"图形合并"工具将图像样条线合并到花瓶模型上形成的，案例效果如图2-127所示。

图2-127

◆ 模型创建

01 打开本书学习资源中的"场景文件>CH02>01.max"文件，如图2-128所示。

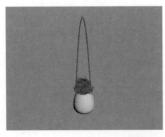

图2-128

02 在"创建"面板中单击"图形"按钮，然后单击"圆"按钮 圆 ，如图2-129所示，接着在场景中创建一条圆形样条线，接着设置其"半径"为1mm，其位置与参数如图2-130所示。

图2-129　　　　　　　　　　　图2-130

03 将上一步创建的圆形样条线复制一条，并将"半径"修改为0.8mm，位置及参数如图2-131所示。

04 继续复制圆形样条线，其效果如图2-132所示。

图2-131　　　　　　　　　　　图2-132

05 任意选中一条圆形样条线，然后单击鼠标右键，并在弹出的菜单中选择"转换为>转换为可编辑样条线"选项，如图2-133所示，接着在"修改"面板中单击"附加"按钮 附加 ，并依次单击其余圆形样条线，将其合并为一个整体，如图2-134所示。

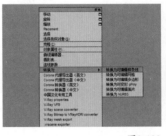 

图2-133　　　　　　　　　　　图2-134

> 技巧与提示 ✔
>
> 进行图形合并之前，需要将多个图形合并为一个整体。

06 选择花瓶模型，然后在"创建"面板中单击"几何体"按钮，接着设置"几何体"类型为"复合对象"，并单击"图形合并"按钮 图形合并 ，再在"拾取操作对象"卷展栏下单击"拾取图形"按钮 拾取图形 ，最后在场景中拾取圆形图案模型，此时在花瓶相应位置会出现圆形图案，如图2-135所示。

07 单击"修改"按钮，切换到"修改"面板，然后在"修改器列表"中选择"编辑多边形"选项，接着在"选择"卷展栏下单击"多边形"按钮，进入"多边形"层级，如图2-136所示。

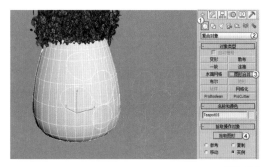

图2-135

图2-136

○ 知识链接

知识链接：关于这5个子对象层级的相关工具和参数请参阅后面的"第3章 高级建模技术"的内容。

08 在"编辑多边形"卷展栏下单击"挤出"后面的"设置"按钮□，然后在视图中设置"高度"为-1mm，最后单击"确定"按钮⊘，如图2-137所示，花瓶的最终效果如图2-138所示。

图2-137　　图2-138

○ 技术回顾

- 工具：**图形合并** 视频：008-图形合并
- 位置：几何体>复合对象
- 用途：可以将1个或多个图形嵌入其他对象的网格或从网格中将图形移除。

01 使用"长方体"工具 **长方体** 在视图中拖曳出一个长方体，然后使用"样条线"中的"圆"工具 **圆** 在视图中拖曳出一个圆，如图2-139所示。

02 选择长方体，然后在"创建"面板中单击"几何体"按钮○，接着设置"几何体"类型为"复合对象"，并单击"图形合并"按钮 **图形合并** ，再在"拾取操作对象"卷展栏下单击

"拾取图形"按钮 **拾取图形** ，最后在场景中拾取圆，此时在长方体相应位置会出现圆图形，如图2-140所示。

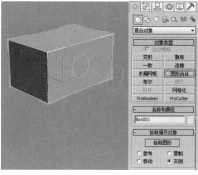

图2-139　　　　　　　　　　图2-140

03 默认情况下，"参数"卷展栏中的"操作"类型是"合并"，切换到"饼切"类型，会观察到长方体表面被圆切掉了，如图2-141所示。

04 如果需要删除已经合并的圆，在"参数"卷展栏中的"操作对象"中选择"图形1：Circle001"选项，然后单击下方的"删除图形"按钮 **删除图形** 即可，如图2-142所示。

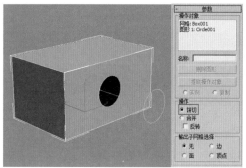

图2-141　　　　　　图2-142

实例039 用布尔运算制作笛子

场景位置　无
实例位置　实例文件>CH02>用布尔运算制作笛子.max
学习目标　学习用布尔运算制作模型的方法

笛子模型是在管状体的基础上制作而成的，笛子上的孔洞是对笛子本身与孔洞大小的管状体进行布尔运算制作而成的，案例效果如图2-143所示。

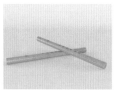

图2-143

⊕ 模型创建

01 使用"管状体"工具 **管状体** 在场景中创建一个管状体，然后在"参数"卷展栏中设置"半径1"为20mm，"半径2"为10mm，"高度"为600mm，"高度分段"为1，"端面分段"为1，"边数"为18，如图2-144所示。

02 使用"圆柱体"工具 圆柱体 在场景中创建一个圆柱体，然后在"参数"卷展栏下设置"半径"为8.3mm，"高度"为30mm，"高度分段"为1，并移动到如图2-145所示的位置。

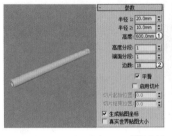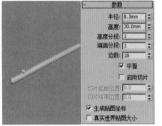

图2-144　　　　　　　　　　　　图2-145

03 将上一步创建的圆柱体复制6个，其位置如图2-146所示。

04 选中所有的圆柱体，然后单击"实用程序" 面板中的"塌陷"按钮 塌陷 ，如图2-147所示。

05 在"塌陷"卷展栏中单击"塌陷选定对象"按钮 塌陷选定对象 ，如图2-148所示。这样所有的圆柱体就合成了一个整体模型。

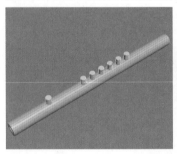

图2-146　　　　　图2-147　　　　　图2-148

06 选中管状体，然后设置几何体类型为"复合对象"，单击"布尔"按钮 布尔 ，接着在"拾取布尔"卷展栏下设置"操作"为"差集（A－B）"，再单击"拾取操作对象B"按钮，最后拾取圆柱体，如图2-149所示，最终效果如图2-150所示。

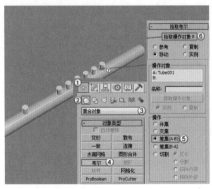

图2-149　　　　　　　　　　图2-150

○ 技术回顾

◎ 工具：布尔 视频：009–布尔工具

◎ 位置：几何体>复合对象

◎ 用途："布尔"运算是通过对两个以上的对象进行并集、差集、交集运算，从而得到新的物体形态。

01 使用"长方体"工具 长方体 和"球体"工具 球体 在视图中拖曳出一个长方体模型和一个球体模型，如图2-151所示。

02 移动球体，使其与长方体部分重合，其位置如图2-152所示。

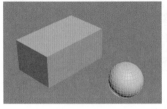

图2-151　　　　　　　　　　图2-152

03 选中长方体，然后设置几何体类型为"复合对象"，单击"布尔"按钮 布尔 ，接着在"拾取布尔"卷展栏下设置"操作"为"差集（A－B）"，再单击"拾取操作对象B"按钮，如图2-153所示，最后拾取球体，可以观察到小球在长方体上挖出了一个坑，如图2-154所示。

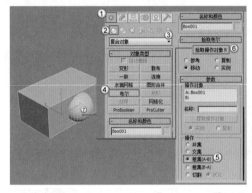

图2-153　　　　　　　　　　图2-154

04 按快捷键Ctrl＋Z返回到步骤2的状态，执行上一步操作，设置"参数"卷展栏中的"操作"为"并集"，可以观察到长方体与球体成为了一个整体模型，如图2-155所示。

05 按快捷键Ctrl＋Z返回到步骤2的状态，设置"参数"卷展栏中的"操作"为"交集"，可以观察到场景中只剩下了长方体与球体相交的部分，如图2-156所示。

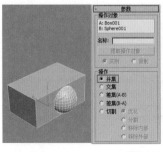

图2-155　　　　　　　　　　图2-156

06 按快捷键Ctrl＋Z返回到步骤2的状态，设置"参数"卷展栏中的"操作"为"差集（B－A）"，可以观察到场景中只剩下了长方体与球体不相交的部分，如图2-157所示。

07 按快捷键Ctrl＋Z返回到步骤2的状态，设置"参数"卷展栏中的"操作"为"切割"中的"优化"，可以观察到场景中长方体与球体的相交面多了一圈线，如图2-158所示。

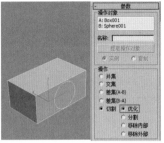

图2-157　　　　　　　　　　　　图2-158

08 按快捷键Ctrl＋Z返回到步骤2的状态，将球体放大一些，如图2-159所示。然后选中长方体，设置"参数"卷展栏中的"操作"为"切割"中的"分割"，可以观察到场景中长方体与球体的相交面多了一圈线，如图2-160所示。

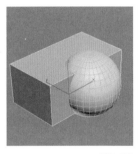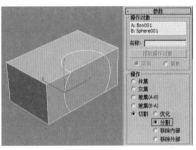

图2-159　　　　　　　　　　　　图2-160

09 按快捷键Ctrl＋Z返回到步骤2的状态，设置"参数"卷展栏中的"操作"为"切割"中的"移除内部"，可以观察到场景中长方体与球体的相交面被切掉了，如图2-161所示。

10 按快捷键Ctrl＋Z返回到步骤2的状态，设置"参数"卷展栏中的"操作"为"切割"中的"移除外部"，可以观察到场景中只留下了长方体与球体的相交面，如图2-162所示。

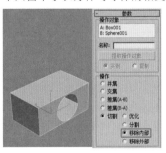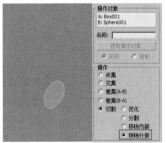

图2-161　　　　　　　　　　　　图2-162

实例040　用放样工具制作相框

场景位置	无
实例位置	实例文件>CH02>用放样工具制作相框.max
学习目标	学习放样工具的使用方法

相框模型是通过"放样"工具将矩形用造型后的样条线放样，再与长方体拼合而成的，案例效果如图2-163所示。

图2-163

◆ 模型创建

01 进入前视图，在"创建"面板中单击"图形"按钮，然后单击"矩形"按钮 矩形 ，并在视图中绘制一个矩形，接着在"参数"卷展栏中设置矩形的"长度"为300mm，"宽度"为200mm，如图2-164所示。

02 再次用"矩形"工具 矩形 在视图中绘制一个矩形，然后在"参数"卷展栏中设置矩形的"长度"为20mm，"宽度"为20mm，如图2-165所示。

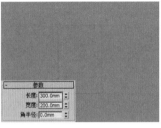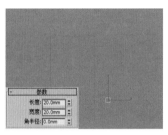

图2-164　　　　　　　　　　　　图2-165

03 选择上一步创建的矩形，单击鼠标右键，在弹出的菜单中选择"转换为>转换为可编辑样条线"选项，如图2-166所示，然后单击"修改"按钮进入修改面板，接着在"选择"卷展栏下单击"顶点"按钮，切换为"顶点"层级，最后将矩形调整为如图2-167所示的造型。

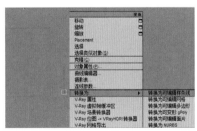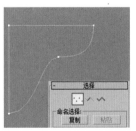

图2-166　　　　　　　　　　　　图2-167

技巧与提示 ◆

矩形在"顶点"层级下，点的控制类型为"Bezier角点"，选中需要移动的点，单击鼠标右键，在弹出的菜单中选择"Bezier"选项，将点的控制类型转换为"平滑"，如图2-168所示。

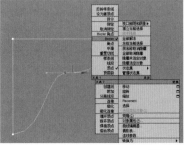

图2-168

04 选中矩形，然后在"创建"面板中单击"几何体"按钮 ⬤，接着设置"几何体"类型为"复合对象"，单击"放样"按钮 放样 ，接着在"创建方法"卷展栏中单击"获取图形"按钮 获取图形 ，最后拾取视图中修改后的矩形，如图2-169所示。

图2-169

05 设置"几何体"类型为"标准基本体"，单击"长方体"按钮 长方体 ，在视图中创建一个长方体，然后在"参数"卷展栏中设置"长度"为281mm，"宽度"为180mm，"高度"为﹣2.5mm，其效果与参数如图2-170所示。

06 使用"长方体"工具，在场景中创建一个长方体，然后设置"长度"为180mm，"宽度"为35mm，"高度"为5mm，如图2-171所示。

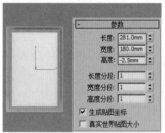 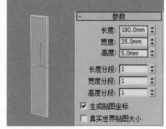

图2-170   图2-171

07 将上一步创建的长方体与相框拼合，并调整其角度，最终效果如图2-172所示。

图2-172

↻ **技术回顾**

◎ 工具： 放样 视频：010–放样工具

◎ 位置：几何体>复合对象

◎ 用途："放样"是将一个二维图形作为沿某个路径的剖面，从而形成复杂的三维对象。"放样"是一种特殊的建模方法，能快速地创建出多种模型，常用于吊顶石膏线、踢脚线等造型线条的建模。

01 使用"样条线"中的"线"工具 线 在视图中拖曳出一条直线，然后使用"星形"工具 星形 在视图中拖曳出一个星形，如图2-173所示。

02 选中直线，然后在"创建"面板中单击"几何体"按钮 ⬤，接着设置"几何体"类型为"复合对象"，单击"放样"按钮 放样 ，接着在"创建方法"卷展栏中单击"获取图形"按钮 获取图形 ，最后拾取视图中的星形，如图2-174所示。

 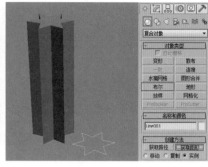

图2-173   图2-174

03 选中放样出的星形模型，然后切换到"修改"面板，接着展开"变形"卷展栏，再单击"缩放"按钮 缩放 ，最后在弹出的"缩放变形"窗口中调整曲线，如图2-175所示，星形模型效果如图2-176所示。

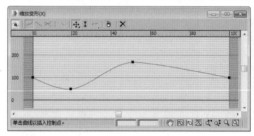 

图2-175   图2-176

04 按快捷键Ctrl＋Z返回，然后在"变形"卷展栏中单击"扭曲"按钮 扭曲 ，接着在弹出的"扭曲变形"窗口中调整曲线，如图2-177所示，星形模型效果如图2-178所示。

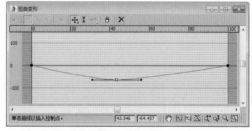 

图2-177   图2-178

05 按快捷键Ctrl＋Z返回，然后在"变形"卷展栏中单击"倾斜"按钮 倾斜 ，接着在弹出的"倾斜变形"窗口中调整曲线，如图2-179所示，星形模型效果如图2-180所示。

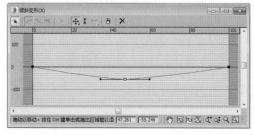 

图2-179   图2-180

技巧与提示

使用“倾斜”变形可以围绕局部x轴和y轴旋转图形。

06 按快捷键Ctrl+Z返回，然后在“变形”卷展栏中单击“倒角”按钮 倒角 ，接着在弹出的“倒角变形”窗口中调整曲线，如图2-181所示，星形模型效果如图2-182所示。

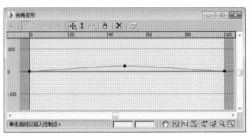

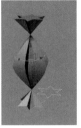

图2-181

图2-182

技巧与提示

使用“倒角”变形可以制作出具有倒角效果的对象。

实例041 用样条线制作创意烛台

场景位置 无
实例位置 实例文件>CH02>用样条线制作创意烛台.max
学习目标 学习用样条线创建模型的方法

创意烛台是由样条线、圆柱体和管状体拼合而成的。样条线可以很方便地创建出样式复杂的造型。烛台效果如图2-183所示。

图2-183

模型创建

01 使用“线”工具 线 在前视图中绘制出烛台的外部造型，如图2-184所示。

02 选中上一步创建的样条线，然后沿x轴镜像复制一条样条线，如图2-185所示。

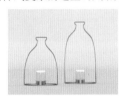

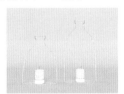

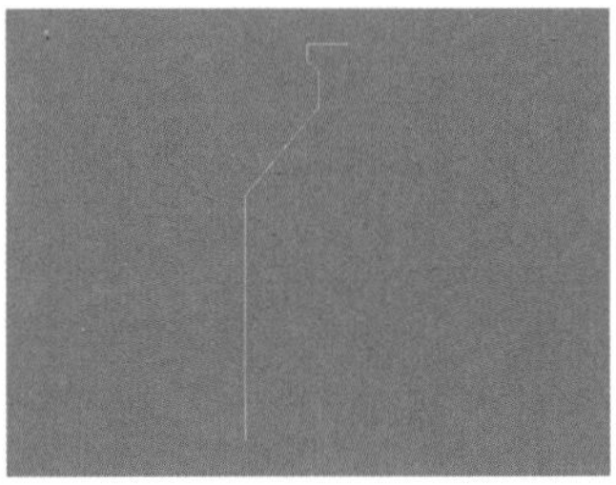

图2-184

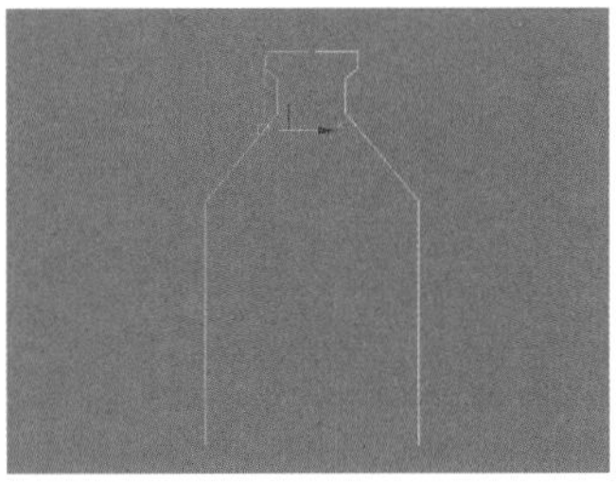

图2-185

技巧与提示

本案例中左右两条样条线是完全对称的，只需要绘制出一侧的样条线，在另一侧进行镜像复制即可。这样两侧的样条线会完全一致。

03 进入“修改”面板，然后在“几何体”卷展栏下单击“附加”按钮 附加 ，接着选中左侧的样条线，这样两条样条线合并为一条，如图2-186所示。

04 在“选择”卷展栏下单击“顶点”按钮进入“顶点”层级，然后在“几何体”卷展栏下单击“连接”按钮 连接 ，连接如图2-187所示的两个点。

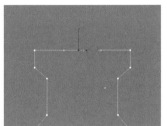

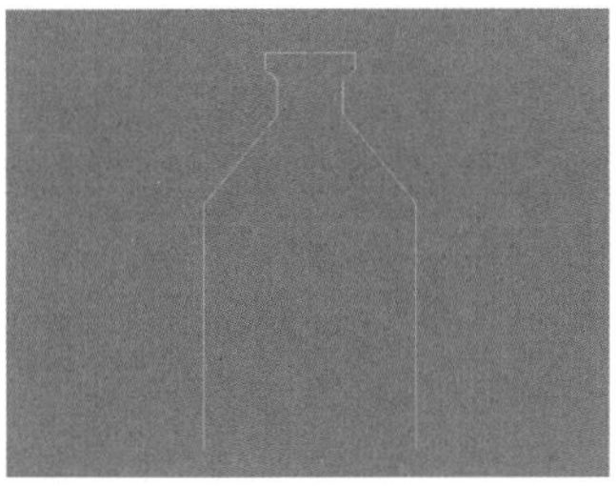

图2-186

图2-187

05 调整各个点的位置与角度，效果如图2-188所示。

技巧与提示

本案例也可以先调整一侧的点，然后再镜像复制和连接。

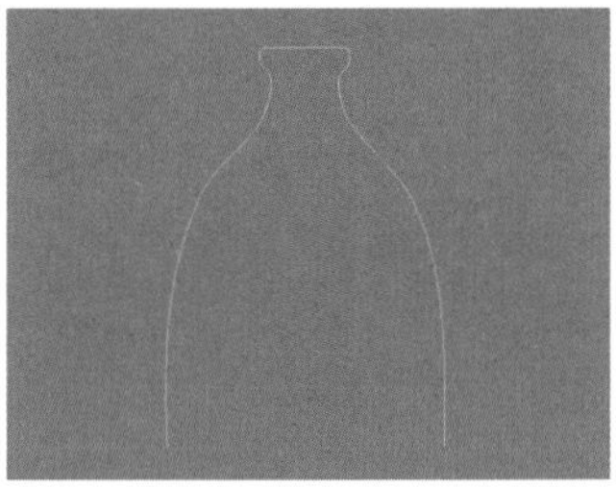

图2-188

06 使用“圆”工具 圆 在顶视图中绘制一条圆形样条线，其位置与参数如图2-189所示。

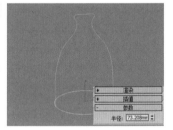

图2-189

疑难问答

问：为何绘制的圆形样条线的半径与书中所列的参数不一致？

答：因为“线”工具没有具体的尺寸，所绘制的图案的大小不能直观地测量出数据，因而在绘制圆形样条线时，所绘制的大小会出现与书中不一致的情况。

在绘制圆形样条线时，只需要将圆形样条线与“线”工具绘制的图案相连接即可。

07 选择上一步创建的圆形样条线，然后使用“选择并均匀缩放”工具将其调整为如图2-190所示的效果。

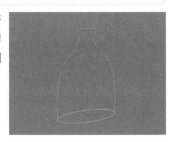

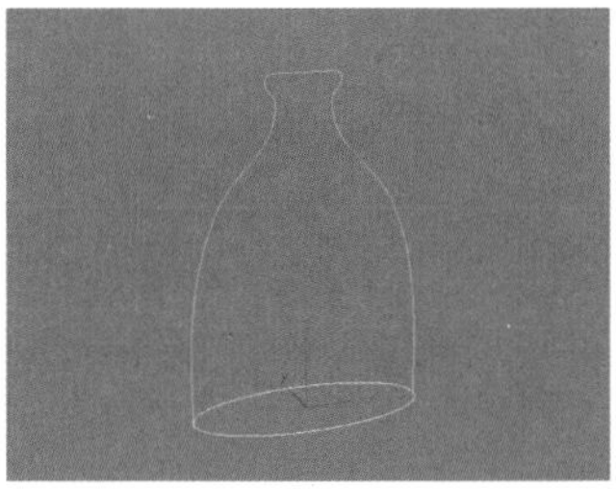

图2-190

08 此时的烛台造型还只是线，不能在场景中渲染出来，需要将其变成有厚度的三维模型。选中圆形样条线，然后在"渲染"卷展栏中勾选"在渲染中启用"和"在视口中启用"选项，接着选择"径向"选项，最后设置"厚度"为3mm，如图2-191所示。

09 以同样的方法设置其余的样条线厚度，如图2-192所示。

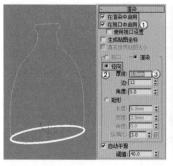

图2-191　　　　　　　　　　图2-192

10 使用"圆柱体"工具 圆柱体 在圆形样条线内创建一个圆柱体，然后设置"半径"为21mm，"高度"为15mm，"高度分段"为1，如图2-193所示。

11 使用"管状体"工具 管状体 在圆柱体上创建一个管状体，然后设置"半径1"为21mm，"半径2"为20mm，"高度"为36mm，"高度分段"为12，如图2-194所示。

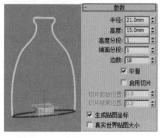

图2-193　　　　　　　　　　图2-194

12 为管状体模型加载一个"网格平滑"修改器，烛台最终效果如图2-195所示。

图2-195

↻ 技术回顾

◎ 工具：　线　　视频：011-线工具

◎ 位置：图形>样条线

◎ 用途：线在建模中是最常用的一种样条线，其使用方法非常灵活，形状也不受约束，可以封闭也可以不封闭，拐角处可以是尖锐的也可以是平滑的。

01 单击"线"按钮 线 ，在视图中拖曳出一条线，如图2-196所示。

02 进入"修改"面板，然后展开"渲染"卷展栏，接着勾选"在渲染中启用"和"在视口中启用"选项，可以观察到，线变成了实体模型，如图2-197所示。

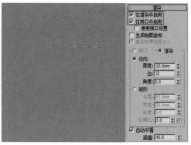

图2-196　　　　　　　　　　图2-197

03 在"渲染"卷展栏下设置"径向"的"厚度"为30mm，可以观察到线的直径增大了，如图2-198所示。

04 在"渲染"卷展栏下设置渲染类型为"矩形"，可以观察到线由原来的圆形截面变成了方形截面，如图2-199所示。

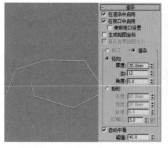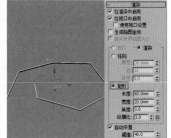

图2-198　　　　　　　　　　图2-199

05 在"渲染"卷展栏下设置"矩形"的"长度"为80mm，"宽度"为80mm，可以观察到样条线的厚度比之前增大了，如图2-200所示。

06 取消勾选"在渲染中启用"和"在视口中启用"选项，然后展开"选择"卷展栏，接着单击"顶点"按钮，将样条线切换到"顶点"层级，如图2-201所示。

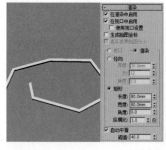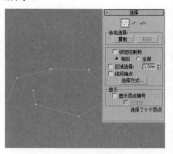

图2-200　　　　　　　　　　图2-201

07 在视图中选择所有点，然后单击鼠标右键，接着在弹出的菜单中将默认的"角点"选项切换为"平滑"选项，如图2-202和图2-203所示，可以观察到切换为"平滑"选项后的样条线更圆滑了。

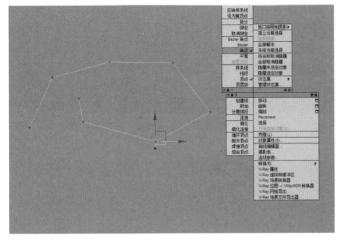

图2-202

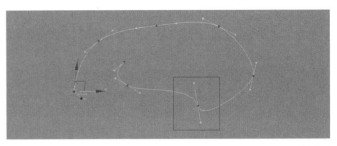

图2-205

09 选择样条线所有的点，然后单击鼠标右键，接着在弹出的菜单中选择"Bezier角点"选项，如图2-206所示，可以观察到每个点的两侧有绿色的控制柄，单独调节一侧控制柄可以调整样条线的造型，如图2-207所示。

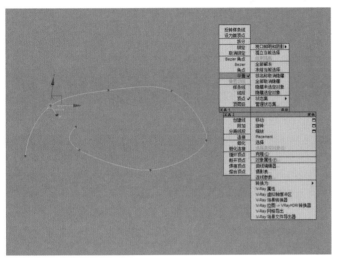

图2-203

08 选择样条线所有的点，然后单击鼠标右键，接着在弹出的菜单中选择"Bezier"选项，如图2-204所示，可以观察到每个点的两侧有绿色的控制柄，单独调节控制柄可以调整样条线的造型，如图2-205所示。

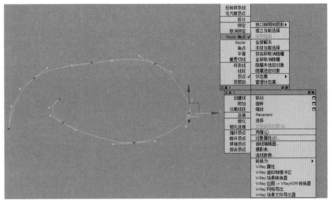

图2-206

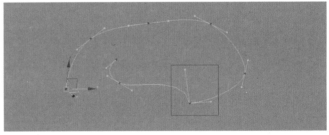

图2-207

10 展开"选择"卷展栏，接着单击"线段"按钮，将样条线切换到"线段"层级，如图2-208所示。可以观察到只能选取样条线的点与点之间的线段进行操作，如图2-209所示。

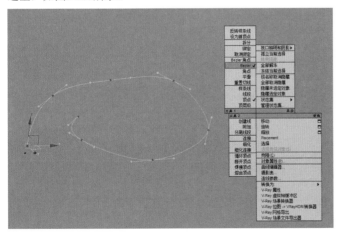

图2-204

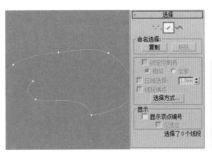

图2-208

图2-209

⑪ 展开"选择"卷展栏，接着单击"样条线"按钮 ⟋，将样条线切换到"样条线"层级，如图2-210所示。可以观察到只能选整条样条线进行操作，如图2-211所示。

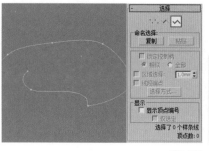

图2-210　　　　　　　　图2-211

⑫ 展开"选择"卷展栏，然后单击"顶点"按钮 ⦙，将样条线切换到"顶点"层级，接着展开"几何体"卷展栏，单击"创建线"按钮 创建线 ，再在视图中绘制一条样条线，可以观察到新创建的样条线也处于"顶点"层级下，如图2-212所示。

图2-212

⑬ 使用"线"工具 线 在视图中新绘制一条样条线，如图2-213所示，然后展开"几何体"卷展栏，接着单击"附加"按钮 附加 ，再选取新创建的样条线，可以观察到新创建的样条线与原来的样条线成为了一个整体，如图2-214所示。

图2-213　　　　　　　　图2-214

⑭ 展开"选择"卷展栏，然后单击"顶点"按钮 ⦙，将样条线切换到"顶点"层级，接着展开"几何体"卷展栏，单击"优化"按钮，此时可以在样条线上任意添加点，如图2-215所示。

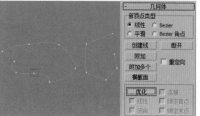

图2-215

⑮ 继续选择"顶点"层级，然后展开"几何体"卷展栏，接着单击"圆角"按钮 圆角 ，再将光标移动到顶点上，拖曳鼠标即可将锐利的顶点圆滑化，如图2-216和图2-217所示。

图2-216

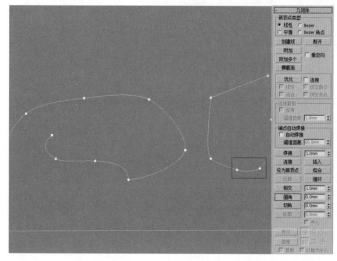

图2-217

⑯ 在"顶点"层级下，展开"几何体"卷展栏，然后单击"切角"按钮，接着将光标移动到顶点上，拖曳鼠标即可将一个顶点分成两个，如图2-218和图2-219所示。与圆角的弧线不同的是，切角形成的是两点之间的一条直线。

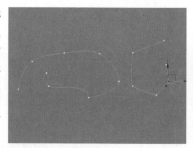

图2-218

图2-219

17 展开"选择"卷展栏，然后单击"样条线"按钮，将样条线切换到"样条线"层级，接着展开"几何体"卷展栏，单击"轮廓"按钮，再将光标移动到样条线上，拖曳鼠标即可，如图2-220所示。

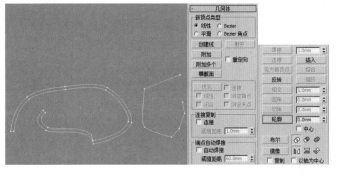

图2-220

实例042 用文本制作灯牌

场景位置　　无
实例位置　　实例文件>CH02>用文本制作灯牌.max
学习目标　　学习文本样条线的用法

灯牌是用样条线、文本样条线和切角长方体模型拼合而成的，效果如图2-221所示。

图2-221

🔷 模型创建

01 使用"切角长方体"工具 切角长方体 ，在前视图中创建一个切角长方体，然后展开"参数"卷展栏，设置"长度"为300mm，"宽度"为500mm，"高度"为35mm，"圆角"为5mm，"圆角分段"为3，如图2-222所示。

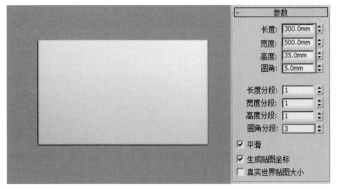

图2-222

02 使用"文本"工具 文本 ，在前视图中创建一条文本样条线，然后展开"参数"卷展栏，设置"字体"为Comic Sans MS，"大小"为120mm，"字间距"为10mm，接着在文本框中输入"COFFEE"，其效果和参数如图2-223所示。

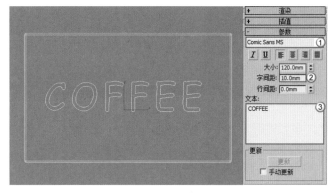

图2-223

03 选中文本样条线，然后单击菜单栏中的"修改器>网格编辑>挤出"选项，此时文本样条线成为了一个有厚度的模型，接着在"修改"面板中展开"参数"卷展栏，设置"数量"为8mm，其位置与参数如图2-224所示。

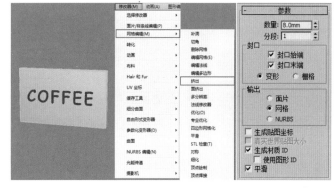

图2-224

04 使用"线"工具在切角长方体上绘制一条样条线，如图2-225所示。

图2-225

05 选中上一步创建的样条线，然后在"渲染"卷展栏中勾选"在渲染中启用"和"在视口中启用"选项，接着选择"径向"选项，最后设置"厚度"为3mm，如图2-226所示。

06 将修改好的样条线向下复制一条，并调整好位置，灯牌最终效果如图2-227所示。

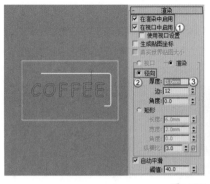

图2-226　　　　　　　　图2-227

技术回顾

◎ 工具：**文本**　视频：012-文本工具

◎ 位置：图形>样条线

◎ 用途：文本样条线可以很方便地在视图中创建出文字模型，并且可以更改字体类型和字体大小。

01　单击"文本"按钮 **文本**，在视图中拖曳出一条文本样条线，默认的文本为"MAX文本"，如图2-228所示。

02　进入"修改"面板，展开"渲染"卷展栏，然后勾选"在渲染中启用"和"在视口中启用"选项，接着选择"径向"选项，可以观察到视口中的文本样条线形成了横截面为圆形的模型，如图2-229所示。

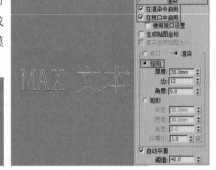

图2-228　　　　　　　　　　图2-229

03　将"径向"选项切换为"矩形"选项，可以观察到视口中的文本样条线形成了横截面为矩形的模型，如图2-230所示。

04　展开"参数"卷展栏，可以看到文本样条线默认的字体为"宋体"，然后单击下拉菜单，可以在里面选择文本的字体，如图2-231所示。

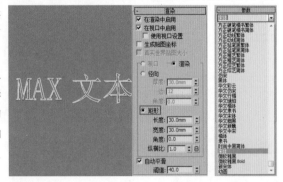

图2-230　　　　　　　　图2-231

- 技巧与提示 ◎

　　字体菜单中显示的字体是从计算机本身字库中加载的字体，因此每台计算机显示的字体都有所不同。

05　展开"参数"卷展栏，然后单击"斜体"按钮 **I**，可以观察到视口中的文本样条线显示为斜体，如图2-232所示。接着单击"下划线"按钮 **U**，可以观察到视口中的文本样条线被自动添加了下划线，如图2-233所示。

图2-232

图2-233

06　复制一条文本样条线，展开"参数"卷展栏，然后设置"大小"为300，可以观察到文本样条线缩小了，如图2-234所示。

图2-234

07　展开"参数"卷展栏，然后设置"字间距"为100，可以观察到文本样条线字间距扩大了，如图2-235所示。

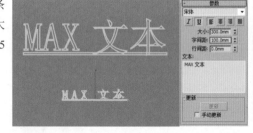

图2-235

08　展开"参数"卷展栏，然后在"文本"框中输入"3ds Max 2016"，可以观察到视口中的文本样条线也随之改变了，如图2-236所示。

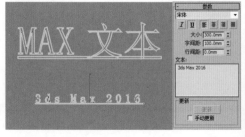

图2-236

» 行业问答

Q 布尔运算需要注意哪些问题

演示视频004：布尔运算需要注意哪些问题

初学者在建模时，使用布尔运算的情况较多。布尔运算在一些镂空造型的制作上更加简便，但有些问题还是需要注意。

第1点：布尔运算的步骤最好放在模型造型的最后一步。布尔运算过后，模型的布线会变得复杂，如果后面需要修改造型，会提高建模的烦琐程度，且容易造成模型破面。

对图2-237所示的立方体模型与球体进行布尔运算后效果如图2-238所示。

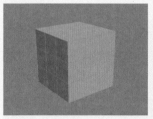 

图2-237   图2-238

第2点：对多个模型运用布尔运算时，最好使模型都"塌陷"为一个整体再进行布尔运算，这样可以减少计算错误造成的模型破面现象。

图2-239所示是1个立方体和3个球体。现在需要对立方体与每个球体都进行布尔运算，如果对立方体与每个球体都进行1次布尔运算，效果如图2-240所示。可以观察到经过3次布尔运算后，模型表面虽然没有出现破面，但布线已经非常混乱，无法再进行模型的修改。

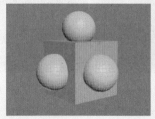 

图2-239   图2-240

返回到初始状态，在使3个球体"塌陷"为一个整体后进行布尔运算，效果如图2-241所示。可以观察到，这次运算后的模型布线更加规整。

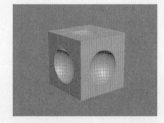

图2-241

布尔运算虽然能使建模看起来简单，但建模高手却很少使用这个功能。

Q 放样的模型边线上出现黑色斑点怎么办

演示视频005：放样的模型边线上出现黑色斑点怎么办

放样建模常用于石膏线、吊顶、踢脚线一类的建模，放样的模型上经常会出现一片黑色，影响观察效果，如图2-242所示。

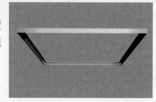

图2-242

要解决这种情况，单击视图左上角的光照显示效果菜单，然后选择"配置"选项，接着在弹出的对话框中选择"2盏灯"选项，最后单击"确定"按钮，如图2-243所示。设置后的效果如图2-244所示。

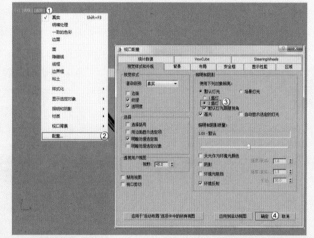

图2-243

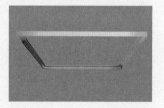

图2-244

如果还是觉得黑色影响对模型的观察，可以在"修改"面板中展开"曲面参数"卷展栏，然后取消勾选"平滑长度"和"平滑宽度"两个选项，如图2-245所示。修改后的效果如图2-246所示。

 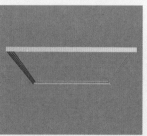

图2-245   图2-246

第3章 高级建模技术

本章将介绍3ds Max 2016的高级建模技术，包括修改器建模和多边形建模等。本章是异常重要的一章，基本上在实际工作中运用的高级建模技术都包含在本章中，通过对本章的学习，可以掌握具有一定难度的模型的制作思路与方法。

修改器是3ds Max非常重要的功能之一，它主要用于改变现有对象的创建参数、调整一个对象或一组对象的几何外形、进行子对象的选择和参数修改、将参数化对象转换为可编辑对象。

如果把"创建"面板比喻为原材料生产车间，那么"修改"面板就是精细加工车间，而"修改"面板的核心就是修改器。修改器对于创建一些特殊形状的模型具有非常强大的优势，图3-1所示的模型在创建过程中都毫无例外地会用到各种修改器。如果单纯依靠3ds Max的一些基本建模功能，是很难实现这样的造型效果的。

多边形建模作为当今的主流建模方式，已经被广泛应用到游戏角色、影视、工业造型、室内外等模型制作中。多边形建模方法在编辑上更加灵活，对硬件的要求也很低，其建模思路与网格建模的思路很接近，其不同点在于网格建模只能编辑三角面，而多边形建模对面的边数没有任何要求，图3-2所示是一些比较优秀的多边形建模作品。

Employment Direction 从业方向 ❖

 家具造型师

建筑设计表现师

 工业设计师

 室内设计表现师

图3-1　　　　　　　　　　　　　　　图3-2

实例043　用挤出修改器制作书本

场景位置	无
实例位置	实例文件>CH03>用挤出修改器制作书本.max
学习目标	学习挤出修改器的使用方法

挤出修改器在高级建模中是常用到的一种修改器，可以快速将复杂的二维图形转化为三维模型，书本的效果如图3-3所示。

图3-3

❖ 模型创建

01 使用"线"工具 ▊线▊ 在场景中绘制书本外壳并调整好造型，如图3-4所示。

02 进入"样条线"层级，然后使用"轮廓"工具 ▊轮廓▊ 绘制出外壳的厚度，如图3-5所示。

图3-4　　　　　　　　　　　　　　图3-5

技巧与提示

　　外壳的厚度根据绘制的样条线设定，这里不给出特定数值。

03 选中上一步创建的样条线，然后切换到"修改"面板，单击"修改器列表"，接着在下拉菜单中选择"挤出"选项，再在"参数"卷展栏下设置"数量"为180mm，如图3-6所示。

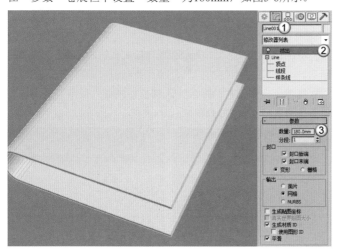

图3-6

04 使用"线"工具 线 在外壳内绘制书页，如图3-7所示。

05 选中上一步创建的样条线，然后为其加载一个"挤出"修改器，接着在"参数"卷展栏下设置"数量"为175mm，如图3-8所示。

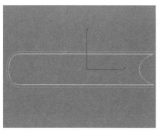 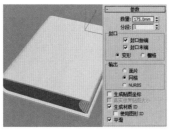

图3-7　　　　　　　　　　　　　　图3-8

06 调整书页的位置，书本最终造型如图3-9所示。

图3-9

技术回顾

◎ 工具：挤出修改器　视频：013–挤出修改器
◎ 位置：修改器列表>对象空间修改器
◎ 用途："挤出"修改器可以快速将各种造型的二维图形转化为三维模型，常用于制作造型不规则的模型，是常用的修改器之一。

01 切换到顶视图，在"创建"面板中单击"图形"按钮，然后选择"样条线"，接着单击"圆"工具 圆 ，最后在视图中拖曳鼠标，创建出一个圆，如图3-10所示。

02 选中上一步创建的圆，然后切换到"修改"面板，单击"修改器列表"，接着在下拉菜单中选择"挤出"选项，如图3-11所示，可以观察到加载了"挤出"修改器后，圆已经转化为有厚度的圆柱体，如图3-12所示。

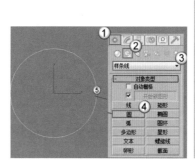 

图3-10　　　　　图3-11　　　　　图3-12

技巧与提示

　　除了在修改器列表中加载"挤出"修改器，也可以选择菜单栏中的"修改器>网格编辑>挤出"选项，效果是一样的。

03 选中圆，然后在前视图中按住Shift键沿x轴向右复制一个，如图3-13所示，其效果如图3-14所示。

图3-13

图3-14

04 选中右侧的圆柱体，展开"参数"卷展栏，然后设置"数量"为60mm，可以观察到圆柱体沿z轴的长度增大了，如图3-15所示。

05 选中右侧的圆柱体，展开"参数"卷展栏，然后设置"分段"为3，可以观察到圆柱体曲面被均分为3段，如图3-16所示。

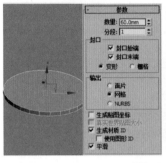

图3-15

图3-16

06 选中右侧圆柱体，展开"参数"卷展栏，然后取消勾选"封口末端"选项，可以观察到圆柱体的顶面不显示，如图3-17所示。

07 继续选中右侧的圆柱体，展开"参数"卷展栏，然后取消勾选"封口始端"选项，可以观察到圆柱体的底面也不显示，只留下了曲面模型，如图3-18所示。

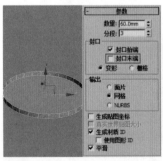

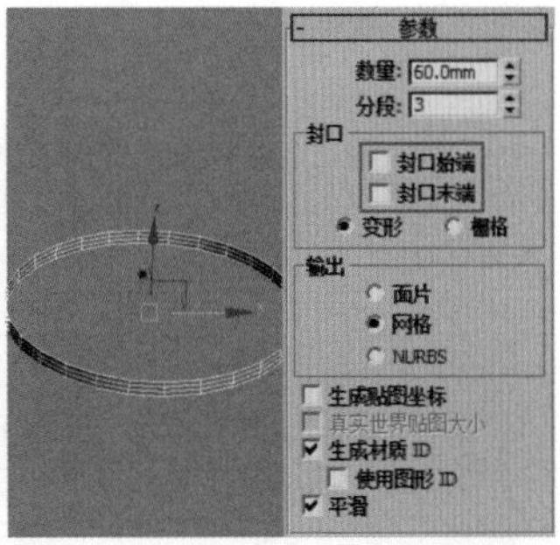

图3-17

图3-18

实例044 用车削修改器制作按钮

场景位置	无
实例位置	实例文件>CH03>用车削修改器制作按钮.max
学习目标	学习车削修改器的用法

按钮模型是用样条线绘制模型剖面，再用车削修改器制作而成的，案例效果图如图3-19所示。

图3-19

 模型创建

01 在前视图中使用"线"工具  在场景中绘制按钮的底座的剖面，如图3-20所示。

02 选中上一步创建的样条线，然后切换到"顶点"层级，接着调整造型，如图3-21所示。

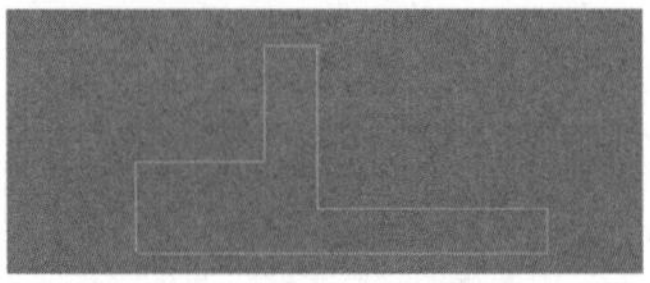

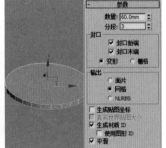

图3-20

图3-21

03 选中上一步修改后的样条线，然后切换到"修改"面板，单击"修改器列表"，接着在下拉菜单中选择"车削"选项，再在"参数"卷展栏下勾选"焊接内核"选项，并设置"分段"为36，"方向"为y轴，"对齐"为"最大"，如图3-22所示。

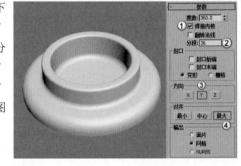

图3-22

04 继续使用"线"工具在前视图中绘制按钮的剖面，如图3-23所示。

05 选中上一步创建的样条线，然后切换到"顶点"层级，接着调整造型，如图3-24所示。

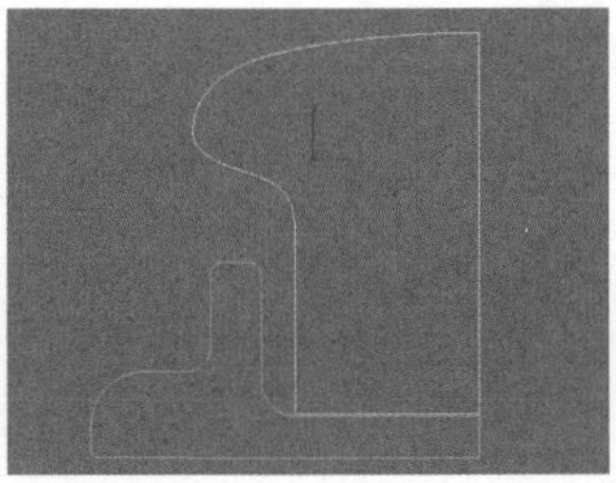

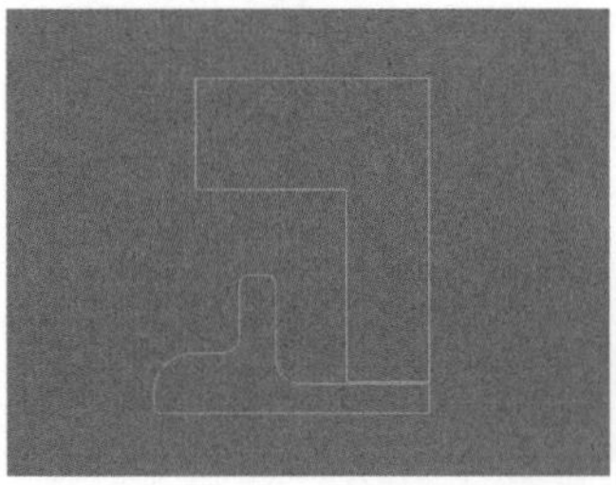

图3-23

图3-24

06 选中上一步修改后的样条线，然后切换到"修改"面板，单击"修改器列表"，接着在下拉菜单中选择"车削"选项，再在"参数"卷展栏下勾选"焊接内核"选项，并设置"分段"为36，"方向"为y轴，"对齐"为"最大"，如图3-25所示。按钮最终效果如图3-26所示。

图3-25

图3-26

⟳ 技术回顾

◎ 工具：车削修改器　视频：014-车削修改器

◎ 位置：修改器列表>对象空间修改器

◎ 用途："车削"修改器可以使图形绕着一个轴旋转特定度数，因此常用来制作杯子、笔筒、碗盘等圆形的物体，是常用的修改器之一。

01 使用"样条线"中的"矩形"工具 矩形 在前视图中绘制一个矩形，如图3-27所示。

02 选中上一步创建的矩形，然后切换到"修改"面板，单击"修改器列表"，接着在下拉菜单中选择"车削"选项，可以观察到矩形绕着一条边旋转了360°，成为了一个圆柱体，如图3-28所示。

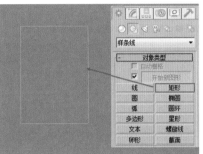

图3-27　　　　　　　　　图3-28

> **技巧与提示** ✐
>
> 除了在修改器列表中加载"车削"修改器，也可以选择菜单栏中的"修改器>面片/样条线编辑>车削"选项加载，效果是一样的。

03 选中圆柱体，然后展开"参数"卷展栏，将"度数"从360修改为90，可以看到圆柱体只剩下两个90°的扇形部分，如图3-29所示。

04 选中圆柱体，然后展开"参数"卷展栏，将"度数"设置为360，接着设置"分段"为10，可以观察到圆柱体没有以前圆滑，如图3-30所示。

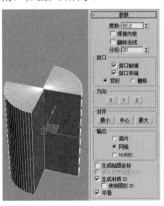

图3-29　　　　　　　　　图3-30

05 选中圆柱体，然后在"参数"卷展栏中将"方向"设置为x轴 X ，可以观察到圆柱体变成了横向，如图3-31所示；将"方向"设为y轴 Y ，可以观察到圆柱体回到了初始状态，如图3-32

所示；将"方向"设为z轴 Z ，可以观察到圆柱体变成了一个圆环形面片，如图3-33所示。

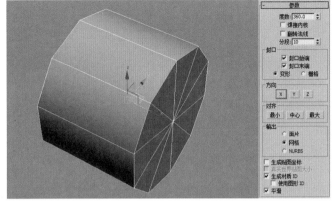

图3-31

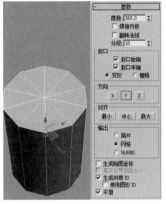
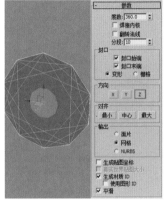

图3-32　　　　　　　　　图3-33

06 将"方向"设定为y轴 Y ，然后设置"对齐"为"最小" 最小 ，可以观察到车削的旋转轴在矩形的一条边上，如图3-34所示，接着设置"对齐"为"中心" 中心 ，可以观察到车削的旋转轴在矩形的中心，如图3-35所示，再设置"对齐"为"最大" 最大 ，可以观察到车削的旋转轴在矩形的另一条边上，如图3-36所示。

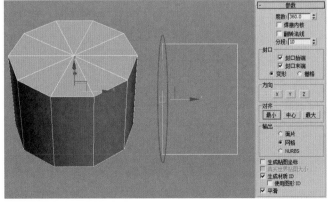

图3-34

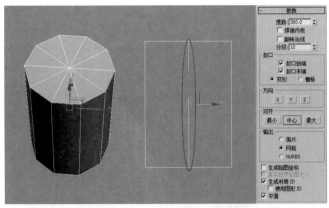

图3-35

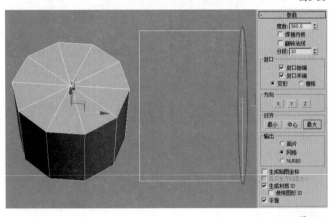

图3-36

技术专题 ⚙ 车削修改器轴的调整

在使用车削修改器后，除了"最小""中间""最大"这3种快速对齐的方式，还可以通过调整轴的位置来对齐。

加载车削修改器后，在修改器堆栈中单击"车削"命令前的加号 ➕，会显示"轴"选项，如图3-37所示。

选中"轴"选项，关闭"车削"修改器前的灯泡（显示为 💡），视图中的模型上会出现一条黄色的线，这便是车削旋转所绕的轴，如图3-38所示。

移动这条黄色的线，可以自行调整模型对齐的方式，为了能更直观地看到模型的大小，也可以点亮灯泡（显示为 💡）进行调节。

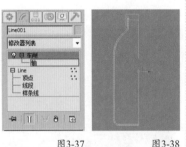

图3-37　　　　图3-38

实例045 用弯曲修改器制作手镯

场景位置	无
实例位置	实例文件>CH03>用弯曲修改器制作手镯.max
学习目标	学习弯曲修改器的使用方法

手镯是日常生活中常见的首饰，在模型制作中，弯曲的造型是通过弯曲修改器将创建好的手镯弯曲而成的，手镯的效果如图3-39所示。

图3-39

🔷 **模型创建**

01 使用"矩形"工具 矩形 在顶视图中绘制一个矩形，然后展开"参数"卷展栏，设置"长度"为10mm，"宽度"为260mm，"角半径"为4.5mm，如图3-40所示。

02 选中上一步创建的样条线，然后为其加载一个"挤出"修改器，接着设置挤出"数量"为1mm，如图3-41所示。

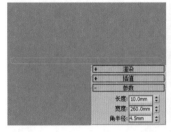 

图3-40　　　　　　　　　　　图3-41

03 选中上一步挤出的矩形模型，然后为其加载一个"编辑多边形"修改器，接着进入"边"层级 ✓，选中如图3-42所示的边。

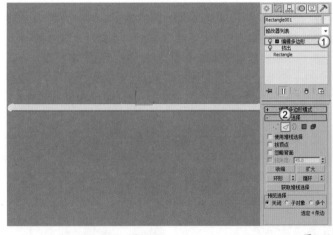

图3-42

04 在"编辑边"卷展栏中单击"连接"按钮 连接 后的"设置"按钮 □，然后在弹出的对话框中设置"分段"为20，如图3-43所示。

图3-43

技巧与提示 ✍

"编辑多边形"修改器可以将模型转换为可编辑多边形，为模型添加分段线，为下一步加载"弯曲"修改器做准备。

05 为模型加载"弯曲"修改器，然后设置"角度"为335，"弯曲轴"为x轴，如图3-44所示，手镯的最终效果如图3-45所示。

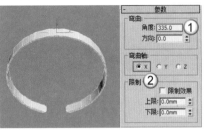

图3-44　　　　　　　　　　　图3-45

疑难问答 ❓

问：如何使弯曲的模型更加圆滑？

答：有两种方法可以使弯曲的模型更加圆滑。
第1种：在弯曲的面上添加更多的分段线。
第2种：添加"网格平滑"修改器。

↻ 技术回顾

◇ 工具：弯曲修改器　视频：015–弯曲修改器
◇ 位置：修改器列表>对象空间修改器
◇ 用途：将模型沿着x、y、z轴弯曲成任意角度，是建模中常用的修改器之一。

01 使用"长方体"工具 长方体 在视图中创建一个长方体，如图3-46所示。

02 单击"修改"按钮，进入修改面板，然后单击"修改器列表"，并在下拉菜单中选择"弯曲"选项，如图3-47所示，加载"弯曲"修改器后，长方体上会显示一个黄色的边框，如图3-48所示。

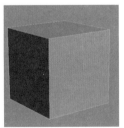

图3-46　　　　　图3-47　　　　　　　　图3-48

03 选中上一步创建的长方体，然后展开"参数"卷展栏，"弯曲"修改器默认的"弯曲轴"为z轴，接着设置"角度"为90，其效果如图3-49所示，再设置"弯曲轴"为y轴，其效果如图3-50所示，最后设置"弯曲轴"为x轴，其效果如图3-51所示。

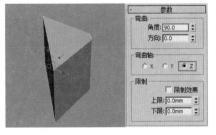

图3-49

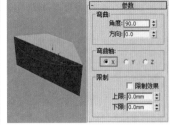

图3-50　　　　　　　　　　　　图3-51

疑难问答 ❓

问：为什么弯曲轴的方向与坐标轴不对应？

答：这里的弯曲轴方向是指弯曲 Gizmo，在弯曲修改器的子层级中，如图3-52所示，与坐标轴无关。

图3-52

04 保持"弯曲轴"为x轴，然后设置"角度"为120，可以观察到长方体弯曲的弧度增大，如图3-53所示。

05 设置"方向"为90，可以观察到长方体弯曲的方向是垂直于水平面的，如图3-54所示。

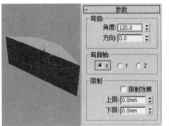
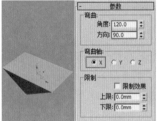

图3-53　　　　　　　　　　　图3-54

技巧与提示 ✐

弯曲的方向是相对于水平面的方向。

06 设置"角度"为0，然后勾选"限制效果"选项，接着设置"上限"为10mm，"下限"为-10mm，可以观察到在长方体上多了两圈黄色的线段，如图3-55所示，接着设置"角度"为44.5，可以观察到两条黄色的线相交，如图3-56所示，再设置"角度"为120，可以观察到长方体发生了弯曲变形，如图3-57所示。

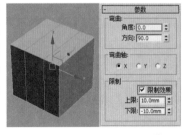

图3-55

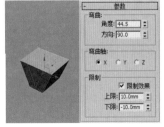
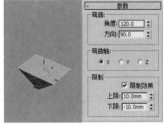

图3-56　　　　　　　　　　　图3-57

在修改器堆栈中，单击"Bend"前的加号 ➕ 可以看到下方有两个对象层级，即Gizmo和中心，如图3-58所示。

图3-58

Gizmo：弯曲的轴向，可以对其进行平移、旋转和缩放操作。

中心：弯曲的中心点，可以对其进行平移、旋转和缩放操作。

限制效果：限制约束应用于弯曲效果。默认设置为禁用状态。

上限/下限：以世界单位来设置上/下部边界，超过这个边界将无法再弯曲。

实例046 用扭曲修改器制作旋转笔筒

场景位置	无
实例位置	实例文件>CH03>用扭曲修改器制作旋转笔筒.max
学习目标	学习扭曲修改器的使用方法

笔筒是生活中常见的物品，绘制样条线后先用车削修改器做出直的笔筒，再用扭曲修改器给笔筒添加旋转效果，案例效果如图3-59所示。

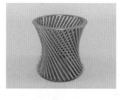

图3-59

📦 模型创建

01 使用"圆柱体"工具 圆柱体 在场景中创建笔筒的底部，然后设置"半径"为100mm，"高度"为3mm，"边数"为36，如图3-60所示。

02 继续使用"圆柱体"工具 圆柱体 创建笔筒壁，然后设置"半径"为5mm，"高度"为200mm，"边数"为18，如图3-61所示。

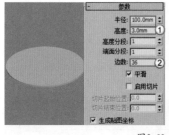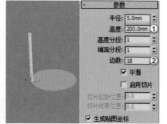

图3-60　　　　　　　　　　　　　图3-61

03 将上一步创建的圆柱体沿着底部圆柱体复制一圈，如图3-62所示。

04 使用"管状体"工具 管状体 在场景中创建一个管状体模型作为笔筒的顶部，然后设置"半径1"为105mm，"半径2"为90mm，"高度"为3mm，"边数"为36，如图3-63所示。

图3-62　　　　　　　　　　　　　图3-63

05 将创建的模型全部成组，然后单击"修改器列表"并在下拉菜单中选择"扭曲"选项，接着展开"参数"卷展栏，设置"角度"为80，"扭曲轴"为z轴，如图3-64所示。旋转笔筒的最终效果如图3-65所示。

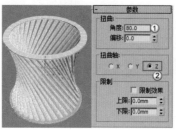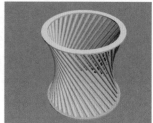

图3-64　　　　　　　　　　　　　图3-65

🔄 技术回顾

◎ 工具：扭曲修改器　视频：016-扭曲修改器

◎ 位置：修改器列表>对象空间修改器

◎ 用途："扭曲"修改器可以将模型绕着一个轴旋转特定度数，使模型产生旋转扭曲。

01 使用"长方体"工具 长方体 在场景中创建一个长方体，然后在"参数"卷展栏中设置"长度"为500mm，"宽度"为500mm，"高度"为500mm，"长度分段"为5，"宽度分段"为5，"高度分段"为5，如图3-66所示。

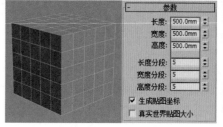

图3-66

02 单击"修改器列表"，然后在下拉菜单中选择"扭曲"选项，为长方体加载一个"扭曲"修改器，如图3-67所示。

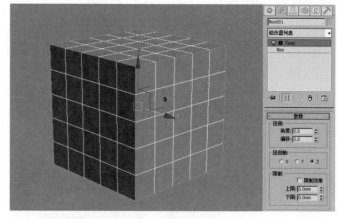

图3-67

03 展开"参数"卷展栏，与"弯曲"修改器一样，"扭曲"修改器默认的"扭曲轴"也是z轴，设置"角度"为50，可以观察到长方体绕z轴旋转扭曲，上下两个面不变，如图3-68所示，设置"扭曲轴"为y轴，可以观察到长方体绕y轴旋转扭曲，前

后两个面不变，如图
3-69所示，设置"扭曲
轴"为x轴，可以观察
到长方体绕x轴旋转扭
曲，左右两个面不变，
如图3-70所示。

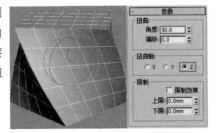

图3-68

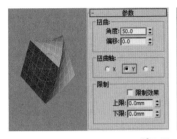

图3-69

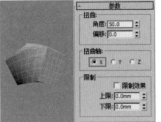

图3-70

04 设置"偏移"为100，可以观察到长方体扭曲消失了，还原
为初始状态，如图3-71所示。设置"偏移"为-100，可以观察
到长方体扭曲到了最大限度，如图3-72所示。

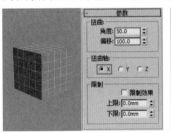

图3-71

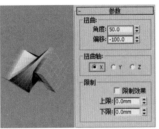

图3-72

> 技巧与提示 ✓
>
> "扭曲"修改器参数与"弯曲"修改器参数类似，其余参数请参
> 照"弯曲"修改器。

实例047 用噪波修改器制作水面

场景位置　场景文件>CH03>01.max
实例位置　实例文件>CH03>用噪波修改器制作水面.max
学习目标　学习噪波修改器的用法

　　"噪波"修改器是制作液体模型和地形常用的修改器之
一，在本案例中已经创建好了水池及其周围的模型，只需要创
建水面并加载
"噪波"修改器
即可，案例效果
如图3-73所示。

图3-73

❖ 模型创建

01 打开本书学习资源中的"场景文件>CH03>01.max"文件，
场景中已经创建好了水池模型，如图3-74所示。

02 打开"捕捉开关"工具 ，然后使用"线"工具 线
沿着水池内侧绘制出水面的样条线，如图3-75所示。

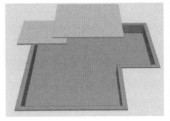

图3-74

图3-75

03 选中上一步创建的样条线，然后单击鼠标右键，接着在弹
出的菜单中选择"转换为>转换为可编辑多边形"选项，如图
3-76所示。

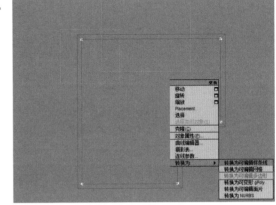

图3-76

04 此时样条线变成了一个面片，将其移动到水池顶部，如图3-77所示。

05 进入"边"层级 ，为其添加分段线，为加载"噪波"修
改器做准备，如图3-78所示。

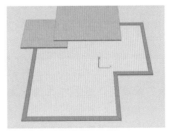

图3-77

图3-78

06 选中上一步修改好的面片，为其加载一个"噪波"修改器，然后
设置"种子"为5，"比例"为160，接着勾选"分形"选项，再设置"迭
代次数"为3，
最后设置Z为
22.429mm，如
图3-79所示。
水面效果如图
3-80所示。

图3-79

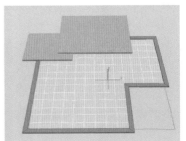

图3-80

◎ **工具：** 噪波修改器　**视频：** 017-噪波修改器

◎ **位置：** 修改器列表>对象空间修改器

◎ **用途：** "噪波"修改器可以制作出水波纹或是褶皱效果，常用于制作液体类模型和山体地形等模型。

01 使用"平面"工具 平面 在视图中拖曳出一个平面，然后展开"参数"卷展栏，设置"长度分段"和"宽度分段"都为4，如图3-81所示。

02 单击"修改器列表"，然后在下拉菜单中选择"噪波"选项，可以观察到平面的四周变为了黄线，如图3-82所示。

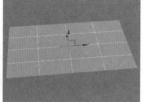

图3-81　　　　　　　　　　图3-82

03 选中平面，然后展开"参数"卷展栏，设置"种子"为1，"比例"为10，接着在"强度"选项组下设置Z为100mm，如图3-83所示。

04 选中平面，然后展开"参数"卷展栏，设置"种子"为5，可以观察到面片的造型发生了一定的改变，如图3-84所示。

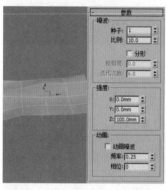
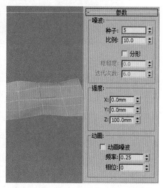

图3-83　　　　　　　　　　图3-84

05 选中平面，然后展开"参数"卷展栏，设置"比例"为0.5，可以观察到噪波的锯齿增大了，如图3-85所示。

06 选中平面，然后展开"参数"卷展栏，设置"强度"中的Z值为200mm，可以观察到噪波的强度增大了，如图3-86所示。

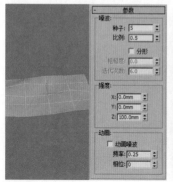
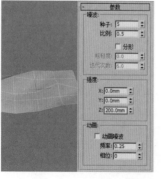

图3-85　　　　　　　　　　图3-86

07 选中平面，然后展开"参数"卷展栏，接着勾选"分形"选项，再设置"迭代次数"为2，可以观察到噪波发生了一定的改变，如图3-87所示。

08 选中平面，然后展开"参数"卷展栏，设置"粗糙度"为1，可以观察到分形变化程度提高了，如图3-88所示。

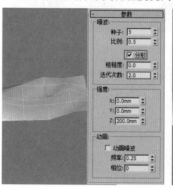
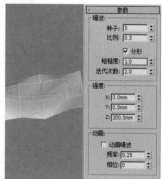

图3-87　　　　　　　　　　图3-88

技术专题 ◎ 噪波修改器参数详解

噪波修改器可以使对象表面的顶点产生随机变动，从而变得起伏不规则，其参数面板如图3-89所示。

种子： 从设置的数值中随机生成一个起始点，该参数在创建地形时非常有用，每种设置都会产生不同的效果。

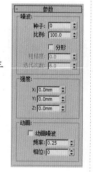

图3-89

实例048 用FFD修改器制作靠枕

场景位置	无
实例位置	实例文件>CH03>用FFD修改器制作靠枕.max
学习目标	学习FFD修改器的使用方法

靠枕是生活中常见的物品，造型上各有区别。这里以一款靠枕为例，讲解如何通过FFD修改器制作靠枕，效果如图3-90所示。

图3-90

◆ 模型创建

01 使用"切角长方体"工具 切角长方体 在场景中创建一个切角长方体模型，然后设置"长度"为600mm，"宽度"为100mm，"高度"为300mm，"圆角"为30mm，接着设置"长度分段"为12，"宽度分段"为2，"高度分段"为6，"圆角分段"为3，如图3-91所示。

02 选中上一步创建的切角长方体，然后为其加载一个"FFD（长方体）"修改器，默认情况下是4×4×4的控制点，如图3-92所示。

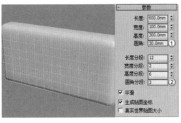
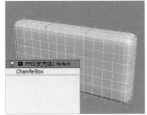

图3-91　　　　　　　　　　　图3-92

03 在"FFD参数"卷展栏中单击"设置点数"按钮 设置点数，然后在弹出的对话框中设置"长度""宽度""高度"都为5，如图3-93所示。单击修改器前的加号 ⊞，然后在展开的子选项中选中"控制点"层级，如图3-94所示。

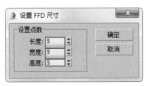

图3-93　　　　　　　　　　　图3-94

04 使用"选择并均匀缩放"工具 □ 选中控制点并调整靠枕的造型，前视图如图3-95所示。

05 使用"选择并均匀缩放"工具 □ 选中控制点并调整靠枕的造型，左视图和顶视图如图3-96和图3-97所示。

06 继续细致调整靠枕的造型，最终效果如图3-98所示。

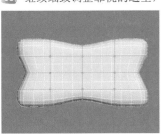

图3-95　　　　　　　　　　　图3-96

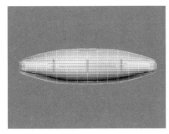

图3-97　　　　　　　　　　　图3-98

○ 技术回顾

◎ 工具：FFD修改器　视频：018–FFD修改器

◎ 位置：修改器列表>对象空间修改器

◎ 用途：FFD修改器可以通过改变晶格的形状来改变图形，适合制作一些软体模型。

01 使用"长方体"工具 长方体 在视图中创建一个长方体，如图3-99所示。

02 增加长方体模型的分段线，方便后续调整，如图3-100所示。

03 选中上一步创建的长方体，然后进入"修改"面板，单击"修改器列表"，接着在弹出的下拉菜单中选择"FFD 4×4×4"选项，模型的周围就会显示FFD晶格，如图3-101所示。

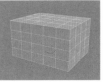

图3-99　　　　　　图3-100　　　　　　图3-101

04 单击修改器前的加号 ⊞，会展开子层级菜单，选择"控制点"层级，如图3-102所示，便可以通过晶格上的点来修改模型造型，如图3-103所示。

05 选择"晶格"层级，整个晶格会变为浅黄色，无论是移动还是旋转，都是整个晶格一起变化，如图3-104和图3-105所示。模型的造型也会随着晶格的位置而变化。

图3-102

图3-103　　　　　　图3-104　　　　　　图3-105

06 选择"设置体积"选项，晶格点会变为绿色，此时移动晶格点，模型不会发生任何变化，只会改变晶格的形状，如图3-106和图3-107所示。

07 除了FFD 4×4×4修改器，修改器列表中还有"FFD 2×2×2""FFD 3×3×3""FFD（圆柱体）"和"FFD（长方体）"4个选项，可以满足对晶格类型的不同需求，如图3-108所示。其中"FFD（圆柱体）"和"FFD（长方体）"两个修改器可以设置任意的晶格数。

图3-106　　　　　　图3-107　　　　　　图3-108

实例049 用晶格修改器制作金属摆件

场景位置	无
实例位置	实例文件>CH03>用晶格修改器制作金属摆件.max
学习目标	学习晶格修改器的使用方法

生活中常常遇到框架类的物品，在模型制作中就需要用到晶格修改器，摆件上的方形框就是在长方体上加载晶格修改器制作而成的，案例效果如图3-109所示。

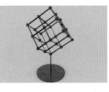

图3-109

🔷 模型创建

01▶ 使用"长方体"工具 长方体 在场景中绘制一个长方体，然后展开"参数"卷展栏，设置"长度"为50mm，"宽度"为50mm，"高度"为50mm，"长度分段"为2，"宽度分段"为2，"高度分段"为2，如图3-110所示。

02▶ 单击"修改器列表"，然后在下拉菜单中选择"晶格"选项，模型变成图3-111所示的造型。

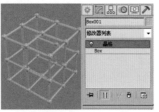

图3-110   图3-111

03▶ 展开"参数"卷展栏，然后在"支柱"选项组下设置"半径"为1mm，"边数"为5，接着在"节点"选项组下设置"基点面类型"为"二十面体"，"半径"为3.5mm，最后勾选"平滑"选项，如图3-112所示。

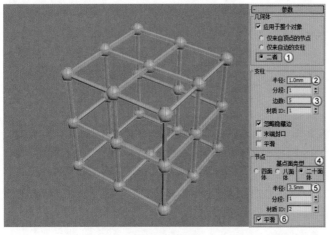

图3-112

04▶ 将上一步修改好的晶格模型旋转至图3-113所示的效果，然后使用"圆柱体"工具 圆柱体 制作支柱，其位置及参数如图3-114所示。

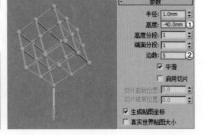

图3-113   图3-114

05▶ 继续使用"圆柱体"工具 圆柱体 制作底盘，其位置与参数如图3-115所示，最终效果如图3-116所示。

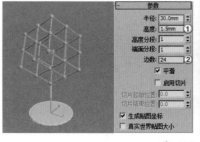

图3-115   图3-116

🔄 技术回顾

◎ 工具：晶格修改器　视频：019-晶格修改器

◎ 位置：修改器列表>对象空间修改器

◎ 用途：晶格修改器可以将图形的线段或是边转化为圆柱体结构，并在顶点处产生可选择的关节多面体。

01▶ 使用"长方体"工具 长方体 在视图中创建一个长方体，如图3-117所示。

02▶ 选中上一步创建的长方体，然后进入"修改"面板，单击"修改器列表"，接着在弹出的下拉菜单中选择"晶格"选项，可以观察到长方体变成了镂空状态，如图3-118所示。

图3-117   图3-118

03▶ 展开"参数"卷展栏，然后在"几何体"选项组下选择"仅来自顶点的节点"选项，可以观察到场景中只剩下了长方体节点位置的模型，如图3-119所示；选择"仅来自边的支柱"选项，可以观察到场景中只剩下了长方体边位置的模型，如图3-120所示；选择"二者"选项，可以观察到长方体模型恢复了完整，如图3-121所示。

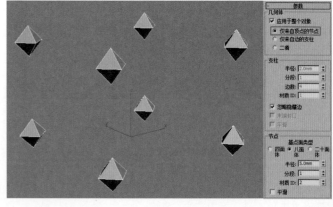

图3-119

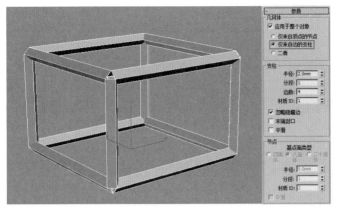

图3-120

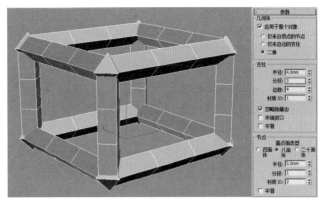

图3-123

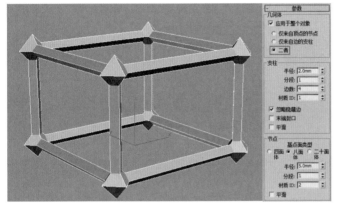

图3-121

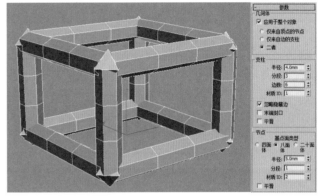

图3-124

04 展开"参数"卷展栏，然后在"支柱"选项组下设置"半径"为4mm，可以观察到长方体支柱变粗了，如图3-122所示，接着设置"分段"为3，可以观察到支柱被均分为3段，如图3-123所示，再设置"边数"为6，可以观察到支柱由原来的四棱柱变成了六棱柱，如图3-124所示。

05 在"几何体"选项组下选择"仅来自边的支柱"选项，可以观察到支柱的接口处没有封闭，如图3-125所示，然后勾选"支柱"选项组下的"末端封口"选项，可以观察到接口处自动封闭了，如图3-126所示。

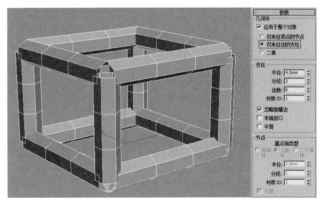

图3-125

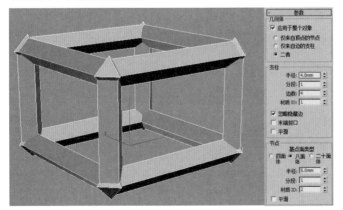

图3-122

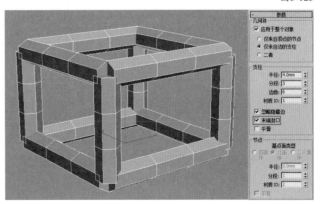

图3-126

06 在"支柱"选项组下勾选"平滑"选项，可以观察到支柱出现了圆滑效果，如图3-127所示。

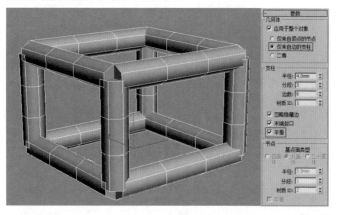

图3-127

07 在"几何体"选项组下选择"仅来自顶点的节点"选项，然后在"节点"选项组下选择"四面体"选项，可以观察到场景中的节点变成了四面体，如图3-128所示，接着在"节点"选项组下选择"八面体"选项，可以观察到场景中的节点变成了八面体，如图3-129所示，最后在"节点"选项组下选择"二十面体"选项，可以观察到场景中的节点变成了二十面体，如图3-130所示。

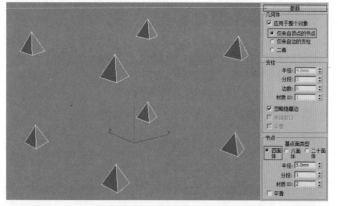

图3-128

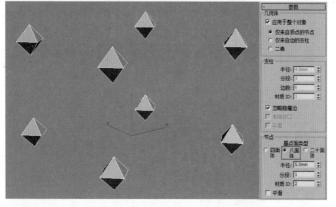

图3-129

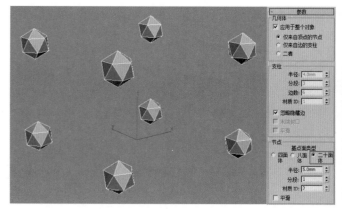

图3-130

08 在"节点"选项组下设置"半径"为8mm，可以观察到场景中的节点变大了，如图3-131所示。

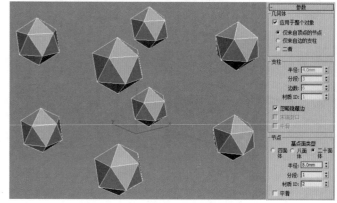

图3-131

09 在"节点"选项组下设置"分段"为2，可以观察到节点的面数增加了，更加圆滑，如图3-132所示。

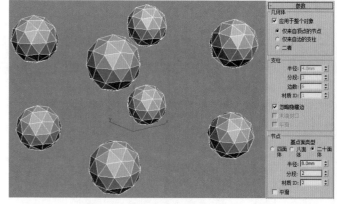

图3-132

技术专题 ⊛ 平滑类修改器

在前面的章节的案例中，我们用到了"网格平滑"修改器。加载该修改器后可以使棱角分明的模型变得圆滑。

"网格平滑"修改器是平滑类修改器中的一种，还有"平滑"修改器和"涡轮平滑"修改器。

"平滑"修改器的参数很少，平滑效果也不明显，平时基本不会用到。

"网格平滑"修改器是用得比较多的一种修改器，可以很好地平滑化模型，加载前后的效果对比如图3-133和图3-134所示。但"网格平滑"修改器的迭代次数超过2次就容易引起计算机卡死，一般迭代次数都不会超过2。

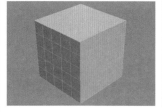

图3-133　　　　　　　　图3-134

"网格平滑"修改器有3种细分方法，分别是经典、四边形输出和NURMS，如图3-135所示。每种细分方式的网格效果略有不同，如图3-136~图3-138所示，默认情况下是NURMS细分方式。

图3-135　　　　　　　　图3-136

图3-137　　　　　　　　图3-138

"涡轮平滑"修改器是"网格平滑"修改器的升级版，可以迭代更多的次数，而不造成计算机卡死。但缺点是不稳定，容易造成计算错误。平滑效果如图3-139和图3-140所示。

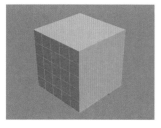

图3-139　　　　　　　　图3-140

实例050　用多边形建模制作魔方

场景位置　　无
实例位置　　实例文件>CH03 >用多边形建模制作魔方.max
学习目标　　学习挤出工具、插入工具、切角工具和轮廓工具的使用方法

魔方是生活中常见的小玩具，使用多边形建模中的挤出工具和插入工具可以将一个长方体制作成魔方的大致形状，使用切角工具和轮廓工具能更进一步细化模型，案例效果如图3-141所示。

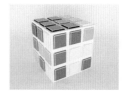

图3-141

🔷 模型创建

01 使用"长方体"工具 长方体 在场景中创建一个长方体模型，然后展开"参数"卷展栏，设置"长度"为500mm，"宽度"为500mm，"高度"为500mm，"长度分段""宽度分段""高度分段"都为3，如图3-142所示。

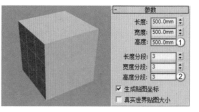

图3-142

02 选择长方体模型，然后单击鼠标右键，接着在弹出的菜单中选择"转换为>转换为可编辑多边形"选项，如图3-143所示。

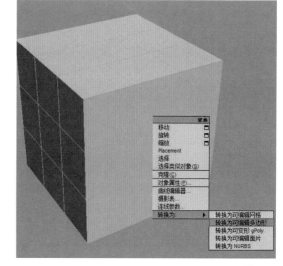

图3-143

03 在"选择"卷展栏下单击"多边形"按钮■，进入"多边形"层级，然后全选所有的多边形，效果如图3-144所示。

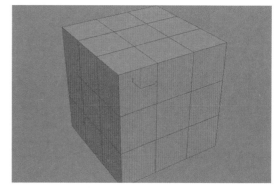

图3-144

04 在"编辑几何体"卷展栏下单击"插入"按钮 插入 后面的"设置"按钮■，然后在视图中设置"类型"为"按多边形"，"数量"为15mm，最后单击"确定"按钮⊘，如图3-145所示。

图3-145

05 保持选中的多边形不变，然后单击"挤出"按钮 挤出 后的"设置"按钮■，接着在视图中设置"高度"为15mm，"类型"为"按多边形"，如图3-146所示的效果。

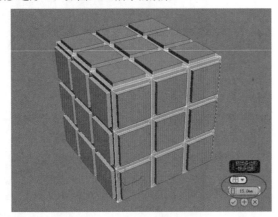

图3-146

06 保持选中的多边形不变，然后单击"轮廓"按钮 轮廓 后的"设置"按钮■，接着在视图中设置"数量"为﹣8mm，如图3-147所示。

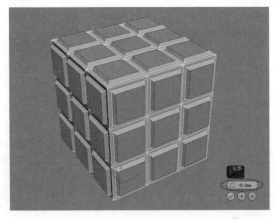

图3-147

07 进入"边"层级◢，然后选择如图3-148所示的边，接着在"编辑几何体"卷展栏下单击"切角"按钮 切角 后面的"设置"按钮■，再在视图中设置"边切角量"为2.5mm，"连接边分段"为3，最后单击"确定"按钮⊘，如图3-149所示。

图3-148

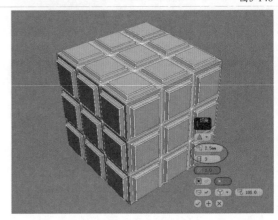

图3-149

08 退出多边形编辑状态，魔方最终效果如图3-150所示。

图3-150

↻ 技术回顾

◎ 工具："选择"卷展栏　视频：020-"选择"卷展栏

◎ 位置：修改面板

◎ 用途：选择多边形的5种编辑模式，以及快速选择的按钮。

01 使用"球体"工具 **球体** 在视图中拖曳出一个球体，如图3-151所示。

图3-151

02 选中球体模型，然后单击鼠标右键，在弹出的菜单中选择"转换为>转换为可编辑多边形"选项，此时切换到了"修改"面板，可以观察到面板内容发生了改变，如图3-152所示。

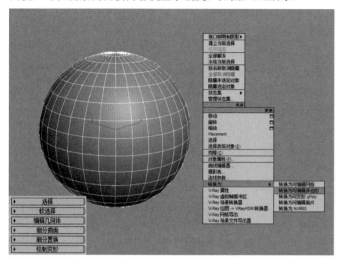

图3-152

03 展开"选择"卷展栏，如图3-153所示，可以观察到可以选择多边形子对象层级以及快速选择子对象。

> **技巧与提示**
>
> 在多边形建模过程中需要经常在各个子对象级别间切换，因此这里提供一下快速访问多边形子对象级别的快捷键（快速退出子对象的级别也是相同的快捷键）。
>
> 顶点：1（大键盘）。
> 边：2（大键盘）。
> 边界：3（大键盘）。
> 多边形：4（大键盘）。
> 元素：5（大键盘）。

图3-153

04 单击"顶点"层级按钮，进入"顶点"层级，可以观察到模型自动转化为了图3-154所示的状态，然后用鼠标框选模型，可以观察到只能选择蓝色的点，被选中后显示为红色，如图3-155所示。

05 继续选中刚才选择的点，然后使用"选择并移动"工具沿x轴向左移动，可以观察到球体模型发生了改变，如图3-156所示。同理，也可以对选中的点进行旋转和缩放操作。

图3-154　　图3-155　　图3-156

06 按快捷键Ctrl＋Z返回步骤4的状态，然后勾选"忽略背面"选项，可以观察到只能选中法线指向当前视图的子对象，在前视图中框选如图3-157所示的顶点，但只能选择正面的顶点，而背面的不会被选择到，图3-158所示是在左视图中观察到的效果；如果取消勾选该选项，在前视图中框选相同区域的顶点，则背面的顶点也会被选择，图3-159所示是在顶视图中观察到的效果。

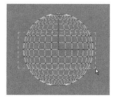
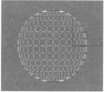

图3-157　　图3-158　　图3-159

07 在前视图中选择如图3-160所示的点，然后单击"收缩"按钮 **收缩**，可以观察到在当前选择范围中向内减少了一圈对象，如图3-161所示，接着单击"扩大"按钮 **扩大**，可以观察到在当前选择范围中向外增加了一圈对象，如图3-162所示。

图3-160　　图3-161　　图3-162

08 单击"边"层级按钮，切换到"边"层级，然后选中图3-163所示的边，接着单击"环形"按钮 **环形**，可以观察到选择了所有纬度上平行于选定边的边，如图3-164所示。

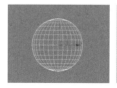

图3-163　　图3-164

09 选中图3-165所示的边，然后单击"循环"按钮 **循环**，可以观察到自动选择了整个经度上的边，如图3-166所示。

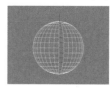
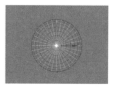

图3-165　　图3-166

实例051 用多边形建模制作魔法手杖

场景位置　　无
实例位置　　实例文件>CH03>用多边形建模制作魔法手杖.max
学习目标　　学习挤出工具、轮廓工具和插入工具的使用方法

魔法手杖是一款游戏道具，由手杖柄、魔法球和圆环3部分组成。其中手杖柄是用一个圆柱体，通过挤出、轮廓和插入等工具制作而成的，如图3-167所示。

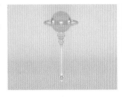 

图3-167

模型创建

01 使用"圆柱体"工具 圆柱体 ，在场景中创建一个圆柱体，然后展开"参数"卷展栏，设置其"半径"为25mm，"高度"为30mm，"高度分段"为1，如图3-168所示。

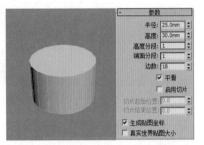

图3-168

02 选择圆柱体，在场景中单击鼠标右键，然后在弹出的菜单中将其转化为可编辑多边形对象，如图3-169所示。

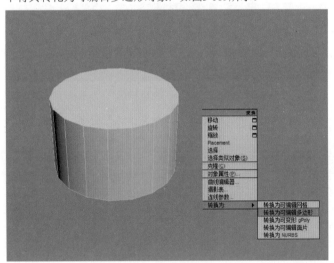

图3-169

技巧与提示 ✔

也可以不将对象转化为"可编辑多边形"对象，而是为对象添加"编辑多边形"修改器，这样做的好处是可以保留原始物体的创建参数。

03 进入对象"多边形"■层级，然后选中如图3-170所示的多边形，接着单击"挤出"按钮 挤出 后面的 "设置"按钮■，在弹出的对话框中设置"高度"为10mm，如图3-171所示。

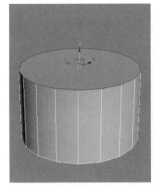 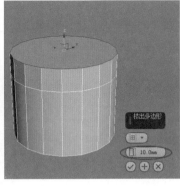

图3-170　　　　　　　　　　图3-171

04 保持选中的多边形不变，然后单击"轮廓"按钮 轮廓 后的"设置"按钮■，接着设置"数量"为6.5mm，如图3-172所示。

05 单击"挤出"按钮 挤出 后面的 "设置"按钮■，在弹出的对话框中设置"高度"为3mm，如图3-173所示。

图3-172　　　　　　　　　　图3-173

06 单击"轮廓"按钮 轮廓 后的"设置"按钮■，接着设置"数量"为－6.5mm，这样手杖柄的半径又回到了原来的数值，如图3-174所示。适当调整模型造型，效果如图3-175所示。

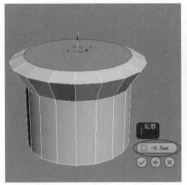 

图3-174　　　　　　　　　　图3-175

技巧与提示 ✔

在"轮廓"工具中输入正值是向外扩张，输入负值是向内收缩。

07 保持选中的多边形不变，然后单击"挤出"按钮 挤出 后面的"设置"按钮■，在弹出的对话框中设置"高度"为30mm，如图3-176所示。

08 再次挤出30mm，然后单击"轮廓"工具 轮廓 后的"设置"按钮□，在弹出的对话框中设置"数量"为25mm，如图3-177所示。

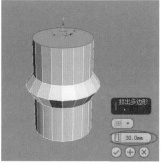

图3-176　　　　　　　　　　图3-177

09 使用"挤出"工具 挤出 ，向上挤出10mm后再次挤出30mm，如图3-178所示。然后使用"轮廓"工具 轮廓 向内收缩 -25mm，效果如图3-179所示。

图3-178　　　　　　　　　　图3-179

10 保持选中的多边形不变，然后挤出500mm，如图3-180所示。然后再次向上挤出10mm，如图3-181所示。

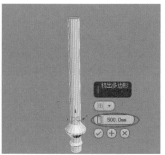
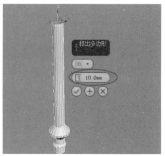

图3-180　　　　　　　　　　图3-181

11 使用"轮廓"工具 轮廓 向外扩大10mm，如图3-182所示。然后使用"挤出"工具 挤出 挤出50mm，如图3-183所示。

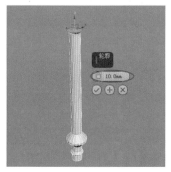
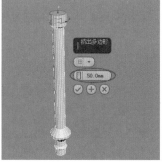

图3-182　　　　　　　　　　图3-183

12 使用"轮廓"工具 轮廓 向外扩展10mm，效果如图3-184所示，然后向上挤出10mm，如图3-185所示，接着使用"挤出"工具 挤出 向上挤出25mm，如图3-186所示。

图3-184　　　　　图3-185　　　　　图3-186

13 使用"轮廓"工具 轮廓 将选中的面缩小 -12mm，如图3-187所示，然后向上挤出100mm，如图3-188所示，使用"轮廓"工具 轮廓 放大50mm，如图3-189所示。

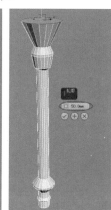

图3-187　　　　　图3-188　　　　　图3-189

14 保持选中的多边形不变，然后单击"插入"按钮 插入 后的"设置"按钮□，设置"数量"为10mm，如图3-190所示。设置完成后，单击下方的加号按钮⊕，继续添加线段至得到如图3-191所示的效果。

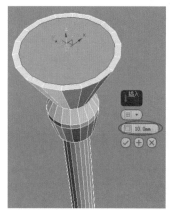
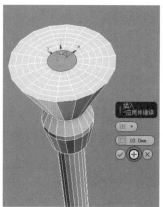

图3-190　　　　　　　　　　图3-191

15 此时手杖柄就基本做好了，观察发现手杖柄模型的棱角很多，需要为其添加一个"网格平滑"修改器，如图3-192所示。

16 使用"球体"工具 球体 在手杖柄上创建一个球体作为魔法球，然后设置"半径"为150mm，接着放置于手杖柄上，如图3-193所示。

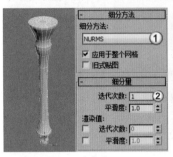

图3-192

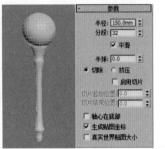

图3-193

> 技巧与提示
>
> 球体和手杖柄可以用"对齐"工具将其中心对齐。

17 最后制作环绕的圆环。使用"管状体"工具 管状体 在球体外创建一个管状体，然后设置"半径1"为190mm，"半径2"为180mm，"高度"为30mm，"边数"为36，如图3-194所示。最后再将其转换为可编辑多边形。

> 技巧与提示
>
> 关于转换为可编辑多边形的方式，前面的案例已进行过讲解，这里不再赘述。

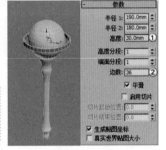

图3-194

18 进入"边"层级，然后选中如图3-195所示的边，接着单击"选择"卷展栏中的"环形"按钮 环形 ，选中如图3-196所示的边。

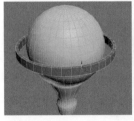

图3-195

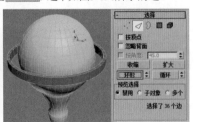

图3-196

19 保持选中的边不变，然后单击"连接"按钮 连接 ，连接成一条边，如图3-197所示。接着使用"选择并均匀缩放"工具 放大该边，如图3-198所示。最后为其加载一个"网格平滑"修改器，效果如图3-199所示。

图3-197

图3-198

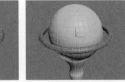

图3-199

20 将圆环复制两个到手杖柄上，魔法手杖最终效果如图3-200所示。

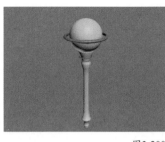

图3-200

技术回顾

◎ 工具："编辑几何体"卷展栏 视频：021-"编辑几何体"卷展栏

◎ 位置：修改面板

◎ 用途："编辑几何体"卷展栏下的工具适用于所有子对象级别，用来全局修改多边形几何体。

01 使用"长方体"工具 长方体 在视图中拖曳出一个长方体模型，如图3-201所示。

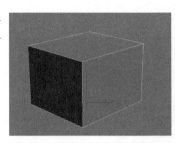

图3-201

02 选中长方体模型，然后单击鼠标右键，接着在弹出的菜单中选择"转换为>转换为可编辑多边形"选项，如图3-202所示。

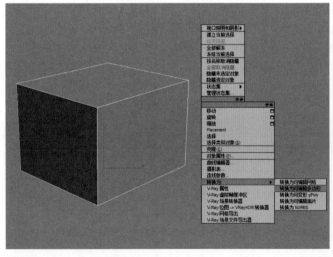

图3-202

03 选中长方体模型，然后展开"选择"卷展栏，单击"多边形"层级按钮，进入"多边形"层级，接着选中如图3-203所示的面，再展开"编辑几何体"卷展栏，单击"分离"按钮 分离 ，在弹出的"分离"对话框中单击"确定"按钮 确定 ，如图3-204所示，可以观察到在"多边形"层级下框选所有的面，被分离出来的面不能被选中，成为了新的模型，如图3-205所示。

图3-203　　　　　　　　　图3-204　　　　　　　图3-205

04 选中分离出来的面模型，然后单击"附加"按钮 附加 ，并拾取原来的长方体模型，如图3-206所示，可以观察到两个模型又重新合成了1个模型，如图3-207所示。

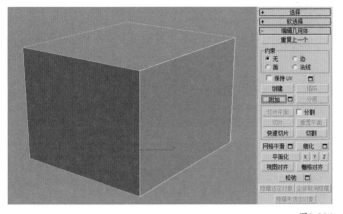

图3-206

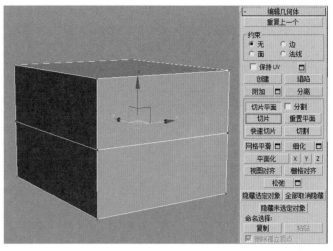

图3-209

06 依旧在"顶点"层级 下，单击"快速切片"按钮 快速切片 ，可以观察到鼠标光标发生了改变，然后选中一条边，会在模型表面生成一条虚线，如图3-210所示，接着移动光标到图3-211所示的边上，单击鼠标，就会在模型上生成一圈新的边，如图3-212所示。

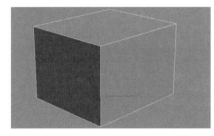

图3-207

05 切换到"顶点"层级，单击"切片平面"按钮 切片平面 ，长方体上会出现一圈黄色的线，并生成新的点，如图3-208所示，然后单击"切片"按钮 切片 ，可以观察到长方体的表面会在黄色线的位置生成一圈新的边，接着单击"切片平面"按钮 切片平面 ，退出"切片平面"模式，如图3-209所示。

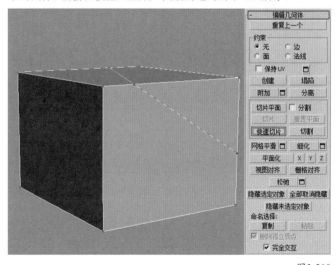

图3-210

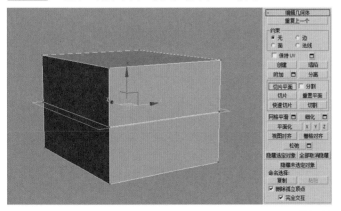

图3-208

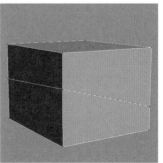

图3-211　　　　　　　　　　　　　图3-212

07 单击"切片平面"按钮 切片平面 ，可以观察到此时切片平面没有回复初始状态，如图3-213所示，单击"重置平面"按钮 重置平面 ，切片平面的黄线就能回复初始状态，如图3-214所示。

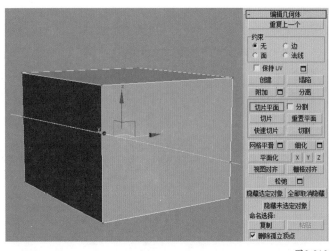

图3-213

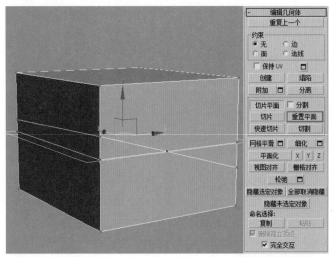

图3-214

08 退出"顶点"层级 ⠿，选中长方体，然后单击"细化"按钮 细化，可以观察到模型表面被自动添加了分段线，如图3-215所示。

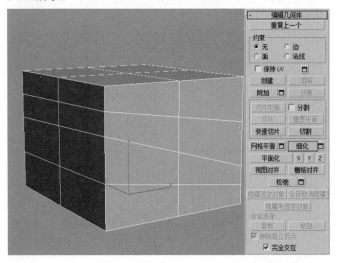

图3-215

09 单击"网格平滑"按钮 网格平滑，可以观察到模型自动变圆滑了，如图3-216所示。

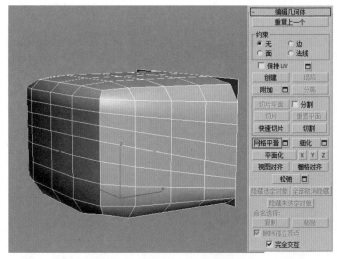

图3-216

10 单击"平面化"按钮 平面化，可以观察到模型被挤压成了一个面片，如图3-217所示。

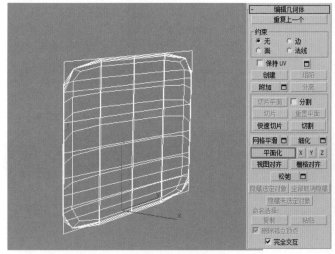

图3-217

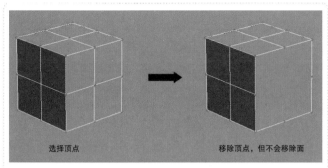

选择顶点　　　　　　　　移除顶点，但不会移除面

图3-218

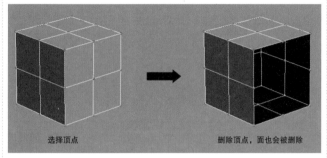

选择顶点　　　　　　　　删除顶点，面也会被删除

图3-219

实例052 用多边形建模制作唇膏

场景位置　　无
实例位置　　实例文件>CH03>用多边形建模制作唇膏.max
学习目标　　练习用多边形建模制作常用物品

唇膏模型是由一个整体的长方体通过编辑多边形而形成的，在制作过程中用到了挤出、插入、连接和切角等工具，案例效果如图3-220所示。

图3-220

🔷 模型创建

01 使用"长方体"工具 长方体 在场景中创建一个长方体，在"参数"卷展栏下设置"长度"为20mm，"宽度"为20mm，"高度"为40mm，"长度分段"为4，"宽度分段"为4，"高度分段"为4，如图3-221所示。

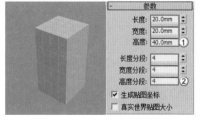

图3-221

02 将上一步创建的长方体转换为可编辑多边形，然后进入"顶点"层级，选中如图3-222所示的点。接着使用"选择并均匀缩放"工具调整至如图3-223所示的效果。

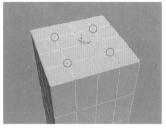

图3-222　　　　　　　　　　　　　　图3-223

03 选中如图3-224所示的点，然后使用"选择并均匀缩放"工具调整至如图3-225所示的效果。

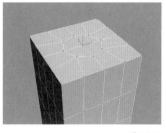

图3-224　　　　　　　　　　　　　　图3-225

04 进入"多边形"层级，然后选中如图3-226所示的多边形，接着使用"挤出"工具挤出1.5mm，如图3-227所示。

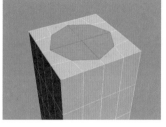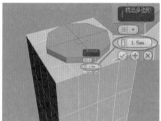

图3-226　　　　　　　　　　　　　　图3-227

技巧与提示 ✔

这里不用去修改圆柱的棱角，最后加载"网格平滑"修改器即可使它变得圆滑。

05 保持选中的多边形不变，然后使用"插入"工具 插入 插入0.3mm，如图3-228所示。

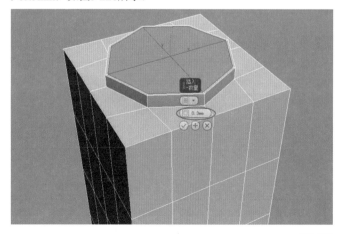

图3-228

06 使用"挤出"工具 挤出 将上一步选中的多边形向上挤出30mm，如图3-229所示。

10 保持"多边形"层级 ■ 不变，然后使用"挤出"工具 挤出 向下挤出 -25mm，如图3-236所示，接着调整挤出的多边形的位置，效果如图3-237所示。

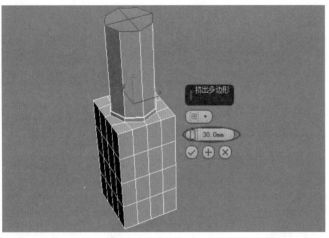

图3-229

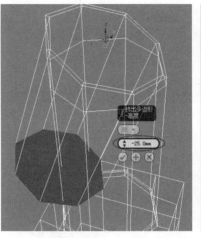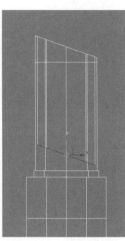

图3-236　　　　　　　　　　图3-237

07 进入"边"层级 ◢，然后选中如图3-230所示的边，接着使用"连接"工具 连接 添加一条边，如图3-231所示。

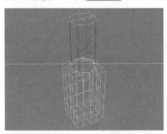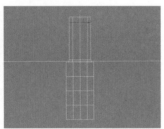

图3-230　　　　　　　　　　图3-231

11 保持选中的多边形不变，然后使用"插入"工具 插入 向内插入0.5mm，如图3-238所示，接着使用"挤出"工具 挤出 向上挤出40mm，并调整造型，如图3-239所示。

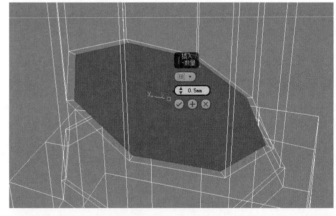

图3-238

08 选中如图3-232所示的边，然后调整造型，如图3-233所示。

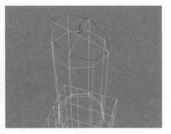

图3-232　　　　　　　　　　图3-233

09 进入"多边形"层级 ■，然后选中如图3-234所示的多边形，接着使用"插入"工具 插入 向内部插入0.5mm，效果如图3-235所示。

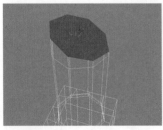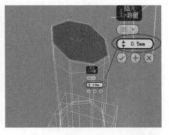

图3-234　　　　　　　　　　图3-235

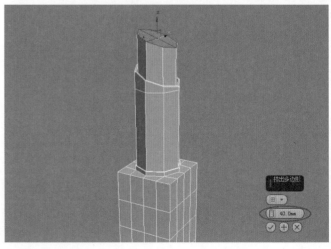

图3-239

⑫ 模型制作到这一步，唇膏模型基本已经创建好了。下面为其加载一个"网格平滑"修改器，效果如图3-240所示。可以观察到模型并没有按照我们预想的效果平滑化，这是因为在某些转角处缺少边，而导致平滑化不理想。

⑬ 退回到"可编辑多边形"层级，为模型添加边。这时有两种方法：第1种是常用的在"边"层级◁下用"切角"工具 切角 ；第2种是使用"切片平面"工具 切片平面 。这里为读者讲解第2种方法。进入"边"层级◁后，单击"切片平面"按钮 切片平面 ，模型上出现一个黄色的平面，而平面与模型相交的位置会出现一圈新的边，如图3-241所示。

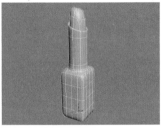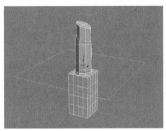

图3-240　　　　　　　　　　图3-241

⑭ 上下移动平面，可以看到新的边会随着平面移动。当平面移动到需要添加边的位置时，单击"切片"按钮 切片 ，线段就会固定在该位置，如图3-242所示。

⑮ 使用"切片平面"工具 切片平面 依次给模型添加线段，如图3-243所示。

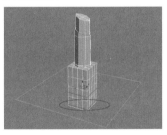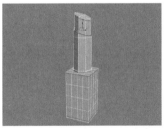

图3-242　　　　　　　　　　图3-243

技巧与提示 ✎

为唇膏上部斜面添加线段时，只需要旋转黄色的平面即可添加。

⑯ 回到"网格平滑"修改器层级，唇膏最终效果如图3-244所示。

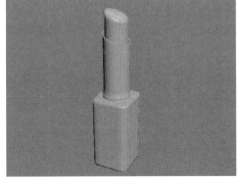

图3-244

技术专题 ⚙ 切片平面工具

"切片平面"工具可以快速新建围绕模型一周的线段。在多边形的"编辑几何体"卷展栏中才能找到此工具，如图3-245所示。

选中多边形后，无论是在哪个层级中，都有该工具。单击该按钮，模型上便会出现黄色的平面，并出现一圈围绕模型的线段，如图3-246所示。此时的线段是可以随着平面的移动而移动的，并没有固定位置。

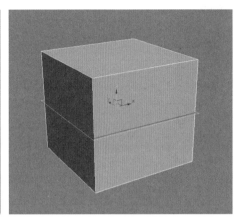

图3-245　　　　　　　　　　图3-246

当平面移动到需要添加线段的位置时，单击"切片平面"按钮 切片平面 下方的"切片"按钮 切片 ，便可以固定该线段的位置，此时继续移动平面，又会生成新的可移动线段，如图3-247所示。

黄色的平面不仅可以移动，也可以旋转。使用"选择并旋转"工具 ⟳ 便可旋转该平面，同时新加的线段也会随着平面旋转而旋转，如图3-248所示。

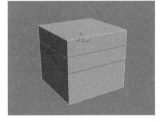

图3-247　　　　　　　　　　图3-248

若需要使黄色平面回到初始位置，只需要单击"重置平面"按钮。再次单击"切片平面"按钮 切片平面 ，便可以退出该模式。

◔ 技术回顾

◎ 工具："编辑顶点"卷展栏　视频：022–"编辑顶点"卷展栏

◎ 位置：修改面板

◎ 用途："编辑顶点"卷展栏下的工具全部是用来编辑顶点的。

① 使用"长方体"工具 长方体 在视图中拖曳出一个长方体模型，如图3-249所示。

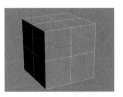

图3-249

02▸ 选中长方体模型，然后单击鼠标右键，接着在弹出的菜单中选择"转换为>转换为可编辑多边形"选项，如图3-250所示。

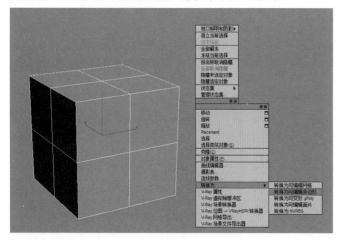

图3-250

03▸ 进入"顶点"层级，选中如图3-251所示的顶点，然后展开"编辑顶点"卷展栏，单击"断开"按钮 断开 ，接着再次选中顶点，再使用"选择并移动"工具沿x轴向右移动，可以观察到原先的顶点被分成独立的顶点，如图3-252所示。

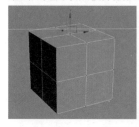
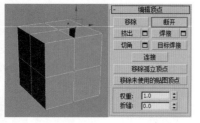

图3-251   图3-252

04▸ 继续选中顶点，然后单击"移除"按钮 移除 ，可以观察到选中的顶点被移除后，相邻的两个顶点连接，如图3-253所示。

图3-253

05▸ 框选图3-254所示的被断开的3个顶点，然后单击"焊接"按钮 焊接 ，此时再沿着x轴移动顶点，可以发现两个顶点成为了一个整体，如图3-255所示。

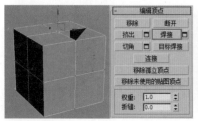
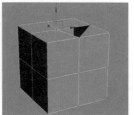

图3-254   图3-255

06▸ 选中图3-256所示的顶点，然后单击"挤出"按钮 挤出 ，按住鼠标左键拖曳，可以观察到顶点被挤成了四棱锥形，如图3-257所示。如果要精确设置挤出的量，单击"挤出"按钮 挤出 后的"设置"按钮▫，在视图中会出现一个选项组，设置"高度"和"宽度"两个选项，最后单击"确定"按钮即可，如图3-258所示。

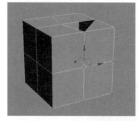
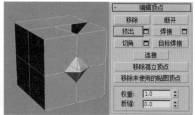

图3-256   图3-257

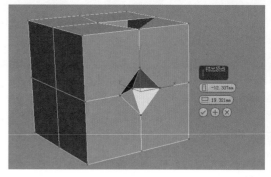

图3-258

07▸ 按快捷键Ctrl＋Z返回上一步，然后选中图3-259所示的点，接着单击"切角"按钮 切角 ，拖曳鼠标可以手动给顶点切角，如图3-260所示，单击"设置"按钮▫，在视图中的对话框中设置精确的"顶点切角量"数值，同时还可以将切角后的面"打开"，以生成孔洞效果，如图3-261所示。

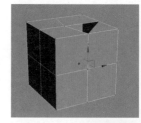
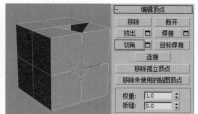

图3-259   图3-260

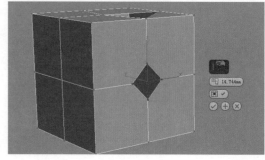

图3-261

08 按快捷键Ctrl＋Z返回上一步，然后选中图3-262所示的点，接着单击"目标焊接"按钮 目标焊接 ，然后用鼠标左键选择需要焊接到的点，模型上会出现一条虚线，如图3-263所示，再单击鼠标左键，可以观察到两个点合并在了一起，如图3-264所示。

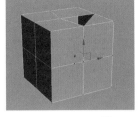

图3-262

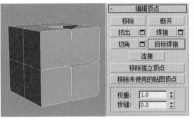

图3-263

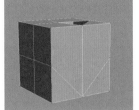

图3-264

技巧与提示 ✅

"目标焊接"工具 目标焊接 只能焊接成对的连续顶点。也就是说，选择的顶点与目标顶点要有一条边相连。

09 按快捷键Ctrl＋Z返回上一步，然后选中图3-265所示的点，接着单击"连接"按钮 连接 ，可以观察到在两个点之间生成了一条新的线段，如图3-266所示。

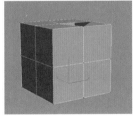

图3-265

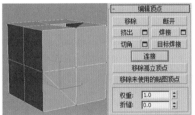

图3-266

◎ 工具："编辑多边形"卷展栏 视频：023-"编辑多边形"卷展栏
◎ 位置：修改面板
◎ 用途："编辑多边形"卷展栏下的工具全部是用来编辑多边形的。

01 使用"长方体"工具 长方体 在视图中创建一个长方体，如图3-267所示。

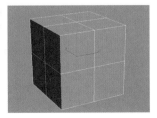

图3-267

02 选中长方体模型，然后单击鼠标右键，接着在弹出的菜单中选择"转换为>转换为可编辑多边形"选项，如图3-268所示。

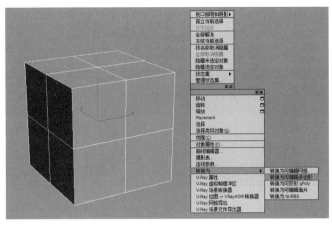

图3-268

03 选中长方体，然后进入"多边形"层级 ■，接着展开"编辑多边形"卷展栏，再单击"插入顶点"按钮 插入顶点 ，最后在如图3-269所示的位置插入一个顶点，可以观察到此按钮可以手动加入顶点，用来细化模型。

04 按快捷键Ctrl＋Z返回初始状态，然后选中图3-270所示的多边形，接着单击"挤出"按钮 挤出 ，拖曳鼠标可以将多边形挤出，如图3-271所示。如果要精确设置挤出的高度，可以单击后面的"设置"按钮 ■，然后在视图中的"挤出多边形"对话框中输入数值即可。挤出多边形时，"高度"为正值时可向外挤出多边形，为负值时可向内挤出多边形，如图3-272和图3-273所示。

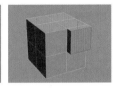

图3-269   图3-270   图3-271

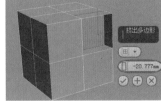

图3-272   图3-273

05 按快捷键Ctrl＋Z返回初始状态，然后选中图3-274所示的多边形，接着单击"轮廓"按钮 轮廓 ，拖曳鼠标可以增大或减小每组连续的选定多边形的边的长度，如图3-275所示。

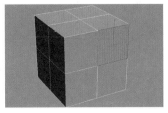

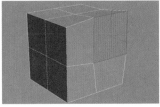

图3-274   图3-275

06 按快捷键Ctrl＋Z返回，然后选中图3-276所示的多边形，接着单击"倒角"按钮 倒角 ，拖曳鼠标可以挤出多边形，同时对多边形进行倒角，如图3-277所示。

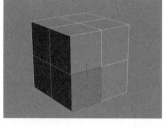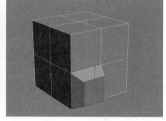

图3-276 图3-277

07 按快捷键Ctrl＋Z返回，然后选中图3-278所示的多边形，接着单击"插入"按钮 插入 ，拖曳鼠标可以进行没有高度的倒角操作，即在选定多边形的平面内执行该操作，如图3-279所示。

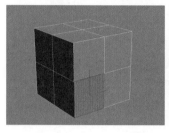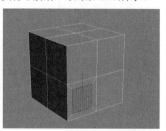

图3-278 图3-279

08 选中如图3-280所示的两个多边形，然后单击"挤出"按钮 挤出 ，将其挤出一定的量，如图3-281所示，接着选择如图3-282所示的两个多边形，然后单击"桥"按钮 桥 ，可以观察到两个选择的多边形被连接了起来，如图3-283所示。

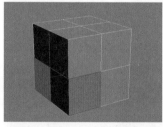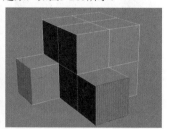

图3-280 图3-281

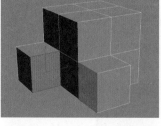

图3-282 图3-283

09 按快捷键Ctrl＋Z返回，然后选中图3-284所示的多边形，接着单击"翻转"按钮 翻转 ，可以观察到红色区域变暗了，如图3-285所示。"翻转"工具 翻转 用来翻转多边形的法线方向。

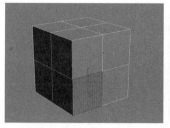

图3-284 图3-285

10 按快捷键Ctrl＋Z返回，然后选中图3-286所示的多边形，接着单击"从边旋转"按钮 从边旋转 ，再在视图中拖曳鼠标，可以观察到多边形会围绕一条边旋转，如图3-287所示。

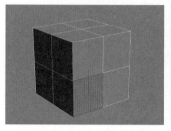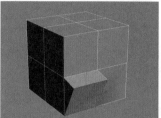

图3-286 图3-287

顶点的焊接在实际工作中的使用频率相当高，特别是在调整模型细节时。焊接顶点需要满足以下两个条件。见图3-288，这是一个长度和宽度均为60mm的平面，将其转换为多边形以后，一条边上的两个顶点的距离就是20mm。

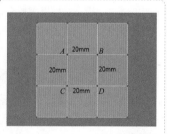

图3-288

条件1：焊接的顶点在同一个面上且必须有一条连接两个顶点的边。选择顶点A和顶点B，设置"焊接阈值"为20mm进行焊接，两个顶点可以焊接在一起（焊接之前是16个顶点，焊接之后是15个顶点），如图3-289所示；选择顶点A和顶点D进行焊接，无论设置再大的"焊接阈值"，都无法将两个顶点焊接起来，这是因为虽然两个顶点在同一个面上，但却没有将其连起来的边，如图3-290所示。

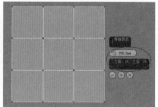

图3-289 图3-290

条件2：焊接的阈值必须大于或等于两个顶点之间的距离。选择顶点A和顶点B，将"焊接阈值"设置为接近最小焊接阈值的19.999mm，两个顶点依然无法被焊接起来，如图3-291所示；而将"焊接阈值"设置为20mm或是比最小焊接阈值稍微大一点点的20.001mm，顶点A和顶点B就可以被焊接在一起，如图3-292所示。

图3-291

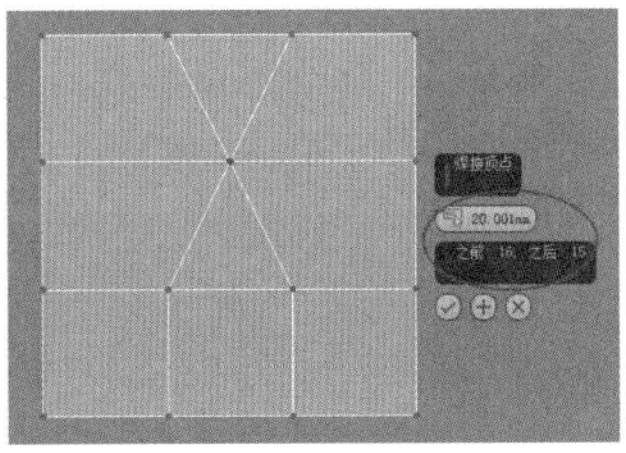

图3-292

另外，在满足以上两个条件的情况下，也可以对多个顶点进行焊接，选择顶点A、顶点B、顶点C和顶点D进行焊接，焊接新生成的顶点将位于所选顶点的中心，如图3-293所示。

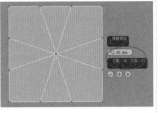

图3-293

实例053 用多边形建模制作CG灯具

场景位置	无
实例位置	实例文件>CH03>用多边形建模制作CG灯具.max
学习目标	练习用挤出工具、轮廓工具、插入工具和样条线建模制作常用物品

CG灯具是由底座、灯泡和灯丝3部分组成的，案例效果如图3-294所示。

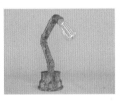

图3-294

模型创建

01 使用"圆柱体"工具 圆柱体 在场景中创建一个圆柱体，然后在"参数"卷展栏下设置"半径"为100mm，"高度"为20mm，"高度分段"为3，如图3-295所示。

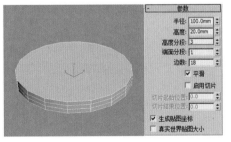

图3-295

02 选中上一步创建的圆柱体，然后转换为可编辑多边形，接着进入"多边形"层级，选中如图3-296所示的多边形，再使用"轮廓"工具 轮廓 向内收缩-10mm，效果如图3-297所示。

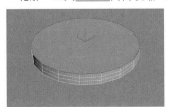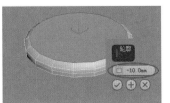

图3-296

图3-297

03 保持选中的多边形不变，然后使用"挤出"工具 挤出 向上挤出40mm，效果如图3-298所示，接着再向上挤出20mm，如图3-299所示。

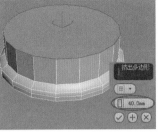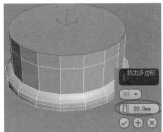

图3-298

图3-299

04 保持选中的多边形不变，然后使用"轮廓"工具 轮廓 向内收缩-15mm，如图3-300所示，接着使用"挤出"工具 挤出 向上挤出50mm，如图3-301所示。

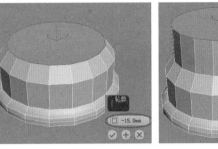

图3-300

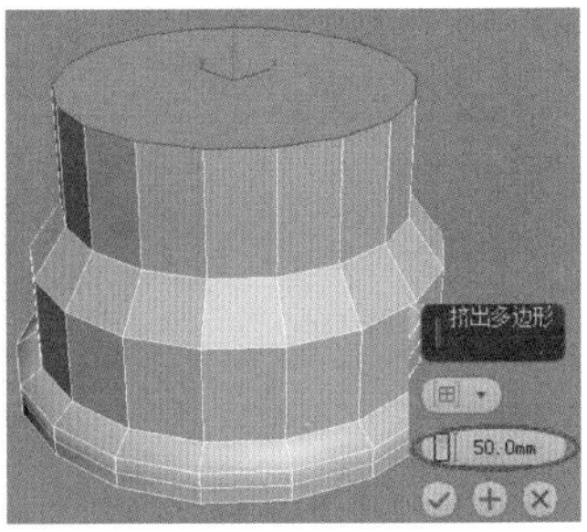

图3-301

05 保持选中的多边形不变，然后使用"挤出"工具 挤出 向上挤出5mm，接着使用"轮廓"工具 轮廓 向外扩大3.5mm，如图3-302和图3-303所示。

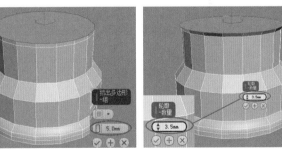

图3-302

图3-303

06 使扩大的多边形与下方齐平，然后使用"挤出"工具 挤出 向上挤出10mm，如图3-304所示，接着使用"插入"工具 插入 向内插入40mm，如图3-305所示。

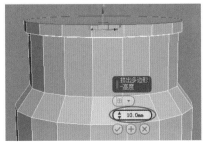

图3-304

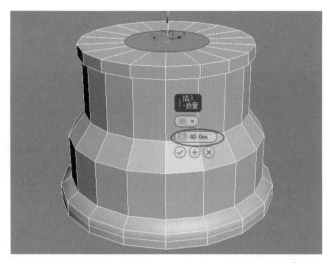

图3-305

07 保持选中的多边形不变，然后使用"挤出"工具 挤出 向上挤出50mm，如图3-306所示，接着再挤出5mm，如图3-307所示。

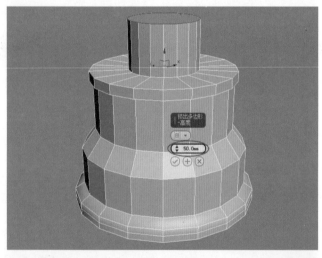

图3-306

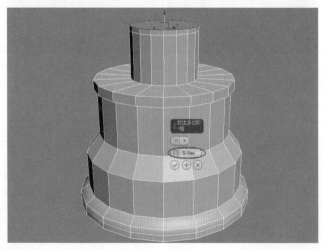

图3-307

08 使用"轮廓"工具 轮廓 将挤出的多边形放大4mm，如图3-308所示，然后调整放大后的多边形，使其与下方齐平，接着使用"挤出"工具 挤出 向上挤出5mm，如图3-309所示。

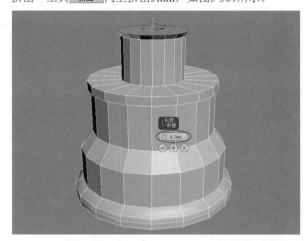

图3-308

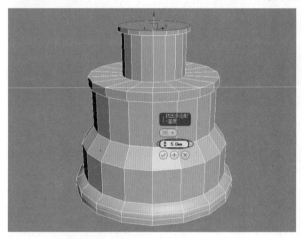

图3-309

09 使用"插入"工具 插入 向内插入3mm，如图3-310所示，然后使用"挤出"工具 挤出 向上挤出50mm，并调整角度，如图3-311所示。

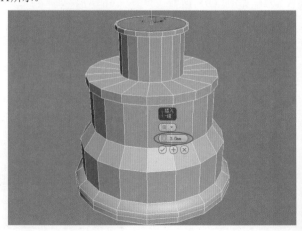

图3-310

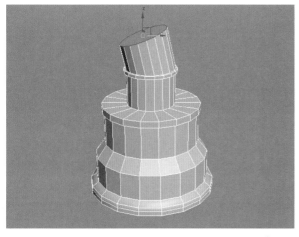

图3-311

10 使用"轮廓"工具 轮廓 将挤出的多边形放大3mm，如图3-312所示，然后调整放大后的多边形，使其与下方齐平，接着使用"挤出"工具 挤出 向上挤出5mm，如图3-313所示。

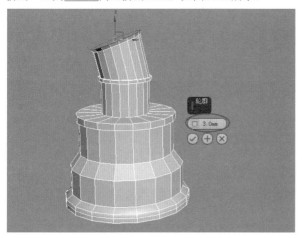

图3-312

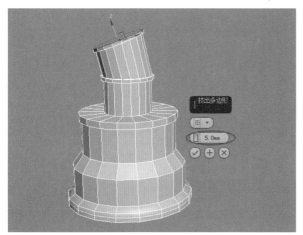

图3-313

技巧与提示 ✅
调整平面时，将"参考坐标系"设置为"局部"可以方便调整。

11 保持选中的多边形不变，然后使用"插入"工具 插入 向内插入5mm，如图3-314所示，接着使用"挤出"工具 挤出 向上挤出200mm，如图3-315所示。

12 重复步骤8到步骤10的制作过程创建模型，效果如图3-316所示。

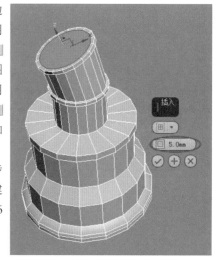

图3-314

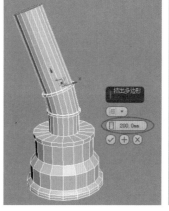

图3-315

图3-316

技巧与提示 ✅
这一步是步骤8到步骤10的重复过程，只是弯曲方向相反，故不再赘述。

13 保持选中的边不变，然后使用"挤出"工具 挤出 挤出200mm，如图3-317所示，接着继续重复步骤8到步骤10的操作，效果如图3-318所示。

图3-317

图3-318

技巧与提示 ✓

这一步中的转弯处可以分两次挤出再调整弯曲角度。

14 保持选中的多边形不变，然后使用"插入"工具 插入 向内插入10mm，如图3-319所示，接着使用"挤出"工具 挤出 向下挤出15mm，如图3-320所示。

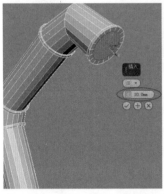 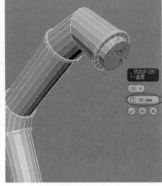

图3-319　　　　　　　　　　图3-320

15 使用"插入"工具 插入 向内插入 -10mm，如图3-321所示，然后使用"挤出"工具 挤出 向内挤入10mm，如图3-322所示。

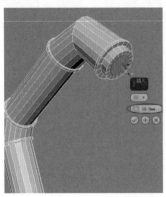 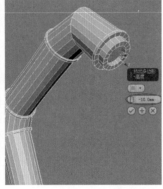

图3-321　　　　　　　　　　图3-322

16 此时台灯灯座基本建立完成了，但模型还很粗糙。进入"边"层级 ，为转弯处模型添加分段线，并调整转弯的弧度，效果如图3-323所示。

17 使用"切角"工具 切角 给模型的转角边缘处都添加"边切角量"为1mm的切角，如图3-324所示。

图3-323　　　　　　　　　　图3-324

18 下面制作灯泡。使用"线"工具 线 在场景中绘制灯泡的剖面，如图3-325所示，然后给样条线加载一个"车削"修改器，再勾选"焊接内核"，并设置"分段"为32，"方向"为Y，"对齐"为最大，参数及效果如图3-326所示。

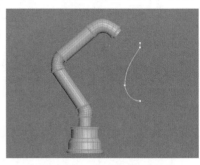

图3-325

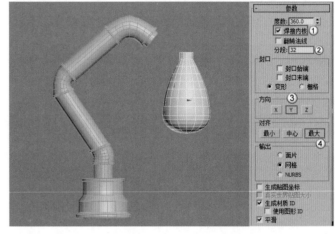

图3-326

19 下面绘制灯丝。使用"线"工具 线 在灯泡内绘制样条线，效果如图3-327所示，然后在"渲染"卷展栏中勾选"在渲染中启用"和"在视口中启用"选项，接着设置"厚度"为2mm，"边"为6，效果如图3-328所示。

 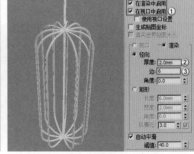

图3-327　　　　　　　　　　图3-328

20 将3个模型拼合，并细微调整后，CG台灯的最终效果如图3-329所示。

图3-329

○ 技术回顾

◎ 工具："编辑边"卷展栏 视频：024－"编辑边"卷展栏
◎ 位置：修改面板
◎ 用途："编辑边"卷展栏下的工具全部是用来编辑边的。

01 使用"长方体"工具 长方体
在视图中创建一个长方体，如图
3-330所示。

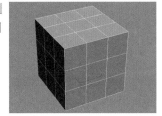

图3-330

02 选中长方体模型，然后单击鼠标右键，接着在弹出的菜单中选
择"转换为>转换为可编辑多边形"选项，如图3-331所示。

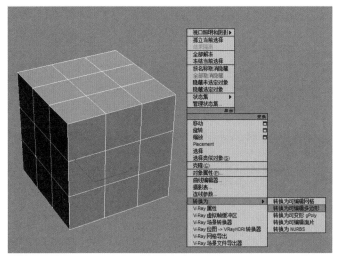

图3-331

03 选中长方体，然后进入"边"
层级 ，接着展开"编辑边"卷
展栏，单击"插入顶点"按钮
插入顶点 ，单击鼠标左键在
如图3-332所示的位置插入顶点。

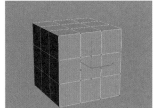

图3-332

04 按快捷键Ctrl＋Z返回初始状态，然后选中图3-333所示的
边，接着单击"移除"按钮 移除 （或按Backspace键）可以
移除边，如图3-334所示，如果按Delete键，会删除边及其连接
的边，如图3-335所示。

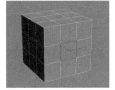
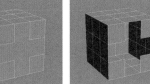

图3-333　　　　　　图3-334　　　　　　图3-335

05 按快捷键Ctrl＋Z返回初始状态，然后选中图3-336所示的
边，接着单击"挤出"按钮 挤出 ，并在视图中拖曳鼠标，可
以挤出边，如图3-337所示，如果要精确设置挤出的高度和宽
度，可以单击后面的"设置"按钮 ，然后在视图中的"挤出
边"对话框中输入数值即可，如图3-338所示。

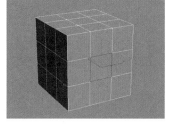
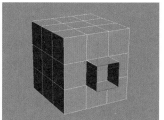

图3-336　　　　　　　　　　　　　图3-337

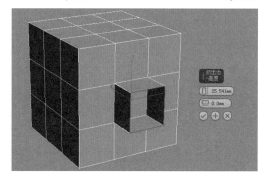

图3-338

06 按快捷键Ctrl＋Z返回初始状态，然后选中图3-339所示的边，
接着单击"切角"按钮 切角 ，拖曳鼠标会观察到在选定的边相邻
的两条边之间切出了新的多边形，如图3-340所示。如果要精确设置
边切角量等参数的数值，可以单击后面的"设置"按钮 ，然后在视
图中的"切角"对话框中输入数值即可，如图3-341所示。

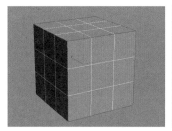
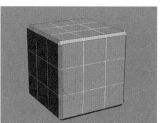

图3-339　　　　　　　　　　　图3-340

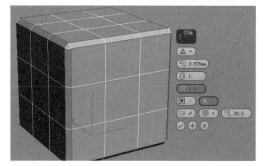

图3-341

07 按快捷键Ctrl＋Z返回初始状态，然后选中图3-342所示的边，接着单击"连接"按钮 连接 ，可以观察到选中的两条边之间连接了一条新的边，如图3-343所示，如果要精确设置连接边的数值，可以单击后面的"设置"按钮▣，然后在视图中的"连接边"对话框中输入数值即可，如图3-344所示。

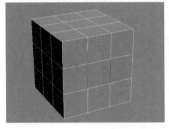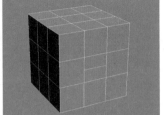

图3-342　　　　　　　　　　　　　图3-343

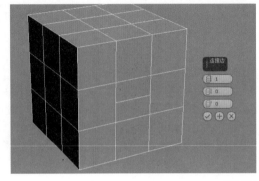

图3-344

08 按快捷键Ctrl＋Z返回初始状态，然后选中图3-345所示的边，接着单击"利用所选内容创建图形"按钮 利用所选内容创建图形 ，会弹出一个"创建图形"对话框，如图3-346所示，在对话框中可以设置新建图形的名称和类型，如果设置类型为"平滑"，则生成平滑的样条线，如图3-347所示；如果选择"线性"类型，则样条线的形状与选定边的形状保持一致，如图3-348所示。

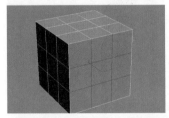

图3-345　　　　　　　　　　　　　图3-346

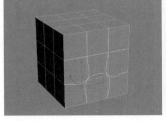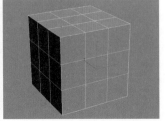

图3-347　　　　　　　　　　　　　图3-348

技术专题 ⑭ 边的四边形切角、边张力、平滑功能

在3ds Max 2016中，为边的切角新增了3个新功能，分别是"四边形切角""边张力""平滑"功能。下面分别对这3个新功能进行介绍。

1.四边形切角

边的切角方式分为"标准切角"和"四边形切角"两种方式。选择"标准切角"方式，在拐角处切出来的多边形可能是三角形、四边形或者两者均有，如图3-349所示；选择"四边形切角"方式，在拐角处切出来的多边形全部会强制生成四边形，如图3-350所示。

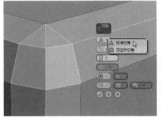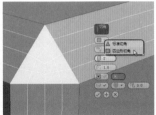

图3-349　　　　　　　　　　　　　图3-350

2.边张力

在"四边形切角"方式下对边进行切角以后，可以通过设置"边张力"的值来控制多边形向外凸出的程度。值为1时为最大值，表示多边形不向外凸出；值越小，多边形就越向外凸出，如图3-351所示；值为0时为最小值，多边形向外凸出的程度将达到极限，如图3-352所示。注意，"边张力"功能不能用于"标准切角"方式。

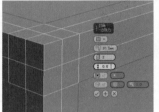

图3-351　　　　　　　　　　　　　图3-352

3.平滑

对边进行切角以后，可以对切出来的多边形进行平滑化处理。在"标准切角"方式下，设置平滑化的"平滑阈值"为非0的数值时，可以选择多边形的平滑化方式，既可以是"平滑整个对象"，如图3-353所示，也可以是"仅平滑切角"，如图3-354所示；在"四边形切角"方式下，必须是"边张力"值在0~1之间，"平滑阈值"大于0的情况才可以对多边形应用平滑化效果，同样可以选择"平滑整个对象"和"仅平滑切角"两种方式中的一种，如图3-355和图3-356所示。

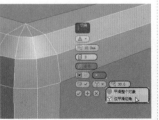

图3-353　　　　　　　　　　　　　图3-354

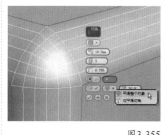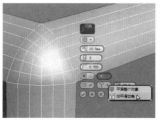

图3-355　　　　　　　　　图3-356

实例054　用网格建模制作凳子

场景位置	无
实例位置	实例文件>CH03>用网格建模制作凳子.max
学习目标	练习用网格建模制作常用物品

本案例的凳子模型是用网格建模制作而成的。网格建模因其功能不如多边形建模强大，在实际工作中用到的不多。这里用一个简单的小模型讲解一些网格建模会用到的工具，案例效果如图3-357所示。

图3-357

🟦 模型创建

01 使用"圆柱体"工具 圆柱体 在场景中创建一个圆柱体，然后设置"半径"为80mm，"高度"为25mm，"高度分段"为1，如图3-358所示。

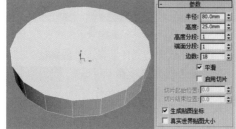

图3-358

02 选择上一步创建的圆柱体，然后单击鼠标右键，选择"转换为>转换为可编辑网格"选项，如图3-359所示。

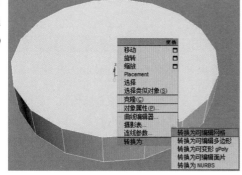

图3-359

03 进入"边"层级 ⬦，然后选中如图3-360所示的边，然后在"切角"工具 切角 后的输入框内输入"8mm"，如图3-361所示。

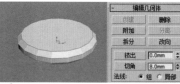

图3-360　　　　　　　　　图3-361

04 退出编辑网格模型状态，然后为模型添加一个"网格平滑"修改器，效果如图3-362所示。

05 使用"圆柱体"工具 圆柱体 在场景中创建一个圆柱体，然后设置"半径"为15mm，"高度"为60mm，"高度分段"为5，如图3-363所示。

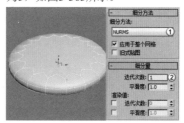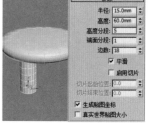

图3-362　　　　　　　　　图3-363

06 选中上一步创建的模型，然后转换为可编辑网格，接着进入"顶点"层级 ⬦ 调整造型，如图3-364所示。

07 进入"边"层级 ⬦，然后选中如图3-365所示的边，接着在"切角"工具 切角 后的输入框内输入"3mm"，如图3-366所示。

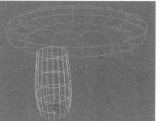

图3-364　　　　　　　　　图3-365

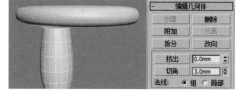

图3-366

08 退出编辑网格状态，然后为其加载一个"网格平滑"修改器，如图3-367所示。

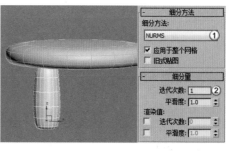

图3-367

09 将上一步修改后的模型复制两个，凳子最终效果如图3-368所示。

图3-368

↻ 技术回顾

◎ 工具：编辑网格 视频：025-编辑网格
◎ 位置：修改面板
◎ 用途：可编辑网格的常用工具。

01 使用"长方体"工具 长方体 在视图中创建一个长方体，如图3-369所示。

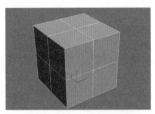

图3-369

02 选中长方体模型，然后单击鼠标右键，接着在弹出的菜单中选择"转换为>转换为可编辑网格"选项，如图3-370所示。

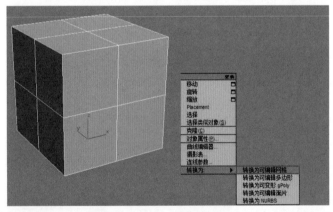

图3-370

03 与多边形建模类似，网格建模也分为5个层级，分别是"顶点""边""面""多边形""元素"，如图3-371所示。

04 网格模型是由三角面组成的，因此在"面"层级 ◢ 中选中的是三角面，如图3-372所示。而在"多边形"层级 ■ 则是选中分段线所包围的多边形，如图3-373所示。

图3-371

图3-372

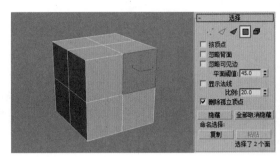

图3-373

05 进入"边"层级 ◢ 全选模型，会很直观地观察到在模型的分段线中间有虚线连接，将四边面分成两个三角面，如图3-374所示。因此在编辑网格时，需要注意中间的虚线是否是选中状态。

06 与多边形建模的工具类似，网格建模中也有"挤出"工具 挤出 和"切角"工具 切角 ，但在网格建模中数值需在按钮后的框内直接输入，如图3-375所示。网格建模多边形建模常用的"轮廓""连接""插入"工具网格建模，因此在建模时不如多边形建模好用。

07 网格建模中也具有"切片平面"工具 切片平面 ，用法与多边形建模一致，如图3-376所示。

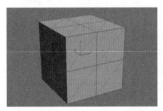

图3-374　　图3-375　　图3-376

08 网格建模中的"炸开"工具 炸开 是一个特有的工具，可以在"多边形"层级 ■ 中根据多边形所在的角度将选定面炸开为多个元素或对象，如图3-377所示。该功能在"对象"模式以及子对象层级（"顶点"和"边"除外）中可用。

图3-377

实例055 用NURBS建模制作桌布

场景位置	无
实例位置	实例文件>CH03>用NURBS建模制作桌布.max
学习目标	练习用NURBS曲面建模制作常用物品

桌布是日常生活中常见的物品，有很多褶皱，所以在多边形建模和网格建模中不好控制。NURBS建模通过CV曲面就可以很好地控制这一效果。桌布效果如图3-378所示。

图3-378

❖ 模型创建

01 在"几何体"中选择"NURBS曲面"选项，然后单击"CV曲面"按钮，接着在下方的"创建参数"卷展栏中设置"长度"为800mm，"宽度"为600mm，"长度CV数"和"宽度CV数"都为20，最后在场景中拖曳出平面模型，其位置及参数如图3-379所示。

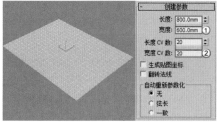

技巧与提示 ✅

也可以先拖曳出模型再修改参数，但拖曳出模型后不能单击右键取消，需要同时设置好参数。

图3-379

02 切换到"修改"面板，然后进入"曲面CV"层级，接着选中如图3-380所示的点。

03 使用"选择并移动"工具 ，将选中的点向上移动，如图3-381所示。

 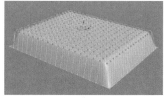

图3-380　　　　　　　　　　　　图3-381

04 选中如图3-382所示的点，然后使用"选择并均匀缩放"工具 向内收缩，效果如图3-383所示。

05 继续调整个别点的造型，桌布最终效果如图3-384所示。

图3-382　　　　　图3-383　　　　　　　　图3-384

🔄 技术回顾

◎ 工具：NURBS建模 视频：026– NURBS建模

◎ 位置：创建>几何体>NURBS曲面 创建>图形> NURBS曲线

◎ 用途：创建NURBS模型。

01 NURBS建模有两种形式，一种是上面案例讲到的"NURBS曲面"建模，还有一种是"NURBS曲线"建模，如图3-385和图3-386所示。

图3-385　　　　　　图3-386

02 首先讲解"NURBS曲面"建模。使用"长方体"工具 长方体 在视图中创建一个长方体，如图3-387所示。

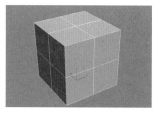

图3-387

03 选中模型，然后单击右键并选择"转换为>转换为NURBS"选项，此时模型表面显示三角面，如图3-388所示。

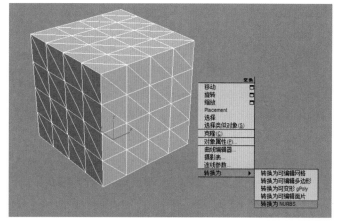

图3-388

04 切换到"修改"面板，可以看到"NURBS曲面"包含两个子层级，一个是"曲面CV"，另一个是"曲面"，如图3-389所示。

05 在"曲面CV"层级中，可以通过控制CV点调整模型，如图3-390和图3-391所示。

 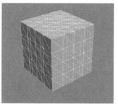 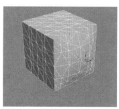

图3-389　　　　　图3-390　　　　　　图3-391

06 在"曲面"层级中可以选取整个曲面进行调整，如图3-392和图3-393所示。

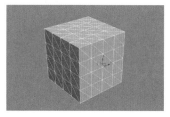 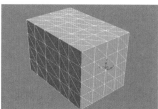

图3-392　　　　　　　　　　　　图3-393

07 下面讲解"NURBS曲线"建模。使用"CV曲线"工具在场景中绘制一个三角形，如图3-394所示。当封闭曲线时，系统会自动弹出提示"是否闭合曲线"的对话框，这里选择"是"选项，如图3-395所示。绘制完成后的曲线效果如图3-396所示。

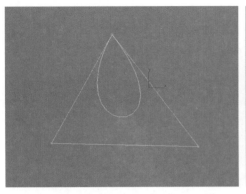 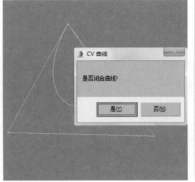 

图3-394   图3-395   图3-396

技巧与提示

"CV曲线"可以参照样条线的使用方法。

08 将上一步绘制的曲线复制3个，然后再随意旋转角度，效果如图3-397所示。

09 切换到"修改"面板，然后单击"NURBS创建工具箱"按钮，如图3-398所示。这时会弹出工具箱的面板，如图3-399所示。

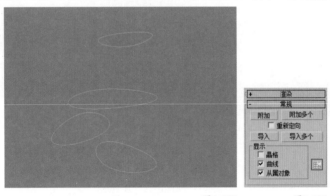

图3-397   图3-398   图3-399

10 单击"曲面"中的"创建U向放样曲面"按钮，然后依次连接4条曲线，效果如图3-400所示。

11 观察生成的曲面模型，可以发现两端还未封口。单击"曲面"中的"创建封口曲面"按钮，然后依次单击上下两个开口边缘的曲线，即可封口，如图3-401所示。

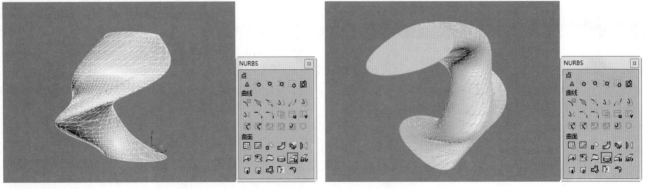

图3-400   图3-401

》行业问答

Q 多边形建模时，模型出现缺口怎么办

演示视频006：多边形建模时，模型出现缺口怎么办

在多边形建模中，经常会遇到因不小心删除了多余的面而造成模型破面的情况，如图3-402（a）所示，模型中间缺失了一块面，需要将其补回来。这时就可以在"边界"级别下选择要封口的边界，如图3-402（b）所示，然后在"编辑边界"卷展栏下单击"封口"按钮 **封口** 或按快捷键Alt+P，这样就可以将缺失的面给补回来，如图3-402（c）所示。

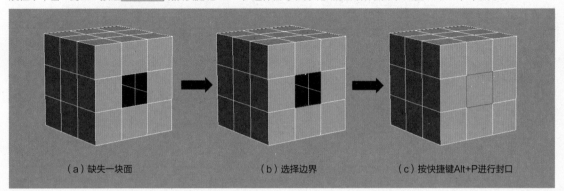

（a）缺失一块面　　　　　　　（b）选择边界　　　　　　　（c）按快捷键Alt+P进行封口

图3-402

Q 多边形建模时，怎样在选择边的情况下快速转换为相应的多边形面

演示视频007：多边形建模时，怎样在选择边的情况下快速转换为相应的多边形面

在实际建模中，要选择很多的多边形是一件很烦琐的事情，这里介绍一种选择多边形的简便方法，即将对边的选择转换为对面的选择。下面以图3-403中的多边形球体为例来讲解这种选择技法。

第1步：进入"边"级别，随意选择一条横向上的边，如图3-404所示，然后在"选择"卷展栏下单击"循环"按钮 **循环** ，以选择与该边在同一经度上的所有横向边，如图3-405所示。

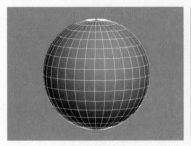
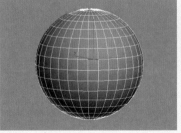
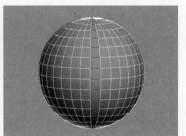

图3-403　　　　　　　　　　　图3-404　　　　　　　　　　　图3-405

第2步：单击鼠标右键，然后在弹出的菜单中选择"转换到面"命令，如图3-406所示，这样就将对边的选择转换为对面的选择了，如图3-407所示。

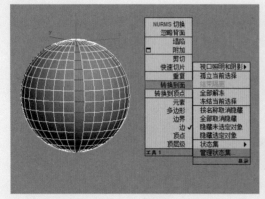 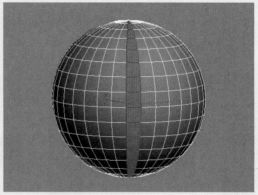

图3-406 图3-407

Q 建模时怎样快速选择线段

演示视频008：建模时怎样快速选择线段

在多边形建模时，经常会为了切角而选择一圈线段。逐条选择会较为麻烦，且容易选中其他线段。编辑多边形的"选择"卷展栏中提供了两个非常方便又好用的工具，即"环形" 环形 和"循环" 循环 。

图3-408所示是一个圆柱体模型，将其转换为可编辑多边形后，进入"边"层级 ，然后选中如图3-409所示的边。

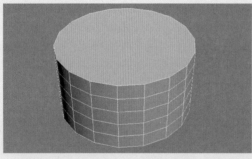 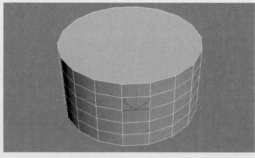

图3-408 图3-409

此时，单击"循环"按钮 循环 ，可以选中一圈线段，方便后续操作，如图3-410所示；单击"环形"按钮 环形 ，会选中相互平行的一组边，如图3-411所示。

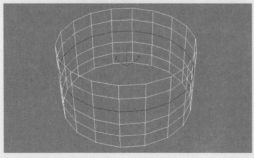 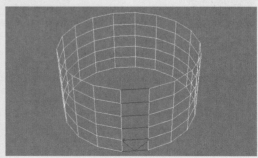

图3-410 图3-411

这两个工具可以极大地提高制作效率，但在操作时也是有限制的，必须在四边面上才能操作。如果选中如图3-412所示的边，然后单击"循环"按钮 循环 ，会观察到我们想要选中的边并没有被选中，这是因为上下两个圆面并不是四边面，而是十八边面，不适用这个工具。

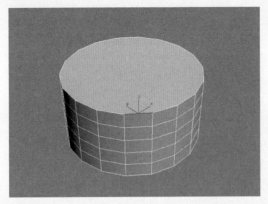

图3-412

为了操作方便，我们可以人为给其加一圈线。进入"多边形"层级█中，选中圆面，然后使用"插入"工具 插入 向内插入任意大小，如图3-413所示。此时再选中一条边，使用"循环"工具 循环 便可以选中一圈线段，如图3-414所示。

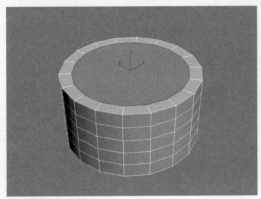

图3-413

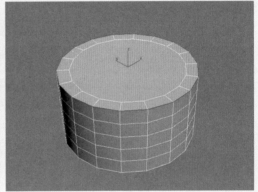

图3-414

这一步骤在前面的多边形建模案例中多次用到过，是一个提高操作效率的小技巧。该工具也同样适用于"顶点"层级█和"多边形"层级█。

第4章

摄影机与构图技术

本章将讲解3ds Max 2016的摄影机和构图技术。最先要学习的是3ds Max 2016的摄影机工具,其次学习设置场景的画面比例,最后学习常用的摄影机特效。

目标摄影机操作简单方便,是最常用的摄影机之一,物理摄影机是3ds Max 2016新加入的摄影机,替代了之前版本的VR-物理摄影机。图4-1是真实摄影机的内部结构。

图4-1

创建好摄影机之后,需要设置画面比例。画面比例分为横构图和竖构图两大类,其中横构图是最常见的画面比例,本章将详细讲解这两大类画面比例。

常用的摄影机特效主要是景深和运动模糊。本章将使用"目标摄影机"来制作这两种特效。

实例056 创建目标摄影机

场景位置	场景文件>CH04>01.max
实例位置	实例文件>CH04>创建目标摄影机.max
学习目标	学习创建目标摄影机的方法

目标摄影机是3ds Max 2016自带的摄影机,是使用频率较高的摄影机之一。其操作简单,参数不复杂,适合广大初学者在摄影机入门时使用。案例效果如图4-2所示。

图4-2

📎 场景创建

01 打开本书学习资源中的"场景文件>CH04>01.max"文件,这是一个室内场景,如图4-3所示。通过观察场景我们可以发现,场景中的模型只有一组餐桌、吊灯和墙壁上的挂画,且所有的模型都集中在一侧。因此我们可以将摄影机正面面向挂画。

02 进入顶视图,在"创建"面板中单击"摄影机"按钮🎥,然后选择"标准"选项,接着单击"目标"按钮 目标 ,如图4-4所示,再在视图中使用鼠标左键拖曳出摄影机的位置,如图4-5所示。

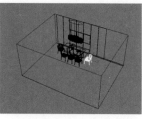

图4-3

图4-4

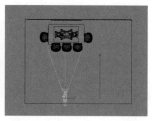

图4-5

Employment Direction
从业方向 ≫

家具造型师　　建筑设计表现师

工业设计师　　室内设计表现师

3DS MAX INSTANCE

技术专题
疑难问答
技巧与提示

03 为了方便调整摄影机，同时方便观察取景，将视图布局从"四视图"调整为图4-6所示的视图模式，即左侧为顶视图，右侧为摄影机视图。

> **技巧与提示** ✍
>
> 按C键可以切换到摄影机视图。

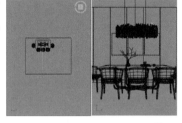

图4-6

04 将顶视图切换为左视图，全选摄影机及其目标点，然后沿着y轴向上移动到如图4-7所示的位置。

> **技巧与提示** ✍
>
> 选择摄影机及其目标点时，为了避免误选其他对象，将"选择过滤器"设置为"C-摄影机"选项即可。

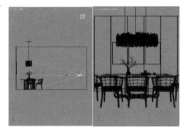

图4-7

05 按F10键打开"渲染设置"面板，然后在默认的"公用"选项卡下设置"输出大小"的"宽度"为800，"高度"为600，如图4-8所示。这样可以限定渲染输出画面的比例大小，方便后期微调摄影机。

图4-8

06 进入摄影机视图，然后按快捷键Shift＋F打开渲染安全框，这时可以直接在视图中观察到渲染画面的内容，如图4-9所示。

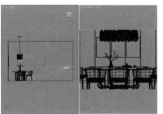

图4-9

07 通过观察上图，可以发现渲染安全框内的模型并没有显示完全。选中摄影机，然后切换到"修改"面板，设置"镜头"为45mm，如图4-10所示。

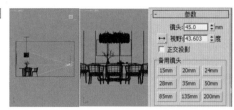

图4-10

08 通过观察摄影机视图可以发现，摄影机还需要再向后推移一小段距离，以确保模型都能在画面中显示。在左侧左视图中，选中摄影机，然后沿着x轴向左移动到获得如图4-11所示的效果。

> **技巧与提示** ✍
>
> 移动摄影机位置时，也可以在摄影机视图中使用"推拉摄影机"工具🔧和"环游摄影机"工具🔧快速调整。

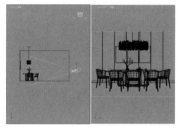

图4-11

09 在摄影机视图中按F3键以实体显示模型，发现画面一片白色，看不到模型，如图4-12所示。观察左侧的左视图，可以发现摄影机移动到了墙壁的外侧，因此摄影机视图中显示的是外侧的墙壁。

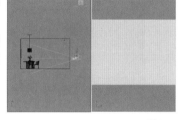

图4-12

10 选中摄影机，然后切换到"修改"面板中，接着勾选"手动剪切"选项，再设置"近距剪切"为3 000.52mm，"远距剪切"为10 000mm，如图4-13所示。

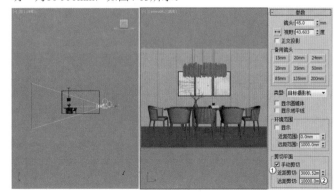

图4-13

11 此时观察左侧的左视图，摄影机前方出现了两条红线，分别是近距剪切和远距剪切的位置，而两条红线间的对象会显示在右侧摄影机视图中，场景的最终效果如图4-14所示。

图4-14

技术回顾

◎ 工具：**目标** 视频：027-目标摄影机

◎ 位置：摄影机>标准

◎ 用途：可以查看所放置的目标周围的区域，它比自由摄影机更容易定向，因为只需将目标对象定位在所需位置的中心即可。

01 使用"长方体"工具 **长方体** 在场景中创建一个长方体，如图4-15所示。

图4-15

02 进入顶视图，然后在"创建"面板中单击"摄影机"按钮，接着选择"标准"选项，再单击"目标"按钮 **目标** ，最后在视图中使用鼠标左键从右向左拖曳出摄影机，如图4-16所示。

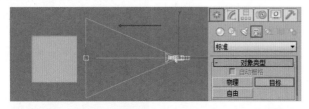

图4-16

> **技巧与提示**
>
> 除了在"创建"面板中创建目标摄影机外，还可以选择菜单栏中的"创建>摄影机>目标摄影机"选项，然后在视图中拖曳鼠标即可创建。
>
> 在3ds Max 2016以前的版本中，在透视图中按快捷键Ctrl＋C也可以直接创建目标摄影机。在3ds Max 2016中，按快捷键Ctrl＋C则是直接创建物理摄影机。

03 通过观察可以发现目标摄影机包括两部分，分别是左侧的目标点和右侧的摄影机，如图4-17所示。

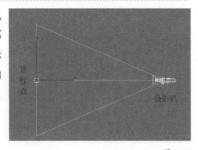

图4-17

04 进入前视图，然后框选摄影机和目标点，将其移动到如图4-18所示的位置，接着按快捷键C切换到摄影机视图，再按快捷键Shift＋F打开渲染安全框，如图4-19所示。

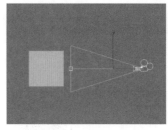 

图4-18　　　　　　　　　　图4-19

05 选中摄影机，然后切换到"修改"面板，接着展开"参数"卷展栏，可以观察到默认的摄影机"镜头"为43.456mm，"视野"为45°，如图4-20所示。

图4-20

> **技巧与提示**
>
> 镜头：以mm为单位来设置摄影机的焦距。
>
> 视野：设置摄影机查看区域的宽度，有"水平" ↔ 、"垂直" ↕ 和"对角线" ⤢ 3种方式。

06 设置"镜头"为30mm，可以观察到摄影机的"视野"被自动设置为61.928°，在顶视图中摄影机的范围扩大了，在摄影机视图中长方体变小了，如图4-21和图4-22所示。

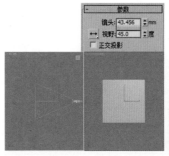 

图4-21　　　　　　　　　　图4-22

07 展开"参数"卷展栏，"备用镜头"选项组中是系统预置的摄影机焦距镜头，包含15mm、20mm、24mm、28mm、35mm、50mm、85mm、135mm和200mm，如图4-23所示，单击任何一个按钮，摄影机会自动切换为相应的焦距。

图4-23

> **技巧与提示**
>
> 商业室内效果图常用到24mm、28mm和35mm镜头，带广角的镜头可以使房间看起来更宽阔。

08 勾选"手动剪切"选项，可以观察到顶视图中的摄影机前方出现了红色的线框，如图4-24所示，将"近距剪切"设置为120mm，可以观察到摄影机只能查看一部分长方体，如图4-25所示。

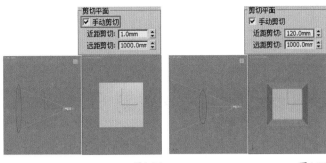

图4-24　　　　　　　　　　　　　图4-25

只有处于"近距剪切"与"远距剪切"之间的对象才可以被渲染。此功能常用于因房间狭小和角度限制，墙体等物体挡住摄影机的室内效果图中。

技术专题 ⚙ 渲染安全框

渲染安全框可以通俗地理解为相框，只要在安全框内显示的对象都可以被渲染。渲染安全框可以直观地体现渲染输出的尺寸比例。

当在场景中创建了摄影机之后，在摄影机视图中按快捷键Shift＋F就可以显示渲染安全框，此时安全框内的对象即为摄影机所看到的对象，这样便能直观地对场景摄影机进行调整。

安全框的打开方法有以下2种。

第1种：用鼠标右键单击视图左上角的名称，弹出快捷菜单，选择"显示安全框"选项，如图4-26所示。

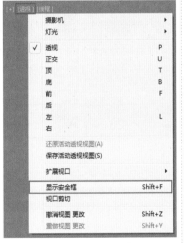

图4-26

第2种：按快捷键Shift＋F可以直接打开。

用鼠标右键单击视图左上角视口类型名称，然后在弹出的快捷菜单里选择"配置"选项，接着在弹出的对话框中选择"安全框"选项卡，可以对安全框进行设置，如图4-27和图4-28所示。

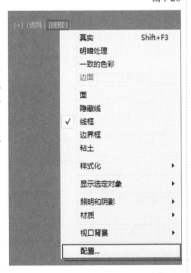

图4-27

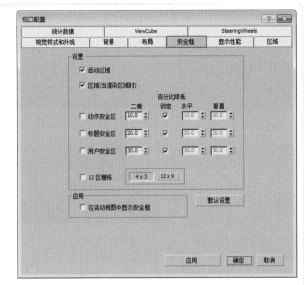

图4-28

勾选"动作安全区""标题安全区""用户安全区"3个选项后，单击"确定"按钮，会观察到视口中的安全框变成了4条线，如图4-29和图4-30所示。

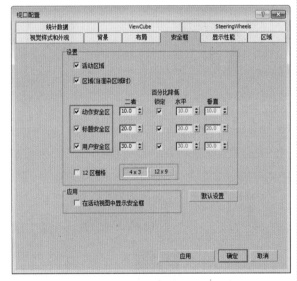

图4-29

图4-30

通常在制作效果图时会勾选"动作安全区"和"标题安全区"这两个选项，用户可根据实际情况与自身习惯选择需要打开的选项。

实例057 校正目标摄影机

场景位置	场景文件>CH04>02.max
实例位置	实例文件>CH04>校正目标摄影机.max
学习目标	学习校正目标摄影机的方法

在一些狭小的空间中，为了更多地展示场景中的模型，往往需要使用广角镜头来实现。但广角镜头会使得物体因透视而产生畸变，这时候就需要使用校正工具，案例效果如图4-31所示。

图4-31

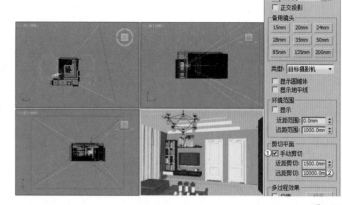

图4-35

01▸ 打开本书学习资源中的"场景文件>CH04>02.max"文件，这是一个空间不大的客厅场景，如图4-32所示。

02▸ 客厅的四面都有模型，在本例中笔者选取了面向电视墙的角度。使用"目标摄影机"工具，在顶视图中创建一个目标摄影机，然后调整到合适的位置，如图4-33所示。

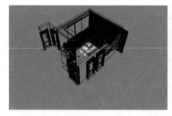

图4-32

图4-33

03▸ 为了使客厅看起来更宽阔，选中摄影机，然后在"参数"卷展栏中设置"镜头"为24mm，如图4-34所示。

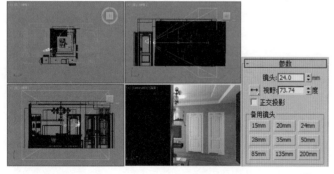

图4-34

04▸ 此时在摄影机视图中，摄影机镜头被墙壁遮挡住了，只能看到部分场景，需要打开"手动剪切"工具。在"参数"卷展栏中勾选"手动剪切"选项，然后设置"近距剪切"为1500mm、"远距剪切"为10 000mm，如图4-35所示。

05▸ 通过观察可以发现，在摄影机视图中，因为透视而造成墙角是倾斜的，这就是透视畸变。在顶视图中选中摄影机，然后单击鼠标右键，接着在弹出的菜单中选择"应用摄影机校正修改器"选项，如图4-36所示。

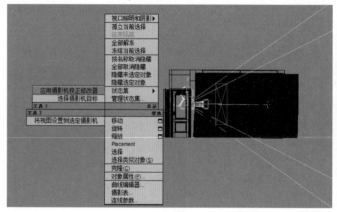

图4-36

▸ 技巧与提示 ✓

除了在右键菜单中选择"应用摄影机校正修改器"以外，还可以在菜单栏中选择"修改器>摄影机>摄影机校正"选项。

06▸ 切换到"修改"面板，"2点透视校正"卷展栏中的"数量"被自动设置为0.01，如图4-37所示，切换到摄影机视图可以观察到畸变已经消失了，客厅最终效果如图4-38所示。

图4-37

图4-38

▸ 疑难问答 🤔 ?

问：为什么校正摄影机后"数量"的数值与案例中的不一致？

答：校正摄影机的数值是根据摄影机的角度自动生成的。每次创建摄影机的位置和角度都不可能与案例完全一致，因此这个数值也不会与案例一致。无论数值为多少，都是对当前创建的摄影机的校正。

实例058 创建物理摄影机

场景位置	场景文件>CH04>03.max
实例位置	实例文件>CH04>创建物理摄影机.max
学习目标	学习创建物理摄影机的方法

物理摄影机是3ds Max 2016新加入的一个摄影机工具,它取代了VR-物理摄影机,其功能与用法基本与VR-物理摄影机一致。案例效果如图4-39所示。

图4-39

🕹 场景创建

01 打开本书学习资源中的"场景文件>CH04>03.max"文件,这是一个餐厅场景,如图4-40所示。

02 通过对场景的观察发现,场景中的主要模型都位于一侧,因此摄影机需要从桌子朝向柜子和窗帘一侧,方向如图4-41所示。

03 进入顶视图,然后在"创建"面板中单击"摄影机"按钮 ,接着选择"标准"选项,再单击"物理"按钮 物理 ,最后在视图中使用鼠标左键从下向上拖曳出摄影机,如图4-42所示。

图4-40   图4-41   图4-42

04 调整摄影机,同时为了方便观察取景,将视图布局从"四视图"调整为图4-43所示的视图模式。

05 将顶视图切换为左视图,全选摄影机及其目标点,然后沿着y轴向上移动到如图4-44所示的位置。

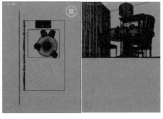

图4-43   图4-44

06 选中摄影机,然后切换到"修改"面板,接着在"物理摄影机"卷展栏中设置"焦距"为50毫米,如图4-45所示。

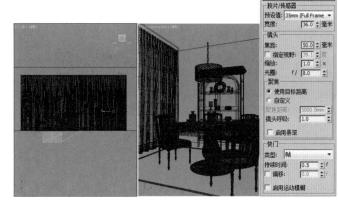

图4-45

07 选中摄影机,然后将其向上移动至获得如图4-46所示的效果。

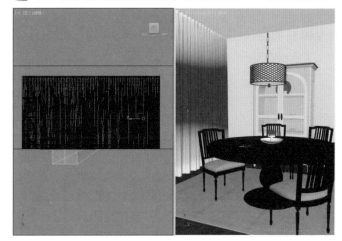

图4-46

08 观察摄影机视图,可以发现由于使用广角镜头,画面产生了透视畸变,因此需要校正摄影机。选中摄影机,然后切换到"修改"面板,在"透视控制"卷展栏中勾选"自动垂直倾斜校正"选项,画面畸变就消失了,如图4-47所示。

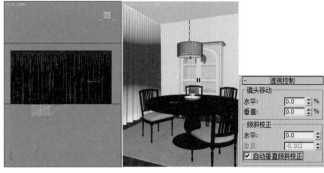

图4-47

09 按F10键打开"渲染设置"面板,然后设置"宽度"为1 280,"高度"为1 600,如图4-48所示,接着按快捷键Shift+F打开渲染安全框,最后微调摄影机的位置,案例的最终效果如图4-49所示。

图4-48 　　　　　　　　　　　图4-49

技术回顾

◎ 工具：物理　视频：028-物理摄影机

◎ 位置：摄影机>标准

◎ 用途：物理摄影机是3ds Max 2016"标准"摄影机中新加入的摄影机。其特点与VR-物理摄影机类似。

01 使用"长方体"工具长方体在场景中创建一个长方体，如图4-50所示。

02 进入顶视图，然后在"创建"面板中单击"摄影机"按钮 ，接着选择"标准"选项，再单击"物理"按钮 物理 ，最后在视图中使用鼠标左键从右向左拖曳出摄影机，如图4-51所示。

图4-51

03 与目标摄影机一样，物理摄影机也包含摄影机和目标点两部分，如图4-52所示。

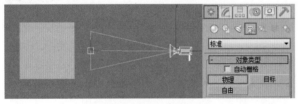

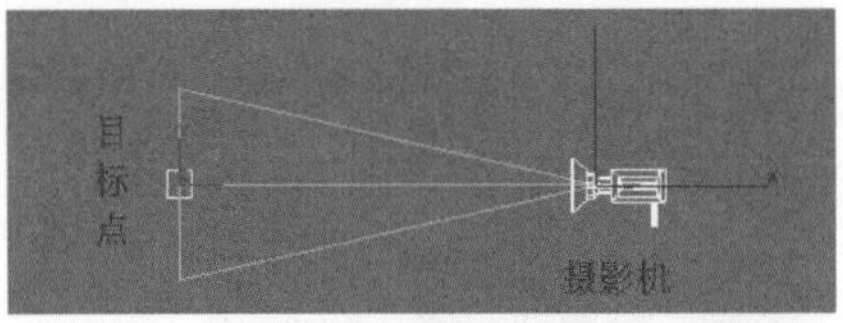

图4-52

04 进入前视图，然后框选摄影机和目标点，将其移动到如图4-53所示的位置，接着按快捷键C切换到摄影机视图，再按快捷键Shift＋F打开渲染安全框，如图4-54所示。

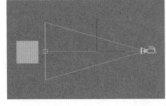 

图4-53　　　　　　　　　　　图4-54

05 选中摄影机，然后切换到"修改"面板，接着展开"物理摄影机"卷展栏，可以观察到默认的摄影机"焦距"为40毫米，如图4-55所示。

图4-55

> **技巧与提示**
>
> 物理摄影机的"焦距"与目标摄影机的"焦距"用法相同，这里就不详细讲解了。

06 切换到摄影机摄图，然后在"物理摄影机"卷展栏中设置"缩放"为1.5×，可以观察到长方体在镜头中被放大了，如图4-56和图4-57所示。

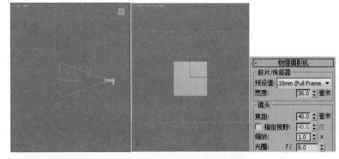

图4-56

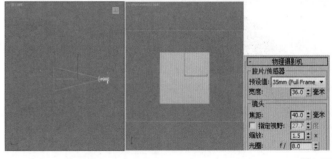

图4-57

> **技术专题　物理摄影机的光圈与快门**
>
> 以下详细讲解物理摄影机的光圈和快门，这两者相互配合，控制渲染图像的亮度。
>
> 光圈：设置摄影机的光圈大小，主要用来控制渲染图像的最终亮度。值越小，图像越亮；值越大，图像越暗。光圈还可以控制景深的大小，值越小，景深越浅，背景部分越模糊；值越大，景深越深，背景部分越清晰。
>
> 快门：控制进光时间，值越大，进光时间越长，图像就越亮；值越小，进光时间就越短，图像就越暗。

实例059 横构图

场景位置	场景文件>CH04>04.max
实例位置	实例文件>CH04>横构图.max
学习目标	练习设置画面比例，以及熟悉横构图的画面比例

横构图是效果图中最常用的画面比例，包括4：3、16：9和16：10等。横向的构图与人的本能视野有关，宽阔的地平线依

次展开事物并横向排列，各种水平的横向联系能舒心自如地向两边产生辐射的趋势，特别能满足人"左顾右盼"的双眼对开阔视野的需求。横构图还有利于表现物体的运动趋势，包括使静止的景物产生流动的节奏美。本案例效果如图4-58所示。

图4-58

01 打开本书学习资源中的"场景文件>CH04>04.max"文件，这是一个酒店房间场景，如图4-59所示。

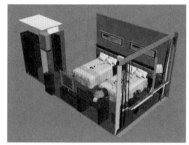

图4-59

02 场景中已经创建好了摄影机，按快捷键C切换到摄影机视图，接着按F10键打开"渲染设置"面板，设置"宽度"为800，"高度"为600，这是4：3的画面比例，也是3ds Max默认的画面比例，再按快捷键Shift＋F打开渲染安全框，如图4-60所示。

图4-60

03 按F10键打开"渲染设置"面板，然后在"输出大小"选项组中设置"宽度"为1 280，"高度"为720，摄影机视图效果如图4-61所示。这是16：9的画面比例，也是最常用的画面比例之一。相对于4：3的画面比例，16：9的画面比例要更宽一些，但纵向高度会减小。

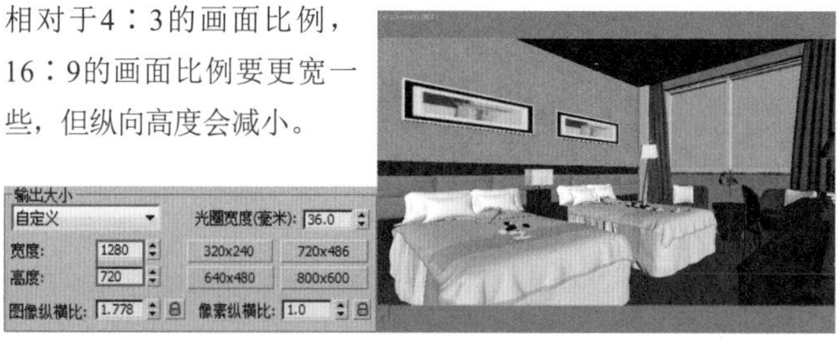

图4-61

04 在"输出大小"选项组中设置"宽度"为1 280，"高度"设置为800，摄影机视图效果如图4-62所示。这是16：10的画面比例。16：10的画面比例要比16：9的画面比例纵向更高。

图4-62

技巧与提示

在商业效果图或动画制作中，常用到一些输出尺寸。

1 280×720：是16：9的画面比例，也是高清图片的输出尺寸，可以在电视等设备中播放。

1 920×1 080：是16：9的画面比例，也是超高清图片的输出尺寸，可以在电视、投影仪等设备中播放。

05 通过调整画面比例，可以观察到16：9和16：10的画面会使场景纵向高度变小，整个画面有一种压迫感和横向拉伸感，因此卧室场景的画面比例设置为4：3最合适，如图4-63所示。

图4-63

技巧与提示

在没有硬性规定画面比例的情况下，横构图的画面比例并不局限于这3种。根据实际场景和表现要求，可以设置为任意数值，也可以在后期处理中进行裁剪。画面的效果才是决定画面比例的最主要因素。

实例060 竖构图

场景位置	场景文件>CH04>05.max
实例位置	实例文件>CH04>竖构图.max
学习目标	了解竖构图用途

竖构图也叫纵向构图，适合表现高度较大或者纵深较大的空间，如别墅中庭、会议室、走廊等。竖构图除了能展示竖直高大的事物特征以外，还能体现人们向上运动的向往，与人类向上开拓的能力和意志有关。在竖构图的画面中，一方面可以表现树木、建筑、高塔等高大竖直的物体，另一方面，在直幅画面的上下方安排一些呈对角线分布的物体，会给人的视觉和心理带来高亢、飞升的感受，并通过仰看产生一种崇高的情感。本例效果如图4-64所示。

图4-64

01 打开本书学习资源中的"场景文件>CH04>05.max"文件，这是一个走廊场景，如图4-65所示。通过观察可以发现，走廊纵深较大，需要用竖构图来表现场景。

02 场景中已经创建好了摄影机，按快捷键C，进入摄影机视图，然后按快捷键Shift＋F打开渲染安全框，场景的画面比例是默认的4：3，如图4-66所示。

图4-65　　　　　　　　　　　　　图4-66

03 通过观察可以发现，走廊两侧的模型占画面比例过大，走廊的纵深感表现不够。按F10键打开"渲染设置"面板，然后在"输出大小"选项组中设置"宽度"为800，"高度"为1000，如图4-67所示。

图4-67

04 竖构图画面比例没有明确的尺寸比例规定，只需要按照画面表现的重点调整，走廊最终效果如图4-68所示。

图4-68

技术专题 ⊕ 画面构图的要点

黄金分割：可以说是所有构图的基础，需要做的是在画面中画两条竖线，将画面纵向分割成宽度相等的三部分，另两条横线将画面横向分成高度相等的三部分，四条线为黄金分割线，四个交点就是黄金分割点。将视觉中心或主体放在黄金分割线上或附近，特别是黄金分割点上，你会得到很好的构图效果，如图4-69~图4-71所示。

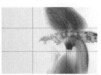

图4-69　　　　　　图4-70　　　　　　图4-71

三角形构图：将画面中所表达的主体放在三角形中或使影像本身形成三角形的态势，此构图是视觉感应方式。如果是自然形成的线形结构，可以把主体安排在三角形斜边中心位置上，以图有所突破。三

角形构图会产生稳定感，倒置则不稳定，会突出紧张感，如图4-72和图4-73所示。

图4-72　　　　　　　　　　　　图4-73

S形构图：物体以"S"状从前景向中景和后景延伸，画面构成纵深方向的空间关系的视觉感，一般以河流、道路、铁轨等物体最为常见。这种构图特点是画面比较生动，富有空间感，如图4-74和图4-75所示。

水平线（地平线）：不要放在画面的1/2处，可以稍高，也可以稍低，如图4-76所示。

图4-74　　　　　　图4-75　　　　　　图4-76

区分主次：一个画面总要有一个是主体，不应并列。

实例061　使用目标摄影机制作景深

场景位置　　场景文件>CH04>06.max
实例位置　　实例文件>CH04>使用目标摄影机制作景深.max
学习目标　　掌握目标摄影机的景深制作方法

景深效果可以表现场景的层次感，案例效果如图4-77所示。

图4-77

01 打开本书学习资源中的"场景文件>CH04>06.max"文件，这是一组摆件，如图4-78所示。

图4-78

02 画面着重表现桌面上的摆件，因此在顶视图中，摄影机的方向如图4-79所示，然后使用"目标摄影机"工具在顶视图中拖曳出摄影机的位置，如图4-80所示。

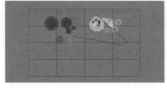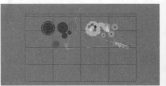

图4-79　　　　　　　　　　　　图4-80

03 在各个视图中调整摄影机的位置，如图4-81所示，然后选中摄影机，接着在"参数"卷展栏中设置"镜头"为40mm，如图4-82所示。

图4-81　　　　　　　　　　　图4-82

04 按F9键渲染当前场景效果，如图4-83所示。

05 下面给摄影机添加景深特效。按F10键打开"渲染设置"面板，然后切换到"V-Ray"选项卡，接着展开"摄影机"卷展栏，勾选"景深"选项和"从摄影机获得焦点距离"选项，如图4-84所示。

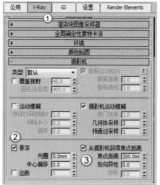

图4-83　　　　　　　　　　　图4-84

技巧与提示 ✅

"从摄影机获得焦点距离"选项用来关联摄影机的目标点位置，勾选该选项后设置的"焦点距离"数值无法控制景深效果。

---

06 按F9键渲染场景，可以观察到画面已经出现了景深效果，但景深效果还很弱，需要加强，如图4-85所示。

图4-85

07 在"渲染设置"面板的"摄影机"卷展栏中设置"光圈"数值为20mm，如图4-86所示，然后按F9键渲染场景，可以明显地观察到距离镜头近的摆件由于景深的原因，已经出现了模糊效果，而离目标点近的摆件依旧清晰，最终效果如图4-87所示。

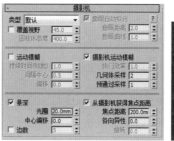

图4-86　　　　　　　　　　　图4-87

实例062 使用物理摄影机制作景深

场景位置	场景文件>CH04>07.max
实例位置	实例文件>CH04>使用物理摄影机制作景深.max
学习目标	掌握物理摄影机的景深制作方法

物理摄影机在制作景深方面与目标摄影机在理论上大致相同，操作上更加复杂一些。案例效果如图4-88所示。

图4-88

01 打开本书学习资源中的"场景文件>CH04>07.max"文件，场景如图4-89所示。

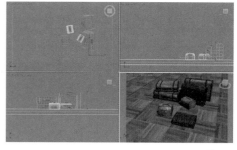

图4-89

02 设置摄影机类型为"标准"，然后在顶视图中创建一台物理摄影机，接着调整好目标点的方向，将目标点放在远端的黄色线框皮箱处，如图4-90所示。

图4-90

03 选择物理摄影机，在"物理摄影机"卷展栏下设置"焦距"为45毫米，然后设置"光圈"为f/8，"持续时间"为1.0f，接着在"曝光"卷展栏下设置ISO为400，"白平衡"为"自定义"，如图4-91所示。

图4-91

04 切换到摄影机视图，然后按F9键渲染摄影机视图，效果如图4-92所示。

图4-92

05 下面制作景深效果。选择物理摄影机，在"物理摄影机"卷展栏下勾选"使用目标距离"选项（表示使用目标距离作为焦距），然后勾选"启用景深"选项，如图4-93所示。此时观察场景中的摄影机，会发现在焦点位置出现了两个平面，如图4-94所示。在两个平面之间的部分清晰，超出这个范围的物体则会出现模糊。

图4-93

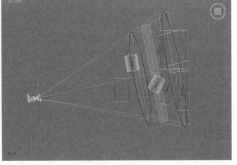

图4-94

06 按F10键打开"渲染设置"对话框，单击"V-Ray"选项卡，然后在"摄影机"卷展栏下勾选"景深"选项，接着勾选"从摄影机获得焦点距离"选项，如图4-95所示。

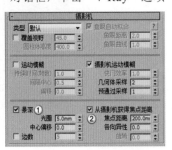

图4-95

07 切换到摄影机视图，按F9键渲染当前场景，效果如图4-96所示。可以观察到超过焦点范围的箱子模型模糊效果不强，需要加强景深效果。

图4-96

08 与目标摄影机不同，物理摄影机在控制景深强度时，是设置"光圈"数值的大小，与VR-物理摄影机一致。在"修改"面板中设置"光圈"为f/2，ISO为20，如图4-97所示。此时摄影机的景深范围明显缩小了，如图4-98所示。

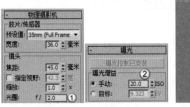 

图4-97　　　　　　　　　　　图4-98

技巧与提示 ✍

减小"光圈"的数值会使画面变亮，因此需要减小ISO值或减小"持续时间"的数值。

---

09 按F9键渲染当前场景，最终效果如图4-99所示。可以观察到近处的箱子明显有模糊效果。

图4-99

技术专题 ⚙ **物理摄影机曝光控制**

物理摄影机在曝光控制上除了要设置摄影机本身的参数外，还需要在"环境和效果"面板中进行设置。

按8键打开"环境和效果"面板，然后在"曝光控制"卷展栏下选择"物理摄影机曝光控制"选项，接着在"物理摄影机曝光控制"卷展栏下选择"使用透视摄影机曝光"选项，如图4-100所示。

图4-100

本例在摄影机参数中使用ISO控制曝光，如图4-101所示。如果使用EV控制曝光，需要使EV的数值与"环境和效果"面板中的"针对非物理摄影机的曝光"数值一致，如图4-102所示。因为在默认情况下，物理摄影机在创建时会覆盖场景中的其他曝光设置，即保持默认的曝光值6EV，所以这里需要将曝光值设置为与物理摄影机一致，否则会出现曝光错误的现象。

图4-101　　　　　　　　　　　图4-102

实例063 用目标摄影机制作运动模糊

场景位置	场景文件>CH04>08.max
实例位置	实例文件>CH04>用目标摄影机制作运动模糊.max
学习目标	掌握目标摄影机的运动模糊制作方法

当渲染运动的物体时，开启运动模糊，能渲染出模糊的效果，如图4-103所示。

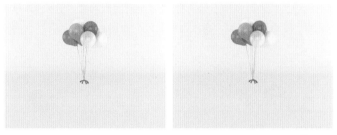

图4-103

01 打开本书学习资源中的"场景文件>CH04>08.max"文件，场景中是一组气球模型，如图4-104所示。

02 使用"目标摄影机"工具 **目标** 在顶视图中创建摄影机，然后在"参数"卷展栏中设置"镜头"为45mm，如图4-105所示。

 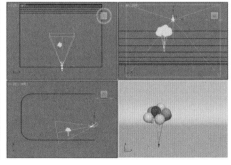 

图4-104　　　　　　　　　　　　　　　　　　　　　　　　图4-105

03 选中气球模型，然后单击"自动关键点"按钮，接着拖动时间滑块到第25帧、第50帧、第75帧和第100帧，用"选择并旋转"和"选择并移动"工具移动气球的位置并旋转，如图4-106所示，最后再次单击"自动关键点"按钮。

图4-106

04 然后在第25帧渲染没有开启"运动模糊"的效果，如图4-107所示。

05 按F10键打开"渲染设置"面板，然后切换到"V-Ray"选项卡，接着展开"摄影机"卷展栏，勾选"运动模糊"选项，如图4-108所示。

图4-107　　　　　　　　　　　　　图4-108

06 将时间滑块移动到第25帧，然后切换到摄影机视图，接着按F9键渲染当前场景，效果如图4-109所示。可以观察到模糊的效果非常弱，这是因为气球移动的速度很慢。移动到第75帧，再次渲染，效果如图4-110所示。这次的模糊效果要强很多。运动模糊的效果与物体移动的速度有关。

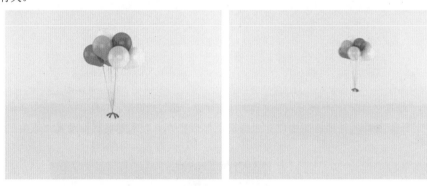

图4-109　　　　　　　　　　　　　图4-110

》行业问答

Q 景深效果不明显该怎么调整

如果是"目标"摄影机，在"渲染设置"面板的"摄影机"卷展栏中增大"光圈"的数值，可以增大摄影机景深。

如果是"物理"摄影机，减小摄影机"光圈"的数值，或是缩小焦内范围。

Q 按快捷键Shift+Q快速渲染，视角为什么不是摄影机

在"渲染设置"面板中选择摄影机视口为渲染目标。

Q 怎样让物体在摄影机中渲染不出来

演示视频009：怎样让物体在摄影机中渲染不出来

要让物体在摄影机中渲染不出来，步骤很简单。

第1步：选中物体，然后单击鼠标右键，接着选择"对象属性"选项，如图4-111所示。

第2步：在弹出的"对象属性"对话框中，取消勾选"对摄影机可见"选项，如图4-112所示。

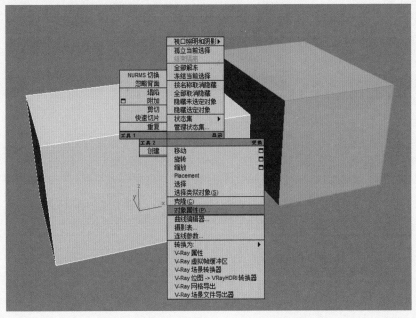

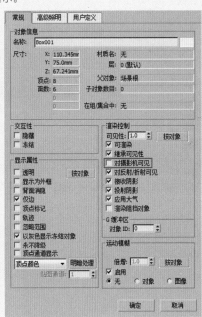

图4-111   图4-112

第5章 材质与贴图技术

技术专题

疑难问答

技巧与提示

305 MAX INSTANCE

本章的内容比较重要，读者除了需要完全掌握"材质编辑器"对话框的使用方法以外，还需要掌握常用材质与贴图的使用方法，比如"标准"材质、"混合"材质、VRayMtl材质、"不透明度"贴图、"位图"贴图和"衰减"贴图等。

材质主要用于表现物体的颜色、质地、纹理、透明度和光泽等特性，依靠各种类型的材质可以制作出现实世界中的任何物体，如图5-1所示。

图5-1

安装好V-Ray渲染器后，材质类型大致可分为27种。单击"Standard"（标准）按钮 Standard ，然后在弹出的"材质/贴图浏览器"对话框中可以观察到这27种材质类型，如图5-2所示。

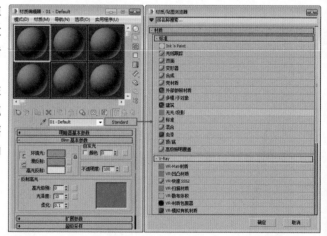

图5-2

技术专题 ⓐ 制作材质的步骤

第1步：指定材质的名称。

第2步：选择材质的类型。

第3步：对于标准或光线跟踪材质，应选择着色类型。

第4步：设置漫反射颜色、光泽度和不透明度等各种参数。

第5步：将贴图指定给要设置贴图的材质通道，并调整参数。

第6步：将材质应用于对象。

第7步：如有必要，应调整UV贴图坐标，以便正确定位对象的贴图。

第8步：保存材质。

Employment Direction
从业方向 ≫

家具造型师　　建筑设计表现师

工业设计师　　室内设计表现师

实例064 打开材质编辑器

场景位置	无
实例位置	无
学习目标	学习打开材质编辑器的两种方法

01 打开3ds Max 2016的界面后，在菜单栏中执行"渲染>材质编辑器>精简材质编辑器"命令，如图5-3所示，系统会自动弹出精简材质编辑器的面板，如图5-4所示。

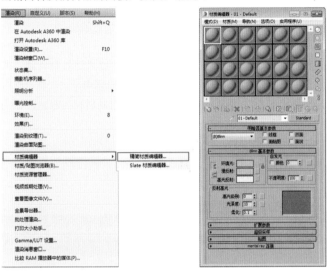

图5-3　　　　　　　　　图5-4

02 在菜单栏中执行"渲染>材质编辑器>Slate材质编辑器"命令，如图5-5所示，然后系统会自动弹出Slate材质编辑器的面板，如图5-6所示。

03 按M键，或单击主工具栏中的"材质编辑器"按钮，系统会自动弹出"材质编辑器"面板，这也是最常用的打开材质编辑器的方法。

图5-5

图5-6

疑难问答

问：第1次打开材质编辑器，出现的是Slate材质编辑器的面板，怎样切换为精简材质编辑器？

答：在材质编辑器的菜单栏中执行"模式>精简材质编辑器"命令，就可以切换为精简材质编辑器，如图5-7所示。也可以重建一个新的场景。

图5-7

在本书对材质的讲解中，用到的都是精简材质编辑器。虽然Slate材质编辑器在功能上更强大，但对于初学者来说更适合使用精简材质编辑器。

实例065 重置材质编辑器

场景位置　场景文件>CH05>01.max
实例位置　实例文件>CH05>重置材质编辑器.max
学习目标　掌握重置材质编辑器的方法

01 打开本书学习资源中的"场景文件> CH05>01.max"文件，这是一个酒店客房场景，如图5-8所示。

02 按M键，打开材质编辑器，如图5-9所示。可以观察到已经没有空白的材质球了。

图5-8　　　　　　　　　　图5-9

03 此时如果需要用新的材质球，就需要重置材质球面板。在菜单栏中执行"实用程序>重置材质编辑器窗口"命令，如图5-10所示，然后材质球窗口就会全部还原为默认材质球，如图5-11所示。

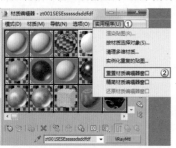 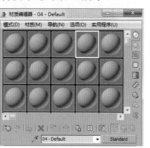

图5-10　　　　　　　　　图5-11

> **技巧与提示** ✍
>
> 　　在默认情况下，材质球示例窗中一共有12个材质球，可以拖曳滚动条显示出不在窗口中的材质球，同时也可以使用鼠标中键来旋转材质球，这样可以观看到材质球其他位置的效果，如图5-12所示。
>
> 　　使用鼠标左键可以将一个材质球拖曳到另一个材质球上，这样当前材质就会覆盖掉原有的材质，如图5-13所示。

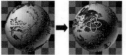 

图5-12　　　　　　　　　图5-13

　　使用鼠标左键可以将材质球中的材质拖曳到场景中的物体上（即将材质指定给对象），如图5-14所示。将材质指定给物体后，材质球上会显示4个缺角的符号，如图5-15所示。

图5-14　　　　　　　　　图5-15

实例066 赋予模型材质

场景位置　场景文件>CH05>02.max
实例位置　实例文件>CH05>赋予模型材质.max
学习目标　掌握赋予模型材质的方法

　　调整好的材质必须赋予所对应的模型，才能表现出模型的颜色、质地等细节。

01 打开本书学习资源中的"场景文件>CH05>02.max"文件，这是一组墙面装饰画，如图5-16所示。

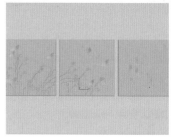

图5-16

02 按M键打开材质编辑器，然后选中"绿烤漆"材质球，接着选中如图5-17所示的模型，再在材质编辑器中单击"将材质指定给选定对象"按钮，选中的模型部分自动转换为绿色，如图5-18所示。

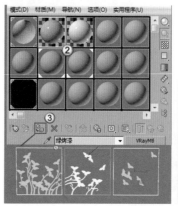 

图5-17　　　　　　　　　图5-18

03 按照上一步的操作，为剩下的模型赋予"白烤漆"材质，如图5-19所示。渲染后的最终效果如图5-20所示。

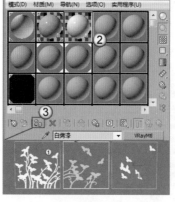 

图5-19　　　　　　　　　图5-20

> **技巧与提示** ✍
>
> 　　赋予材质的时候，除了使用上述方法以外，还可以用鼠标左键拖曳材质球，然后移动到需要赋予材质的模型上，接着松开鼠标左键即可。

实例067 从场景中拾取材质

场景位置　　场景文件>CH05>03.max
实例位置　　实例文件>CH05>从场景中拾取材质.max
学习目标　　掌握从场景中拾取材质的方法

在日常效果图制作中，经常会导入外部模型。很多外部模型都自带材质，如果需要修改自带的材质，就需要在材质编辑器中拾取自带材质。

01 打开本书学习资源中的"场景文件>CH05>03.max"文件，这是木偶小熊模型，模型已经自带了材质，如图5-21所示。

02 按M键打开材质编辑器，然后选中一个空白材质球，接着单击"从对象拾取材质"按钮 ，如图5-22所示，光标这时变成了吸管形状，再在小熊模型上单击一下，空白材质球就变成了小熊的材质球，如图5-23所示。

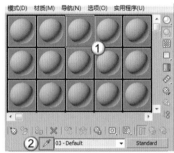

图5-21　　　　　　　　　　　　图5-22

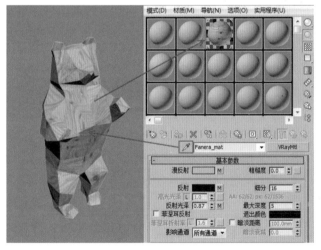

图5-23

技术专题 材质编辑器工具栏常用工具

材质编辑器工具栏如图5-24所示，下面讲解常用工具。

"获取材质"按钮 ：为选定的材质打开"材质/贴图浏览器"对话框。与菜单栏中"材质>获取材质"选项的作用一致。

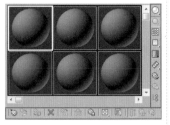

图5-24

"材质ID通道"按钮 ：为应用后期制作效果设置唯一的ID通道。

"在视口中显示明暗处理材质"按钮 ：在视口对象上显示2D材质贴图。单击此按钮后，带贴图的材质就能在赋予的对象上显示，为进一步调整贴图坐标提供帮助。

"转到父对象"按钮 ：将当前材质上移一级。当为基本材质添加子层级贴图或增加父级别材质时使用。

"采样类型"按钮 ：控制示例窗显示的对象类型，默认为球体类型，还有圆柱体和立方体类型。

"背景"按钮 ：在材质后面显示方格背景图像，这在观察透明材质时非常有用，如图5-25所示。

图5-25

实例068 标准材质

场景位置　　场景文件>CH05>04.max
实例位置　　实例文件>CH05>标准材质.max
学习目标　　掌握标准材质的参数及意义

"标准"材质是3ds Max默认的材质，也是使用频率最高的材质之一，它几乎可以模拟真实世界中的任何材质。

◇ 材质创建

01 打开本书学习资源中的"场景文件>CH05>04.max"文件，这是一个挂件模型，如图5-26所示。

图5-26

02 按M键打开材质编辑器，然后选择一个空白材质球，材质球默认为Standard（标准）材质，具体参数设置如图5-27所示。

设置步骤：

① 设置"环境光"和"漫反射"颜色为蓝色（红:58，绿:47，蓝:39）；

② 设置"高光级别"为50，"光泽度"为30。

技巧与提示

"环境光"与"漫反射"的颜色设置被关联锁定，只要调整其中一个参数，另一个参数会相应改变。

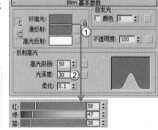

图5-27

03 将制作好的材质指定给场景中的模型，然后按F9键渲染当前场景，最终效果如图5-28所示。

图5-28

技术回顾

◎ 工具：`Standard` 视频：029-标准材质
◎ 位置：材质编辑器>材质>标准
◎ 用途：是使用频率最高的材质之一，可以模拟任何材质。

01 打开本书学习资源中的"场景文件>演示模型>01.max"文件，这是一组异形模型，如图5-29所示。

02 按M键打开材质编辑器，然后选中一个空白材质球并赋予模型，按F9键渲染，效果如图5-30所示。

 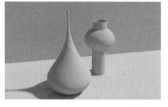

图5-29　　　　　　　　　　图5-30

> **技巧与提示** ✐
>
> 材质编辑器里的空白材质球都是标准材质球。

03 选中材质球，然后展开"Blinn基本参数"卷展栏，设置"漫反射"颜色为白色（红:255，绿:255，蓝:255），按F9键渲染，效果如图5-31所示，然后设置"漫反射"颜色为蓝色（红:131，绿:175，蓝:255），按F9键渲染，效果如图5-32所示。可以观察到"漫反射"控制对象的基本颜色。

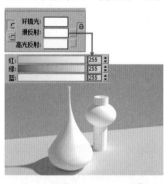 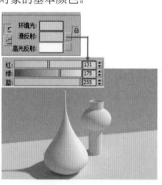

图5-31　　　　　　　　　　图5-32

04 设置"高光级别"为60，然后按F9键渲染，效果如图5-33所示，接着设置"高光级别"为90，按F9键渲染，效果如图5-34所示。可以观察到"高光级别"的数值越大，模型的反射越强。

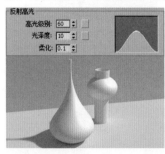 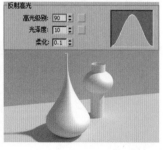

图5-33　　　　　　　　　　图5-34

05 设置"光泽度"为30，然后按F9键渲染，效果如图5-35所示，接着设置"光泽度"为60，按F9键渲染，效果如图5-36所示。可以观察到"光泽度"数值越大，模型越光滑，材质越细腻。

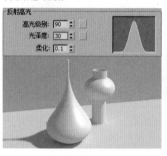 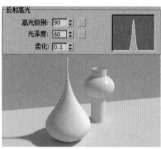

图5-35　　　　　　　　　　图5-36

06 勾选"颜色"选项，然后设置颜色为灰色（红:50，绿:50，蓝:50），接着按F9键渲染，效果如图5-37所示。可以观察到模型材质有自发光效果，对周围的地面产生了影响。

07 取消勾选"颜色"选项，然后将"颜色"后的数值设置为100，按F9渲染，效果如图5-38所示。可以观察到，模型材质有自发光效果，与上一步不同的是，自发光为材质漫反射的颜色。

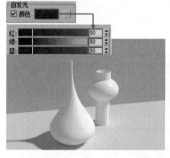 

图5-37　　　　　　　　　　图5-38

08 设置"不透明度"为50，然后按F9键渲染，效果如图5-39所示。接着将"不透明度"设置为30，渲染效果如图5-40所示。可以观察到，模型材质出现了半透明效果，"不透明度"的数值越小，透明度越大。

 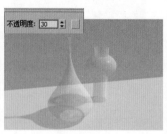

图5-39　　　　　　　　　　图5-40

实例069 多维/子对象材质

场景位置	场景文件>CH05>05.max
实例位置	实例文件>CH05>多维/子对象材质.max
学习目标	掌握多维/子对象材质的参数及意义

多维/子对象材质可以将多种材质合并为一种材质并赋予单独的模型，使模型的不同区域呈现不同的材质效果。

◈ 材质创建

01 打开本书学习资源中的"场景文件>CH05>05.max"文件，这是一个欧式花瓶模型，如图5-41所示。

图5-41

02 观察花瓶，可以发现它分为瓶身和装饰花纹两部分，首先制作瓶身的材质。按M键打开材质编辑器，然后选择一个空白材质球，接着将材质球转换为"多维/子对象"材质球，参数面板如图5-42所示。

03 模型是由两种材质组成的，因此只需要两个材质ID即可。单击"设置数量"按钮，然后在弹出的"设置材质数量"对话框中设置"材质数量"为2，接着单击"确定"按钮，如图5-43所示。此时材质球面板如图5-44所示。

04 进入ID为1的材质，具体参数设置如图5-45所示。

设置步骤：

① 设置"环境光"和"漫反射"颜色为蓝色（红:211，绿:211，蓝:211）；

② 设置"高光级别"为81，"光泽度"为60。

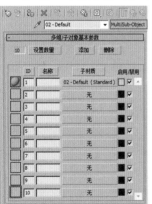

图5-42

图5-43

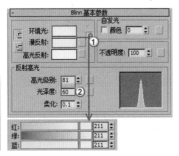

图5-44　　　　　　　图5-45

05 单击"转到父对象"按钮返回多维/子对象材质面板，如图5-46所示。

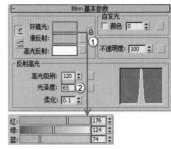

图5-46

06 进入ID为2的材质，设置ID为2的材质为Standard（标准）材质，具体参数设置如图5-47所示。

设置步骤：

① 设置"环境光"和"漫反射"颜色为蓝色（红:176，绿:124，蓝:74）；

② 设置"高光级别"为120，"光泽度"为65。

图5-47

07 单击"转到父对象"按钮返回多维/子对象材质面板，然后将材质赋予花瓶模型。由于模型提前分好了ID号，不同ID号的材质会被自动赋予到模型不同的部位上，如图5-48所示。

08 按F9键渲染当前场景，最终效果如图5-49所示。

图5-48　　　　　　　图5-49

↻ 技术回顾

◎ 工具：Multi/Sub-Object　视频：030-多维/子对象材质

◎ 位置：材质编辑器>材质>标准

◎ 用途：将多种材质混合在一个材质球上。

01 在场景中创建一个如图5-50所示的长方体模型。

02 首先设置每个多边形的材质ID号，用以区分不同的多边形。选中立方体，进入"多边形"层级，然后选择两个多边形，接着在"多边形:材质ID"卷展栏下将这两个多边形的材质ID设置为1，如图5-51所示。

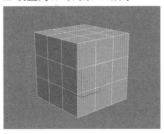

图5-50　　　　　　　图5-51

03 使用相同的方法，设置其他多边形的材质ID，如图5-52和图5-53所示。

图5-52　　　　　　　　　　　　　　　　　图5-53

04 然后设置"多维/子对象"材质。长方体模型只有3个材质ID号，因此将"多维/子对象"材质的数量设置为3，并分别在各个子材质通道中加载"标准"材质，接着设置"标准"材质的"漫反射"颜色为红、绿、蓝，如图5-54所示。

05 将设置好的"多维/子对象"材质指定给长方体模型，效果如图5-55所示。可以观察到，各材质会被赋予相同ID号的多边形。

图5-54　　　　　　　　　　　　　　　　　图5-55

实例070　VRayMtl材质

场景位置	场景文件>CH05>06.max
实例位置	实例文件>CH05> VRayMtl材质.max
学习目标	掌握VRayMtl材质的参数及意义

VRayMtl材质是使用频率最高的一种材质，也是使用范围最广的一种材质，常用于制作室内外效果图。VRayMtl材质除了能生成一些反射和折射效果外，还能出色地表现出SSS以及BRDF等效果。

◇ **材质创建**

01 打开本书学习资源中的"场景文件>CH05>06.max"文件，这是一个狮子头的门把手模型，如图5-56所示。

图5-56

02 按M键打开材质编辑器，然后选择一个空白材质球，接着设置材质类型为VRayMtl材质，具体参数设置如图5-57所示。

设置步骤:

① 设置"漫反射"颜色为黑色（红:12，绿:12，蓝:12）；

② 在"反射"通道中加载一张"衰减"贴图，然后设置"前"通道颜色为黄色（红:199，绿:125，蓝:59），接着设置"侧"通道

颜色为蓝色（红:72，绿:152，蓝:151），再设置"衰减类型"为Fresnel，最后设置"反射光泽"为0.48；

③ 在"双向反射分布函数"卷展栏中设置类型为"微面GTR（GGX）"。

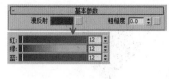

图5-57

03 将制作好的材质指定给场景中的模型，然后按F9键渲染当前场景，最终效果如图5-58所示。

图5-58

⟲ **技术回顾**

◎ 工具: **VRayMtl** 视频: 031–VRayMtl材质

◎ 位置: 材质编辑器>材质>V–Ray

◎ 用途: 是使用频率最高的材质之一，也是使用范围最广的一种材质，常用于制作室内外效果图。

01 打开本书学习资源中的"场景文件>演示模型>01.max"文件，这是一组异形模型，如图5-59所示。

02 按M键打开材质编辑器，然后选中一个空白材质球并将其转换为VRayMtl材质球，接着赋予模型，最后按F9键渲染，效果如图5-60所示。

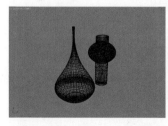
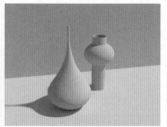

图5-59　　　　　　　　　　　　　　　　　图5-60

03 选中材质球，然后展开"基本参数"卷展栏，设置"漫反射"为蓝色（红:131，绿:175，蓝:255），按F9键渲染，效果如图5-61所示。可以观察到"漫反射"控制模型的颜色。

04 在"基本参数"卷展栏中设置"反射"颜色为灰色（红:100，绿:100，蓝:100），其效果如图5-62所示，再设置"反射"颜色为白色（红:200，绿:200，蓝:200），其效果如图5-63所示。最后设置"反射"颜色为黄色（红:255，绿:174，蓝:0），其效果如图5-64所示。可以观察到，反射颜色越浅，反射强度越大，反射颜色会在物体高光处映射。

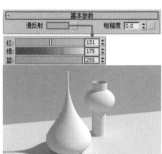

图5-61

图5-62

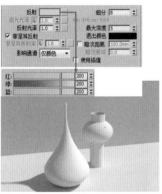

图5-63

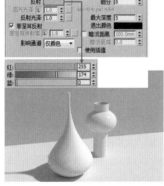

图5-64

05 在"基本参数"卷展栏中单击"高光光泽"后的"L"按钮，解锁"高光光泽"，然后设置"高光光泽"为0.9，其效果如图5-65所示，接着设置"高光光泽"为0.7，其效果如图5-66所示。可以观察到，"高光光泽"的数值越小，其高光范围越大。

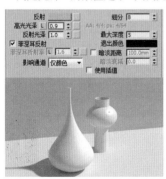

图5-65

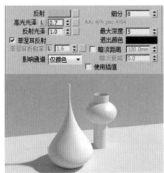

图5-66

06 在"基本参数"卷展栏中设置"反射光泽"为0.8，其效果如图5-67所示，然后设置"反射光泽"为0.6，其效果如图5-68所示。可以观察到，"反射光泽"数值越小，材质越粗糙。

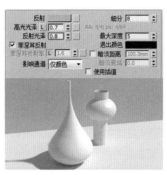

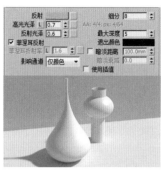

图5-67

图5-68

07 在"基本参数"卷展栏中设置"细分"为8，其效果如图5-69所示，然后设置"细分"为20，其效果如图5-70所示。可以观察到，"细分"数值越大，材质越细腻。

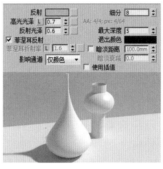

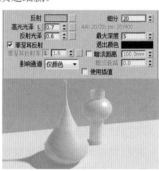

图5-69

图5-70

08 在"基本参数"卷展栏中设置"折射"颜色为灰色（红:100，绿:100，蓝:100），其效果如图5-71所示，然后设置"折射"颜色为白色（红:200，绿:200，蓝:200），其效果如图5-72所示。可以观察到，"折射"颜色越浅，透明效果越强，黑色为不透明。

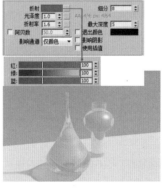

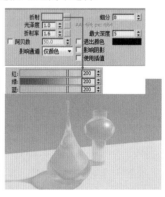

图5-71

图5-72

09 在"基本参数"卷展栏中设置"光泽度"为0.9，其效果如图5-73所示，可以观察到，产生了磨砂透明效果。

图5-73

125

10 在"基本参数"卷展栏中设置"折射率"为1.3，其效果如图5-74所示。可以观察到，折射率越小，折射效果越不明显。这与现实世界的折射率一致。

11 在"基本参数"卷展栏中勾选"影响阴影"选项，其效果如图5-75所示。可以观察到，勾选该选项后，阴影会带有材质本身的颜色。

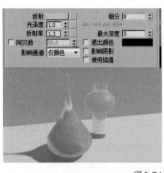

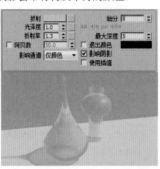

图5-74　　　　　　　　　　　　图5-75

12 在"基本参数"卷展栏中设置"烟雾颜色"为黄色（红:255，绿:251，蓝:237），其效果如图5-76所示，可以观察到，材质的颜色受烟雾色控制。

13 在"基本参数"卷展栏中设置"烟雾倍增"为0.1，其效果如图5-77所示。可以观察到烟雾色减淡了。

图5-76　　　　　　　　　　　　图5-77

14 在"双向反射分布函数"卷展栏中分别设置高光类型为"反射""多面""沃德"和"微面GTR (GGX)"，其效果如图5-78~图5-81所示。类型不同，高光产生的效果不同。

图5-78

图5-79

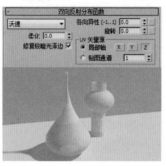　　　　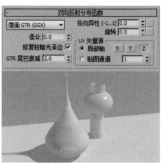

图5-80　　　　　　　　　　　　图5-81

实例071　VR-灯光材质

场景位置	场景文件>CH05>07.max
实例位置	实例文件>CH05> VR-灯光材质.max
学习目标	掌握VR-灯光材质的用法

VR-灯光材质可以使模型产生自发光或照明的效果，常常用于制作环境贴图，灯箱广告的效果。

◇ 材质创建

01 打开本书学习资源中的"场景文件>CH05>07.max"文件，这是一个烛台模型，如图5-82所示。

图5-82

02 按M键打开材质编辑器，然后选择一个空白材质球，再设置材质类型为"VR-灯光材质"，具体参数设置如图5-83所示。

设置步骤：

① 设置"强度"为50;

② 在"颜色"通道和"不透明度"通道中加载学习资源中的"实例文件>CH05>VR-灯光材质>烛光.jpg"文件。

图5-83

03 将制作好的材质指定给蜡烛上的面片模型，然后按F9键渲染当前场景，最终效果如图5-84所示。

图5-84

技术回顾

- 工具：**VR-灯光材质** 视频：032-VR-灯光材质
- 位置：材质编辑器>材质>V-Ray
- 用途：用于制作带自发光效果的材质，如灯箱、环境贴图等。

01 打开本书学习资源中的"场景文件>演示模型>01.max"文件，这是一组异形模型，如图5-85所示。

02 按M键打开材质编辑器，然后选中一个空白材质球并将其转换为VR-灯光材质，接着赋予模型，最后按F9键渲染，效果如图5-86所示。

图5-85　　　　　　　图5-86

03 选中材质球，然后展开"参数"卷展栏，设置"颜色"为蓝色（红:131，绿:175，蓝:255），按F9键渲染，效果如图5-87所示。可以观察到"颜色"控制模型的发光颜色。

04 在"参数"卷展栏中设置"强度"为3，其效果如图5-88所示，可以观察到强度越大，模型的颜色越亮，对周围物体的光照影响也越大。

图5-87　　　　　　　图5-88

05 展开"参数"卷展栏，在"颜色"通道中加载一张"棋盘格"贴图，其效果如图5-89所示，可以观察到材质球的颜色受"棋盘格"贴图的控制。

06 在"参数"卷展栏中勾选"直接照明"选项组中的"开"，其效果如图5-90所示。可以观察到，模型和光源一样，对周围的物体起到照明的效果。

图5-89　　　　　　　图5-90

> **技巧与提示**
> "直接照明"选项组中的"细分"值与灯光的"细分"值效果一样，即细分值越高，灯光产生的噪点越少，渲染速度越慢。

实例072 VR-混合材质

场景位置	场景文件>CH05>08.max
实例位置	实例文件>CH05> VR-混合材质.max
学习目标	掌握VR-混合材质的用法

VR-混合材质可以将多种材质在一个材质球上表现出来，通过不同的黑白贴图来控制不同材质所占的比例。常用于制作CG类场景。

材质创建

01 打开本书学习资源中的"场景文件>CH05>08.max"文件，这是一个箱子模型，如图5-91所示。

图5-91

02 按M键打开材质编辑器，然后选择一个空白材质球，接着设置材质类型为VRayMtl材质，具体参数设置如图5-92所示。

设置步骤：

① 展开"贴图"卷展栏，然后在"漫反射"通道中加载学习资源中的"实例文件>CH05> VR-混合材质>木纹.jpg"文件；

② 将"漫反射"通道中的贴图向下复制到"凹凸"通道中，然后设置"凹凸"强度为12。

03 选中模型，然后为其加载一个"UVW贴图"修改器，接着设置"贴图"类型为"长方体"，"长度"为362.561mm，"宽度"为423.654mm，"高度"为130mm，如图5-93所示。

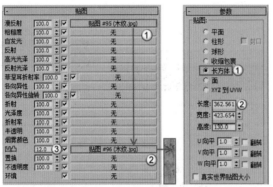

图5-92　　　　　　　　　图5-93

04 单击材质编辑器中的"VRayMtl"按钮 <u>VRayMtl</u>，然后在弹出的"材质/贴图浏览器"中选择"VR-混合材质"选项，如图5-94所示，接着在弹出的对话框中选择"将旧材质保存为子材质"选项，如图5-95所示。

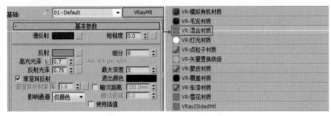

图5-94

图5-95

05 在"VR-混合材质"面板中单击"镀膜材质1"通道，然后在弹出的"材质/贴图浏览器"中选择"VRayMtl"选项，将其设置为VRayMtl材质，具体参数设置如图5-96所示。

设置步骤：

① 设置"漫反射"颜色为灰色（红:37，绿:37，蓝:37）；

② 设置"反射"颜色为灰色（红:193，绿:197，蓝:209），然后设置"高光光泽"为0.78，"反射光泽"为0.82，接着设置"菲涅耳折射率"为6。

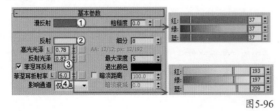

图5-96

06 返回"VR-混合材质"面板，在"混合数量"通道中加载本书学习资源中的"实例文件>CH05> VR-混合材质> 纹理1.jpg"贴图，如图5-97所示。

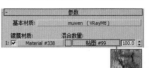

图5-97

07 选中模型，再次为其加载一个"UVW贴图"修改器，此时会发现原来调整的贴图坐标发生了改变。为了保证木纹贴图的坐标不变，而单独修改镀膜材质1的坐标，需要设定贴图和材质的ID号。设置"贴图"类型为"长方体"，然后设置"贴图通道"为2，接着单击"适配"按钮，贴图会自动匹配模型的大小，如图5-98所示。再回

到混合数量
1通道中的
贴图中，设置
"贴图通道"
也为2，如图
5-99所示。这
样贴图和坐
标就能相对
应了。

> **技巧与提示** ✅
>
> 默认的贴图通道号与"UVW贴图"通道号都是1。

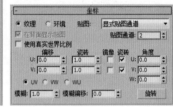

图5-98　　　　　　　　　图5-99

08 在"VR-混合材质"面板中单击"镀膜材质1"通道，然后在弹出的"材质/贴图浏览器"中选择"VRayMtl"选项，将其设置为VRayMtl材质，具体参数设置如图5-100所示。

设置步骤：

① 展开"贴图"卷展栏，然后在"漫反射"通道中加载学习资源中的"实例文件>CH05> VR-混合材质>水泥.jpg"文件；

② 将"漫反射"通道中的贴图向下复制到"凹凸"通道中，然后设置"凹凸"强度为60。

图5-100

09 返回"VR-混合材质"面板，在"混合数量"通道中加载本

书学习资源中的"实例文件>CH05> VR-混合材质> 纹理2.jpg"贴图，如图5-101所示。

10 按照步骤7的方法再次为模型加载一个"UVW贴图"修改器，然后设置通道ID都为3。按F9键渲染当前场景，最终效果如图5-102所示。

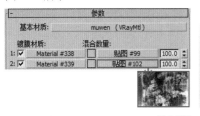

图5-101　　　　　　　图5-102

技术回顾

◎ 工具：`VR-混合材质`　视频：033-VR-混合材质

◎ 位置：材质编辑器>材质>V-Ray

◎ 用途：将多种材质制作为1种材质。

01 打开本书学习资源中的"场景文件>演示模型>01.max"文件，这是一组异形模型，如图5-103所示。

02 按M键打开材质编辑器，然后选中一个空白材质球并将其转换为VRayMtl材质，接着赋予模型，最后按F9键渲染，效果如图5-104所示。

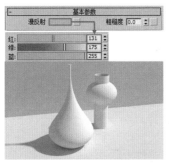

图5-103　　　　　　　图5-104

03 单击材质编辑器中的"VRayMtl"按钮 `VRayMtl`，然后在弹出的"材质/贴图浏览器"中选择"VR-混合材质"选项，如图5-105所示，接着在弹出的对话框中选择"将旧材质保存为子材质"选项，如图5-106所示。

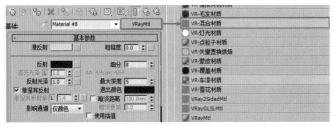

图5-105

图5-106

04 在"VR-混合材质"面板中单击"镀膜材质1"通道，然后在弹出的"材质/贴图浏览器"中选择"VRayMtl"选项，接着设置"漫反射"颜色为黄色（红:255，绿:174，蓝:0），如图5-107所示，再返回"VR-混合材质"面板，在"混合数量"通道中加载一张"棋盘格"贴图，其效果如图5-108所示。可以观察到，"棋盘格"贴图白色的部分控制显示为"镀膜材质1"的黄色，黑色部分显示为"基本材质"的蓝色。

图5-107　　　　　　　图5-108

05 在"VR-混合材质"面板中设置"混合数量"为50，其效果如图5-109所示。可以观察到材质球的颜色减淡了。

图5-109

实例073 位图贴图

场景位置　场景文件>CH05>09.max
实例位置　实例文件>CH05>位图贴图.max
学习目标　掌握位图贴图的用法

位图贴图是最常用的贴图之一，常用来控制材质的漫反射和反射。位图贴图是任意指定的外部贴图通道，可以表现材质的纹理、颜色等信息。

材质创建

01 打开本书学习资源中的"场景文件>CH05>09.max"文件，这是一组抱枕模型，如图5-110所示。

图5-110

02 按M键打开材质编辑器，然后选择一个空白材质球，再设置材质类型为VRayMtl材质，具体参数设置如图5-111所示。

设置步骤：

① 展开"贴图"卷展栏，然后在"漫反射"通道中加载本书学习资源中的"实例文件>CH05>位图贴图>花纹.jpg"文件；

② 在"凹凸"通道中加载本书学习资源中的"实例文件>CH05>位图贴图>花纹凹凸.jpg"文件，然后设置"凹凸"强度为100。

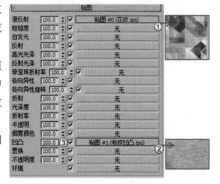

图5-111

03 将材质赋予其中一个抱枕模型，然后为其加载一个"UVW贴图"修改器，接着设置"贴图"类型为"长方体"，"长度"为200mm，"宽度"为200mm，"高度"为200mm，最后设置"贴图通道"为2，如图5-112所示。

04 进入材质球的"凹凸"通道，然后设置"贴图通道"为2，如图5-113所示。

图5-112

> **技巧与提示** ✎
>
> 本例中"UVW贴图"通道控制抱枕的"凹凸"通道贴图大小，即抱枕的布纹纹理大小。原有的"漫反射"通道中的花纹贴图不受其控制。

图5-113

05 按照上述方法制作出其余抱枕，然后按F9键渲染当前场景，最终效果如图5-114所示。

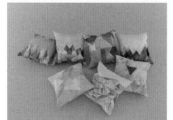

图5-114

↻ **技术回顾**

◎ 工具：　Bitmap　视频：034-位图贴图

◎ 位置：材质编辑器>贴图>位图

◎ 用途：表现材质的纹理、颜色等信息。

01 打开本书学习资源中的"场景文件>演示模型>01.max"文

件，这是一组异形模型，如图5-115所示。

02 按M键打开材质编辑器，然后选中一个空白材质球并将其转换为VRayMtl材质球，接着赋予模型，最后按F9键渲染，效果如图5-116所示。

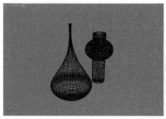

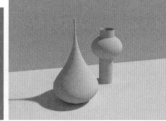

图5-115　　　　　　　　　　　　　　图5-116

03 展开"贴图"卷展栏，然后在"漫反射"通道中加载一张"位图"贴图，如图5-117所示，接着在弹出的对话框中加载本书学习资源中的"实例文件>CH05>位图贴图>拼砖.jpg"贴图，如图5-118所示。

04 选中模型，然后为其分别加载一个"UVW贴图"修改器，接着设置"贴图"类型为"柱形"，"长度"为43cm，"宽度"为43cm，"高度"为43cm，如图5-119所示。再按F9键渲染当前场景，效果如图5-120所示。

图5-117

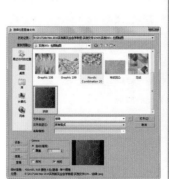

图5-118　　　　　　图5-119　　　　　　图5-120

05 在"贴图"卷展栏中将"漫反射"通道中的贴图向下复制到"反射"通道中，如图5-121所示，然后按F9键渲染当前场景，如图5-122所示。

图5-121

图5-122

06 在"贴图"卷展栏中将"漫反射"通道中的贴图向下复制到"折射"通道中，如图5-123所示，然后按F9键渲染当前场景，如图5-124所示。

图5-123

图5-124

07 在"贴图"卷展栏中将"漫反射"通道中的贴图向下复制到"凹凸"通道中，并设置"凹凸"强度为60，如图5-125所示，然后按F9键渲染当前场景，如图5-126所示。

图5-125

图5-126

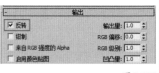

图5-127

08 在"贴图"卷展栏中将"漫反射"通道中的贴图向下复制到"置换"通道中，并设置"置换"强度为2，如图5-128所示，然后按F9键渲染当前场景，如图5-129所示。

图5-128

图5-129

实例074 平铺贴图

场景位置 场景文件>CH05>10.max
实例位置 实例文件>CH05>平铺贴图.max
学习目标 掌握平铺贴图的用法

平铺贴图经常用来制作地砖、地板等材质。

◆ 材质创建

01 打开本书学习资源中的"场景文件>CH05>10.max"文件，这是一个走廊空间，如图5-130所示。

图5-130

02 按M键打开材质编辑器，然后选择一个空白材质球，再设置材质类型为VRayMtl材质，具体参数设置如图5-131所示。

设置步骤：

① 在"漫反射"通道中加载一张"平铺"贴图，然后进入"平铺"贴图，在"标准控制"卷展栏中设置"预设类型"为"连续砌合"；

② 展开"高级控制"卷展栏,在"平铺设置"的"纹理"通道中加载本书学习资源中的"实例文件>CH05>平铺贴图>278274170.tif"文件,然后设置"砖缝设置"的"纹理"颜色为白色（红:233,绿:233,蓝:233）,"水平间距"和"垂直间距"都为0.25。

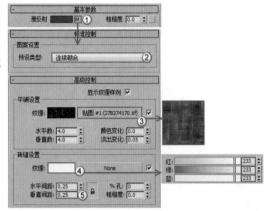

图5-131

图5-135

03 将材质赋予地面模型,然后为其加载一个"UVW贴图"修改器,接着设置"贴图"类型为"平面","长度"为1 000mm,"宽度"为1000mm,如图5-132所示。

04 按F9键渲染当前场景,其最终效果如图5-133所示。

图5-132

图5-133

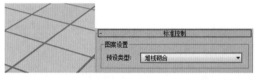

图5-136

图5-137

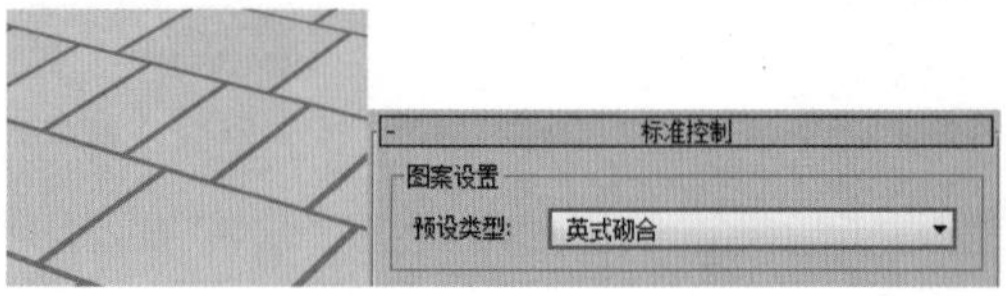

图5-138

技术回顾

◎ 工具： Tiles 视频：035–平铺贴图
◎ 位置：材质编辑器>贴图>平铺
◎ 用途：制作地砖、地板等材质。

01 在场景中用"平面"工具 平面 创建一个平面,如图5-134所示。

图5-134

02 按M键打开材质编辑器,然后选中一个空白材质球并将其转换为VRayMtl材质球,接着展开"贴图"卷展栏,然后在"漫反射"通道中加载一张"平铺"贴图,如图5-135所示。

03 进入"平铺"贴图,然后展开"标准控制"卷展栏,分别设置"预设类型"为"堆栈砌合""连续砌合""英式砌合",其效果如图5-136~图5-138所示。

04 展开"高级控制"卷展栏,然后在"平铺设置"选项组中的"纹理"通道中加载本书学习资源中的"实例文件>CH05>实例：平铺贴图>樱桃木.jpg"文件,接着按F9键渲染,其效果如图5-139和图5-140所示。

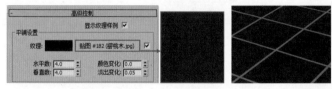

图5-139   图5-140

05 展开"高级控制"卷展栏,然后在"平铺设置"选项组中设置"水平数"和"垂直数"都为8,其效果如图5-141所示。

图5-141

06 展开"高级控制"卷展栏,然后在"平铺设置"选项组中设置"颜色变化"为1,其效果如图5-142所示。

图5-142

07 展开"高级控制"卷展栏，然后在"砖缝设置"选项组中设置"纹理"颜色为黑色（红:0，绿:0，蓝:0），其效果如图5-143和图5-144所示。

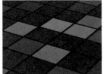

图5-143　　　图5-144

08 展开"高级控制"卷展栏，然后在"砖缝设置"选项组中设置"水平间距"和"垂直间距"都为0.2，其效果如图5-145所示。

图5-145

实例075　衰减贴图

场景位置　　场景文件>CH05>11.max
实例位置　　实例文件>CH05>衰减贴图.max
学习目标　　掌握衰减贴图的用法

衰减贴图经常用来模拟绒布等带渐变色的材质，模拟Fresnel反射效果，是最常用的贴图之一。

◈ **材质创建**

01 打开本书学习资源中的"场景文件>CH05>11.max"文件，这是一个单人床模型，如图5-146所示。

02 按M键打开材质编辑器，然后选择一个空白材质球，接着设置材质类型为VRayMtl材质，具体参数设置如图5-147所示。

设置步骤:

① 在"漫反射"通道中加载一张"衰减"贴图；

② 在"衰减参数"卷展栏中设置"前"颜色为褐色（红:25，绿:9，蓝:4）；

③ 在"衰减参数"卷展栏中设置"侧"颜色为灰色（红:73，绿:59，蓝:48）；

④ 设置"衰减类型"为"垂直/平行"。

图5-146　　　　　　　图5-147

03 返回VRayMtl材质面板，然后在"反射"通道中加载本书学习资源中的"实例文件>CH05>衰减贴图>反射贴图.jpg"，接着设置"反射光泽"为0.6，具体参数设置如图5-148所示。

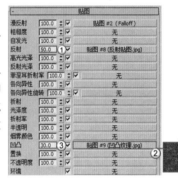

图5-148

04 展开"贴图"卷展栏，参数设置如图5-149所示。

设置步骤:

① 设置"反射"通道强度为50；

② 在"凹凸"通道中加载学习资源中的"实例文件>CH05>衰减贴图>凹凸纹理.jpg"文件，然后设置"凹凸"通道强度为30。

图5-149

技巧与提示

设置"反射"通道的强度为50，是将贴图的反射强度与黑色中和，减弱局部的反射强度。

05 将制作好的材质指定给场景中的模型，然后按F9键渲染当前场景，最终效果如图5-150所示。

图5-150

↻ **技术回顾**

工具：Falloff　视频：036-衰减贴图

位置：材质编辑器>贴图>衰减

用途：模拟渐变色材质和Fresnel反射。

01 打开本书学习资源中的"场景文件>演示模型>01.max"文件，这是一组异形模型，如图5-151所示。

02 按M键打开材质编辑器，然后选中一个空白材质球并将其转换为VRayMtl材质球，接着赋予模型，最后按F9键渲染，效果如图5-152所示。

133

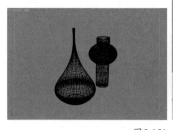

图5-151　　　　　　　　　　　图5-152

03 展开"贴图"卷展栏，然后在"漫反射"通道中加载一张"衰减"贴图，如图5-153所示。

图5-153

04 进入"衰减"贴图，然后设置"前"颜色为蓝色（红:102，绿:145，蓝:255），"侧"颜色为黄色（红:255，绿:173，蓝:106），"衰减类型"为"垂直/平行"，如图5-154所示，其效果如图5-155所示。

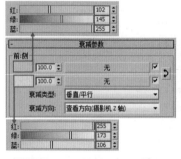
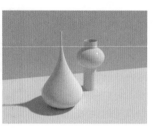

图5-154　　　　　　　　　　　图5-155

05 进入"衰减"贴图，然后设置"前"颜色为蓝色（红:102，绿:145，蓝:255），"侧"颜色为黄色（红:255，绿:173，蓝:106），"衰减类型"为Fresnel，如图5-156所示，其效果如图5-157所示。

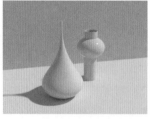

图5-156　　　　　　　　　　　图5-157

06 进入"衰减"贴图，然后设置"前"颜色为蓝色（红:102，绿:145，蓝:255），"侧"颜色为黄色（红:255，绿:173，蓝:106），"衰减类型"为"朝向/背离"，如图5-158所示，其效果如图5-159所示。

07 进入"衰减"贴图，然后设置"前"颜色为蓝色（红:102，绿:145，蓝:255），"侧"颜色为黄色（红:255，绿:173，蓝:106），

"衰减类型"为"阴影/灯光"，如图5-160所示，其效果如图5-161所示。

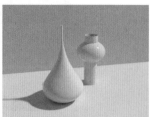

图5-158　　　　　　　　　　　图5-159

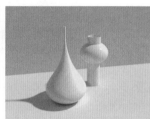

图5-160　　　　　　　　　　　图5-161

08 进入"衰减"贴图，然后设置"前"颜色为蓝色（红:102，绿:145，蓝:255），"侧"颜色为黄色（红:255，绿:173，蓝:106），"衰减类型"为"距离混合"，如图5-162所示，其效果如图5-163所示。

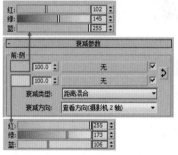
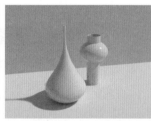

图5-162　　　　　　　　　　　图5-163

09 展开"贴图"卷展栏，然后在"反射"通道中加载一张"衰减"贴图，如图5-164所示。

图5-164

10 进入"衰减"贴图，然后设置"衰减类型"为Fresnel，如图5-165所示。其效果如图5-166所示。

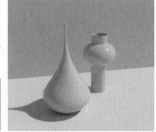

图5-165　　　　　　　　　　　图5-166

技术专题 ⊕ Fresnel反射原理

菲涅耳反射是指反射强度与视点角度之间的关系。

简单来讲，菲涅耳反射就是：当视线垂直于物体表面时，反射较弱；当视线不垂直于物体表面时，夹角越小，反射越强烈。自然界的对象几乎都存在菲涅耳反射，金属也不例外，只是它的这种现象很弱，一般在制作材质时，可以不开启Fresnel反射。

菲涅耳反射还有一种特性：物体表面的反射模糊也随着角度的变化而变化，视线和物体表面法线的夹角越大，此处的反射模糊就会越弱，就会更清晰。

而在实际制作材质时，勾选"菲涅耳反射"选项，或是添加Fresnel衰减类型的"衰减"贴图，都可以起到使材质更加真实的效果。但这两种方法只能选择其中一种，不可同时使用。

"衰减"贴图的好处是可以灵活调节反射的强度；勾选"菲涅耳反射"选项，可以调节"菲涅耳折射率"。读者可根据自己的习惯和实际情况选择合适的方法。

实例076 不透明度贴图

场景位置	场景文件>CH05>12.max
实例位置	实例文件>CH05>不透明度贴图.max
学习目标	掌握不透明度贴图的用法

不透明度贴图通过贴图的颜色来控制材质的透明度，遵循"黑透白不透"的原则。不透明度贴图加载在不透明度通道中。

◇ 材质创建

01 打开本书学习资源中的"场景文件>CH05>12.max"文件，这是一个台灯模型，如图5-167所示。

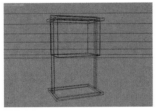

图5-167

02 按M键打开材质编辑器，然后选择一个空白材质球，接着设置材质类型为VRayMtl材质，具体参数设置如图5-168所示。

设置步骤：

① 设置"漫反射"颜色为黄色（红:213，绿:194，蓝:150）；

② 在"折射"通道中加载一张"衰减"贴图，然后进入"衰减"贴图，设置"前"通道颜色为灰色（红:70，绿:70，蓝:70），接着设置"衰减类型"为"垂直/平行"；

③ 返回VRayMtl材质面板，然后设置"光泽度"为0.75，"折射率"为1.5，"细分"为10。

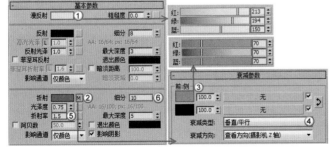

图5-168

03 展开"贴图"卷展栏，然后在"不透明度"通道中加载学习资源中的"实例文件>CH05>不透明度贴图>黑白花纹.jpg"文件，如图5-169所示。

04 将材质赋予正面的灯罩模型，然后为其加载一个"UVW贴图"修改器，接着设置"贴图"类型为"平面"，"长度"为160mm，"宽度"为220mm，再设置"对齐"为"Y"，如图5-170所示。

图5-169　　　　图5-170

05 按F9键渲染当前场景，最终效果如图5-171所示。

图5-171

↻ 技术回顾

◎ 工具：　**无**　视频：037–不透明度贴图

◎ 位置：材质编辑器>贴图>不透明度通道

◎ 用途：用黑白贴图控制材质透明度。

01 打开本书学习资源中的"场景文件>演示模型>01.max"文件，这是一组异形模型，如图5-172所示。

02 按M键打开材质编辑器，然后选中一个空白材质球并将其转换为VRayMtl材质球，接着赋予模型，最后按F9键渲染，效果如图5-173所示。

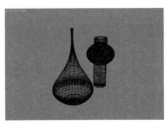

图5-172　　　　图5-173

03 展开"贴图"卷展栏，然后在"不透明度"通道中加载一张"棋盘格"贴图，如图5-174所示，接着按F9键渲染，效果如图5-175所示。可以观察到，"棋盘格"贴图黑色区域显示的模型都不会被渲染出来。

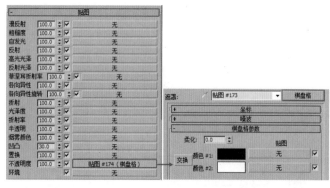

图5-174

图5-175

04 在"贴图"卷展栏中设置"不透明度"的强度为50，如图5-176所示，接着按F9键渲染，如图5-177所示。可以观察到"棋盘格"贴图黑色区域显示的模型呈现半透明效果。

图5-176　　　　　　　　　图5-177

> **技巧与提示** ✔
>
> 不透明度贴图根据图片的灰度来控制其透明程度，纯白色为不透明，纯黑色为完全透明。

实例077 噪波贴图

场景位置	场景文件>CH05>13.max
实例位置	实例文件>CH05>噪波贴图.max
学习目标	掌握噪波贴图的使用方法

噪波贴图常用于制作水的波纹，表现材质的凹凸颗粒感。

💠 材质创建

01 打开本书学习资源中的"场景文件>CH05>13.max"文件，这是一个浴缸模型，如图5-178所示。

图5-178

02 按M键打开材质编辑器，然后选择一个空白材质球，再设置材质类型为VRayMtl材质，具体参数设置如图5-179所示。

设置步骤：

① 设置"漫反射"颜色为蓝色（红:153，绿:210，蓝:222）；

② 设置"反射"颜色为白色（红:255，绿:255，蓝:255），然后设置"反射光泽"为0.97；

③ 设置"折射"颜色为灰色（红:215，绿:215，蓝:215）。

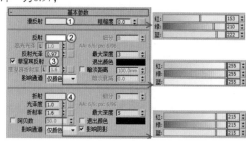

图5-179

03 展开"贴图"卷展栏，然后在"凹凸"通道中加载一张"噪波"贴图，接着设置"噪波类型"为"规则"，"大小"为200，最后设置"凹凸"强度为30，如图5-180所示。

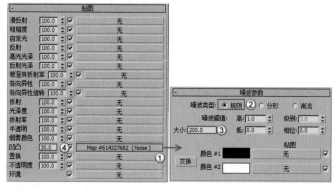

图5-180

04 将材质赋予水模型，然后按F9键渲染当前场景，最终效果如图5-181所示。

图5-181

↻ 技术回顾

◎ 工具：　Noise　　视频：038-噪波贴图

◎ 位置：材质球编辑器>贴图>噪波

◎ 用途：模拟材质的纹波和颗粒感。

01 打开本书学习资源中的"场景文件>演示模型>01.max"文件，这是一组异形模型，如图5-182所示。

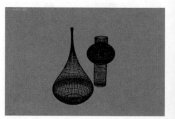

图5-182

02 按M键打开材质编辑器，然后选中一个空白材质球并将其转换为VRayMtl材质球，接着展开"贴图"卷展栏，然后在"漫反射"通道中加载一张"噪波"贴图，如图5-183所示。

图5-183

03 进入"噪波"贴图，然后展开"噪波参数"卷展栏，设置"噪波类型"为"规则"，"大小"为1，如图5-184所示，其效果如图5-185所示。

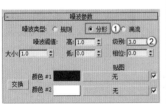 

图5-184　　　　　　　　　　　图5-185

04 在"噪波参数"卷展栏中设置"噪波类型"为"分形"，"级别"为3，如图5-186所示，其效果如图5-187所示。

图5-186　　　　　　　　　　　图5-187

05 在"噪波参数"卷展栏中设置"噪波类型"为"分形"，"级别"为5，如图5-188所示，其效果如图5-189所示。

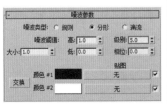 

图5-188　　　　　　　　　　　图5-189

06 在"噪波参数"卷展栏中设置"噪波类型"为"湍流"，"级别"为3，如图5-190所示，其效果如图5-191所示。

07 在"噪波参数"卷展栏中设置"噪波类型"为"湍流"，"大小"为2，如图5-192所示，其效果如图5-193所示。

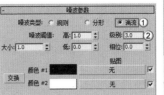 

图5-190　　　　　　　　　　　图5-191

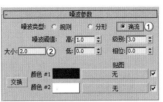 

图5-192　　　　　　　　　　　图5-193

> **技巧与提示** 🖉
>
> 噪波的大小除了可用"噪波参数"卷展栏中的"大小"参数控制外，还可以用UVW贴图的大小来控制。

实例078 VRayHDRI贴图

场景位置	场景文件>CH05>14.max
实例位置	实例文件>CH05> VRayHDRI贴图.max
学习目标	掌握VRayHDRI贴图的制作方法

　　VRayHDRI贴图是一种带照明信息的贴图，可以用来作为环境照明使用，也可以作为材质环境反射使用。使用VRayHDRI贴图作为环境照明，会让场景光线看起来更加柔和真实。

💠 **材质创建**

01 打开本书学习资源中的"场景文件>CH05>14.max"文件，场景中是一个茶壶模型，如图5-194所示。

图5-194

02 按8键，打开"环境和效果"面板，然后在"环境贴图"通道中加载一张VRayHDRI贴图，如图5-195所示。

图5-195

03 按M键，打开材质编辑器，然后将"环境贴图"通道中的VRayHDRI贴图以"实例"的形式复制到一个空白材质球上，如图5-196所示。

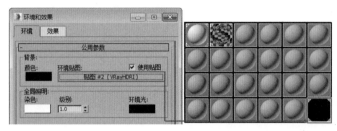

图5-196

04 展开"参数"卷展栏,然后在"位图"通道中加载本书学习资源中的"实例文件>CH05>实例:VRayHDRI贴图> hdr (04).hdr"文件,如图5-197所示。

05 在"参数"卷展栏中设置"贴图类型"为"球形",如图5-198所示。

图5-197

图5-198

06 按快捷键Alt+B,打开"视口配置"对话框,然后切换到"背景"选项卡,接着选择"使用环境背景"选项,最后单击"确定"按钮,如图5-199所示。

07 按F9键,渲染当前场景,如图5-200所示。

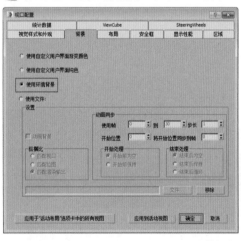

图5-199

图5-200

⟳ **技术回顾**

◎ 工具: **VRayHDRI** 视频:039−VRayHDRI贴图

◎ 位置: 材质编辑器>贴图>VRayHDRI

◎ 用途: 作为环境照明使用,也可以作为材质环境反射使用。

01 打开本书学习资源中的"场景文件>演示模型>01.max"文件,这是一组异形模型,如图5-201所示。

图5-201

02 按M键打开材质编辑器,然后选中一个空白材质球并将其转换为VRayMtl材质球,接着按8键,打开"环境和效果"面板,再在"环境贴图"通道中加载一张VRayHDRI贴图,如图5-202所示。

图5-202

03 在材质编辑器中将"环境贴图"通道中的VRayHDRI贴图以"实例"的形式复制到一个空白材质球上,如图5-203所示。

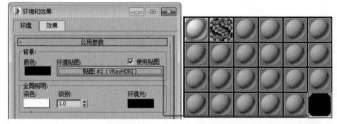

图5-203

04 展开"参数"卷展栏,然后在"位图"通道中加载本书学习资源中的"实例文件>CH05>实例:VRayHDRI贴图> hdr (04).hdr"文件,如图5-204所示。

05 在"参数"卷展栏中设置"贴图类型"为"球形",如图5-205所示。

图5-204

图5-205

06 按F9键,渲染当前场景,如图5-206所示。

07 在"参数"卷展栏中设置"全局倍增"为2,如图5-207所示,然后按F9键渲染当前场景,如图5-208所示。可以观察到画面的亮度随着数值的增大而增大了。

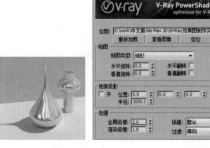

图5-206

图5-207

图5-208

08 在"参数"卷展栏中设置"水平旋转"为100，如图5-209所示，然后按F9键渲染场景，效果如图5-210所示。可以观察到，画面的高光位置随着贴图的改变而改变了，这个数值可以控制物体产生高光的位置，以及反射的效果。

图5-209　　　　　　图5-210

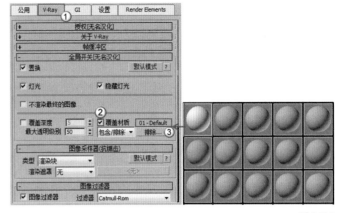

图5-213

图5-214

实例079 VR-污垢贴图

场景位置	场景文件>CH05>15.max
实例位置	实例文件>CH05> VR-污垢贴图.max
学习目标	掌握VR-污垢贴图的使用方法

VR-污垢贴图常用于表现模型复杂细小的拐角纹理，使模型结构看起来更加立体，有白描的效果。在制作效果图时，使用VR-污垢贴图可以渲染出AO通道，用于效果图后期调整。

◇ 材质创建

01 打开本书学习资源中的"场景文件>CH05>15.max"文件，这是一个竹编篮子，模型已经被赋予了材质，如图5-211所示。

02 按M键打开材质编辑器，然后选择一个空白材质球，再设置材质类型为VRayMtl材质，具体参数设置如图5-212所示。

设置步骤：

① 在"漫反射"通道中加载一张"VR-污垢"贴图；

② 进入"VR-污垢"贴图，然后设置"半径"为30mm。

图5-211　　　　　　图5-212

03 按F10键打开"渲染设置"面板，然后切换到"V-Ray"选项卡，接着展开"全局开关"卷展栏，并勾选"覆盖材质"选项，再将上一步设置好的材质球以"实例"的形式复制到"覆盖材质"后的通道中，如图5-213所示。

04 按F9键渲染当前场景，效果如图5-214所示。可以看到整个场景都被渲染为了白描的效果，这就是AO通道的效果。

↻ 技术回顾

◎ 工具：**VR-污垢**　视频：040-VR-污垢贴图

◎ 位置：材质编辑器>贴图>VR-污垢

◎ 用途：渲染AO通道时使用。

01 打开本书学习资源中的"场景文件>演示模型>01.max"文件，这是一组异形模型，如图5-215所示。

02 按M键打开材质编辑器，然后选中一个空白材质球并将其转换为VRayMtl材质球，接着赋予模型，最后按F9键渲染，效果如图5-216所示。

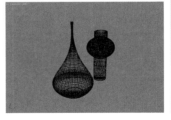

图5-215　　　　　　图5-216

03 展开"贴图"卷展栏，然后在"漫反射"通道中加载一张"VR-污垢"贴图，如图5-217所示。

图5-217

04 进入"VR-污垢"贴图，然后设置"半径"为30cm，"非阻光颜色"为蓝色（红:129，绿:173，蓝:255），如图5-218所示。

05 按F9键渲染场景，效果如图5-219所示。可以观察到"非阻光颜色"控制模型的颜色。

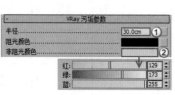

图5-218　　　　　　图5-219

06 设置"阻光颜色"为红色（红:255，绿:55，蓝:55），如图5-220所示。按F9键渲染当前场景，效果如图5-221所示。可以观察到模型的阴影部分呈现红色。

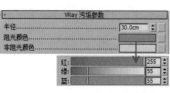

图5-220　　　　　　图5-221

07 设置"半径"为80cm，如图5-222所示，然后按F9键渲染场景，效果如图5-223所示。可以观察到"半径"数值控制阴影的区域大小。

图5-222　　　　　　图5-223

08 将"分布"数值分别设置为0和20，渲染效果如图5-224和图5-225所示。可以观察到"分布"的数值越大，阴影范围越小。

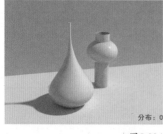

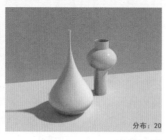

图5-224　　　　　　图5-225

09 将"衰减"数值分别设置为0和2，渲染效果如图5-226和图5-227所示。可以观察到"衰减"数值越大，阴影分布范围越小，强度越弱。

10 将"细分"数值分别设置为1和16，渲染效果如图5-228和图5-229所示。可以观察到"细分"数值越大，阴影边缘越细腻，噪点越少。

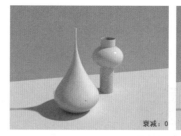

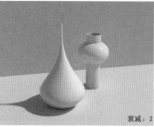

衰减：0　　　　　　衰减：2

图5-226　　　　　　图5-227

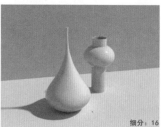

细分：1　　　　　　细分：16

图5-228　　　　　　图5-229

实例080　VR-边纹理贴图

场景位置	场景文件>CH05>16.max
实例位置	实例文件>CH05> VR-边纹理贴图.max
学习目标	掌握VR-边纹理贴图的使用方法

　　VR-边纹理贴图用于渲染模型的线框材质。VR-边纹理贴图会根据模型的布线进行渲染，因此模型的布线是否整齐美观是十分重要的。

◇ 材质创建

01 打开学习资源中的"场景文件>CH05>16.max"文件，这是一个盆栽模型，如图5-230所示。

02 模型自带材质，按F9键渲染，效果如图5-231所示。

图5-230　　　　　　图5-231

03 按M键打开材质编辑器，然后选择一个空白材质球，再设置材质类型为VRayMtl材质，具体参数设置如图5-232所示。

　　设置步骤：

　　① 在"漫反射"通道中加载一个"VR-边纹理"贴图；

　　② 进入"VR-边纹理"贴图，然后设置"颜色"为黑色（红:0，绿:0，蓝:0），接着设置"像素宽度"为0.3。

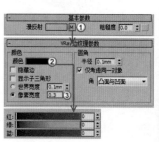

图5-232

04　将上一步创建的材质球复制到"渲染设置"面板的"覆盖材质"通道中，然后按F9键渲染当前场景，效果如图5-233所示。

> **技巧与提示** ✅
>
> 渲染"VR-边纹理"材质的方法与"VR-污垢"材质一致。

图5-233

05　从上一步的图中可以观察到背景的模型线条也被渲染了出来，如果只需要渲染模型的纹理而不渲染背景模型，需要将其排除。按F10键打开"渲染设置"面板，然后单击"覆盖材质"通道下方的"排除"按钮，接着在弹出的对话框中选中左侧背景模型，然后移动到右侧列表框内，并单击"确定"按钮，如图5-234所示。

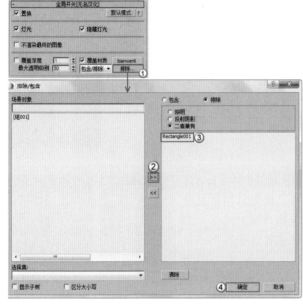

图5-234

06　按F9键渲染当前场景，效果如图5-235所示。可以观察到背景模型没有了网格线条。

图5-235

⟳ 技术回顾

- **工具：** `VR-边纹理` 　视频：041-VR-边纹理贴图
- **位置：** 材质编辑器>贴图>VR-边纹理
- **用途：** 渲染线框效果图时使用。

01　打开本书学习资源中的"场景文件>演示模型>01.max"文件，这是一组异形模型，如图5-236所示。

02　按M键打开材质编辑器，然后选中一个空白材质球并将其转换为VRayMtl材质球，接着赋予模型，最后按F9键渲染，效果如图5-237所示。

图5-236　　　　　　　　　　图5-237

03　展开"贴图"卷展栏，然后在"漫反射"通道中加载一张"VR-边纹理"贴图，接着设置"颜色"为黑色（红:0，绿:0，蓝:0），再设置"像素宽度"为0.3，如图5-238所示。

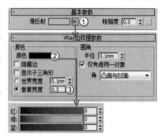

图5-238

04　按F9键渲染当前场景，效果如图5-239所示。

05　勾选"隐藏边"选项，然后渲染场景，效果如图5-240所示。可以观察到模型的线框变成了三角面线框。

图5-239　　　　　　　　　　图5-240

06　设置"像素宽度"为0.5，然后渲染场景，效果如图5-241所示。可以观察到黑色线框线条变粗了。

图5-241

07　返回VR-边纹理材质面板，然后设置"漫反射"颜色为灰色（红:0，绿:0，蓝:0），如图5-242所示。渲染当前场景，效果如图5-243所示。可以观察到"VR-边纹理"贴图只会影响线框的颜色和粗细，并不能改变模型本身的颜色。

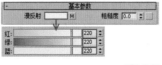

图5-242　　　　　　　　　　图5-243

08 将"漫反射"通道中的"VR-边纹理"贴图向下复制到"折射"通道中，然后设置"折射"颜色为白色（红:255，绿:255，蓝:255），接着设置"折射率"为1.01，如图5-244所示。

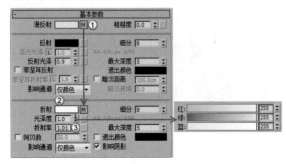
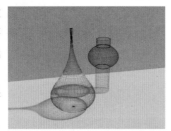

图5-244

09 按F9键渲染当前场景，效果如图5-245所示。可以观察到场景中的模型只渲染出了线框，模型部分都是透明状态。这种效果在一些建筑类的效果图中会经常出现。

图5-245

实例081 用UVW贴图坐标调整贴图位置

场景位置	场景文件>CH05>17.max
实例位置	实例文件>CH05>用UVW贴图坐标调整贴图位置.max
学习目标	掌握UVW贴图修改器的使用方法

"UVW贴图"修改器用来调整贴图在模型上的显示效果，前边的实例中或多或少出现过。"UVW贴图"修改器可以很好地展示出大部分的模型贴图效果，是常用的修改器之一。

◇ 材质创建

01 打开本书学习资源中的"场景文件>CH05>17.max"文件，这是一个木雕熊摆件，如图5-246所示。

02 按M键打开材质编辑器，然后选择一个空白材质球，接着设置材质类型为VRayMtl材质，具体参数设置如图5-247所示。

设置步骤：

① 在"漫反射"通道中加载本书学习资源中的"实例文件>CH05>用UVW贴图坐标调整贴图位置>木纹.jpg"文件；

② 在"反射"通道中加载本书学习资源中的"实例文件>CH05>用UVW贴图坐标调整贴图位置>木纹bump.jpg"文件，然后复制到"反射光泽"通道中，接着设置"反射光泽"为0.87，最后设置"细分"为16。

图5-246

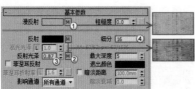

图5-247

03 展开"贴图"卷展栏，然后设置"反射"通道强度为30，接着在"凹凸"通道中加载学习资源中的"实例文件>CH05>用UVW贴图坐标调整贴图位置>木纹bump.jpg"文件，最后设置"凹凸"通道强度为-5，如图5-248所示。

04 将材质赋予模型，效果如图5-249所示。赋予的木纹材质纹理较大，没有达到理想的效果，需要调整贴图的大小。

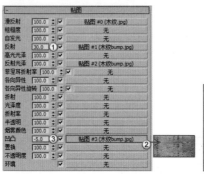

图5-248

图5-249

05 选中模型，然后在修改器堆栈中选择"UVW贴图"选项，此时修改器自动默认坐标为"平面"，效果如图5-250所示。

图5-250

06 模型整体呈长方体状，所以这里的坐标选择"长方体"，然后设置"长度""宽度""高度"都为50mm，如图5-251所示。此时模型贴图效果如图5-252所示。

图5-252

07 观察视图，贴图的大小符合理想的效果。按F9键渲染场景，效果如图5-253所示。

图5-251

图5-253

◯ 技术回顾

◎ 工具：UVW 贴图　视频：042-UVW贴图

◎ 位置：修改器堆栈> UVW贴图

◎ 用途：调整贴图的位置和大小。

01 打开本书学习资源中的"场景文件>演示模型>01.max"文件，这是一组异形模型，如图5-254所示。

02 按M键打开材质编辑器，然后选中一个空白材质球并将其转换为VRayMtl材质球，接着在"漫反射"通道中加载一张"棋盘格"贴图，然后赋予模型，最后按F9键渲染，效果如图5-255所示。

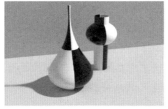

图5-254 图5-255

03 选中模型，然后在修改器堆栈中选择"UVW贴图"选项，系统默认选择"平面"坐标，"对齐"为"Z"，如图5-256所示。

04 设置"对齐"为"X"，效果如图5-257所示，然后设置"对齐"为"Y"，效果如图5-258所示。

图5-256 图5-257 图5-258

05 将"对齐"设置为"X"，然后依次测试每一种坐标选项的效果，如图5-259~图5-264所示。

图5-259 图5-260

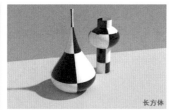

图5-261 图5-262

图5-263 图5-264

06 设置坐标为"长方体"，然后勾选"U向平铺"后的"翻转"选项，与原图效果对比如图5-265和图5-266所示。可以观察到黑白块在水平方向交换了位置。

07 分别勾选"V向平铺"和"W向平铺"后的"翻转"选项，效果如图5-267和图5-268所示。

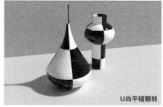

图5-265 图5-266

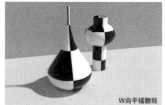

图5-267 图5-268

技术专题 ⓤ UVW贴图坐标类型

在技术回顾中，通过案例演示了UVW贴图坐标类型的效果。这里笔者详细讲解UVW贴图坐标类型的原理。

平面：从对象上的一个平面投影贴图，在某种程度上类似于投影幻灯片。在需要贴图对象的一侧时，会使用平面投影。它还用于倾斜地在多个侧面上贴图，以及用于在对称对象的两个侧面上贴图，如图5-269所示。

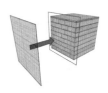

图5-269

柱形：从圆柱体投影贴图，使用它包裹对象。位图接合处的缝是可见的，除非使用无缝贴图。圆柱形投影用于基本形状为圆柱形的对象，如图5-270所示。

球形：通过从球体投影贴图来包围对象。在球体顶部和底部，位图边与球体两极交汇处会看到缝和贴图奇点。球形投影用于基本形状为球形的对象，如图5-271所示。

图5-270 图5-271

收缩包裹：使用球形贴图，但是它会截去贴图的各个角，然后在一个单独点将它们全部结合在一起，仅创建1个奇点。收缩包裹贴图用于隐藏贴图奇点，如图5-272所示。

长方体：从长方体的6个侧面投影贴图。每个侧面投影为一个平面贴图，且表面上的效果取决于曲面法线，如图5-273所示。

图5-272 图5-273

面：对对象的每个面应用贴图副本。使用完整矩形贴图来在共享隐藏边的成对面上贴图。使用贴图的矩形部分在不带隐藏边的单个面上贴图，如图5-274所示。

XYZ到UVW：将3D程序坐标贴到UVW坐标系中。这会将程序纹理贴到表面上。如果表面被拉伸，3D程序贴图也会被拉伸。对于包含动画拓扑的对象，请结合程序纹理（如细胞）使用此选项，如图5-275所示。

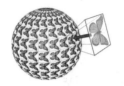

图5-274　　　　　　　　图5-275

这些类型可以满足大多数时候的贴图操作，但对于一些特殊情况就不能很好地满足。比如某些图案必须对应某些面，上述坐标未必就能完全贴合。这就需要用下一节讲到的"UVW展开"修改器进行制作。

实例082　用UVW展开坐标调整贴图位置

场景位置	无
实例位置	实例文件>CH05>用UVW展开坐标调整贴图位置.max
学习目标	掌握UVW展开修改器的使用方法

"UVW展开"修改器用于将贴图（纹理）坐标指定给对象和子对象，并手动或通过各种工具来编辑这些坐标。还可以使用它来展开和编辑对象上已有的UVW坐标。

对于一些复杂的模型和贴图，"UVW贴图"修改器不能很好地解决缝隙拐角等位置的贴图走向问题，"UVW展开"修改器可以很好地解决这一问题。

◈ 材质创建

01 在场景中使用"长方体"工具 **长方体** 创建一个长方体，然后设置"长度"为100mm，"宽度"为100mm，"高度"为25mm，如图5-276所示。模型效果如图5-277所示。

图5-276　　　　　　　　图5-277

02 选择一个空白材质球，然后设置材质类型为VRayMtl材质，具体参数设置如图5-278所示。

设置步骤：

① 在"漫反射"通道中加载学习资源中的"实例文件>CH05>用UVW展开坐标调整贴图位置>包装盒.jpg"文件；

② 设置"反射"颜色为（红:171，绿:171，蓝:171），然后设置"反射光泽"为0.88。

图5-278

03 将制作好的材质指定给场景中的模型，模型效果如图5-279所示。观察发现贴图在模型上没有按照需要的面显示，需要为其加载"UVW展开"修改器调整贴图坐标。

图5-279

04 选中模型，然后为其加载一个"UVW展开"修改器，然后在修改面板中选中"多边形"层级，接着单击"打开UV编辑器"按钮，如图5-280所示，会弹出如图5-281所示的对话框。

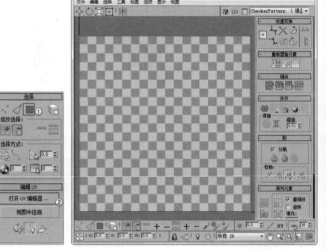

图5-280　　　　　　　　图5-281

05 在"编辑UVW"对话框中执行"贴图>展平贴图"菜单命令，如图5-282所示，然后在弹出的对话框中单击"确定"按钮，这时会观察到窗口中出现了如图5-283所示的效果。

图5-282

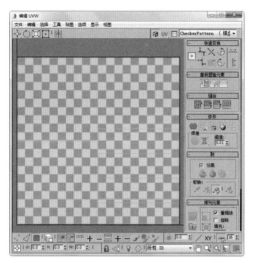

图5-283

06 框选所有的多边形并移动到右侧，如图5-284所示。然后单击右侧下拉菜单，选择包装盒贴图，如图5-285所示。效果如图5-286所示。

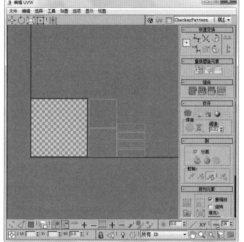

图5-284

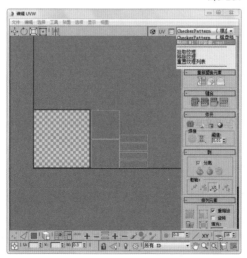

图5-285

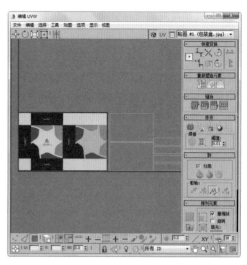

图5-286

07 单击"自由形式模式"按钮，然后参照模型的位置将多边形移动到相应的贴图位置，效果如图5-287所示。此时模型效果如图5-288所示。

08 按F9键渲染当前场景，最终效果如图5-289所示。

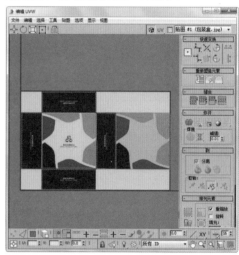

图5-287

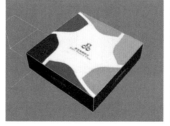

图5-288

图5-289

技术回顾

- 工具：UVW展开 视频：043–UVW展开
- 位置：修改器堆栈> UVW展开
- 用途：调整贴图的位置和大小。

01 在场景中使用"长方体"工具 长方体 创建一个长方体，如图5-290所示。

02 选择一个空白材质球，然后设置材质类型为VRayMtl材质，接着在"漫反射"通道中加载学习资源中的"实例文件>CH05>用UVW展开坐标调整贴图位置>演示贴图.jpg"文件，再赋予模型，效果如图5-291所示。

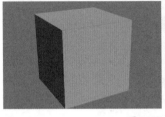 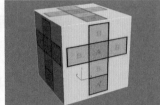

图5-290   图5-291

03 观察模型，我们需要将A和A′分别位于长方体的上下两个面上，B位于前后左右4个面上。按照传统方法，我们需要为其加载"UVW贴图"修改器，依次使用每一种坐标后效果如图5-292~图5-298所示。我们会发现没有任何一种坐标符合要求。

图5-292

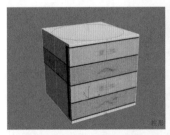 

图5-293   图5-294

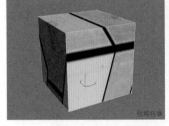 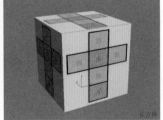

图5-295   图5-296

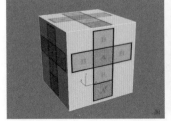 

图5-297   图5-298

04 在以上方法都不能达到要求时，可以使用"UVW展开"修改器进行调整。为模型加载"UVW展开"修改器，然后选中"多边形"层级，效果如图5-299所示。

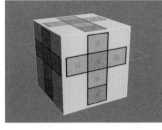

图5-299

05 在"修改"面板中单击"打开UV编辑器" 打开UV编辑器... 按钮，会弹出对话框，如图5-300所示。

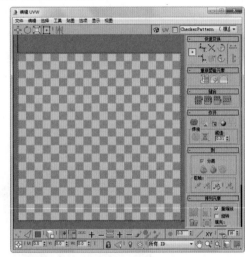

图5-300

06 在"编辑UVW"对话框中执行"贴图>展平贴图"菜单命令，如图5-301所示，会弹出如图5-302所示的对话框，接着单击"确定"按钮。弹出的"展平贴图"对话框中的数值绝大多数情况下保持默认，不需要修改。

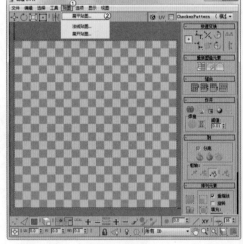

图5-301

图5-302

07 此时"编辑UVW"对话框中的效果如图5-303所示。可以观察到长方体以多边形为单位平摊在了对话框中。

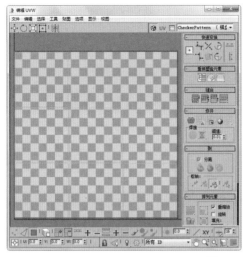

图5-303

08 框选所有绿色的多边形,然后移动到编辑区外侧,如图5-304所示。

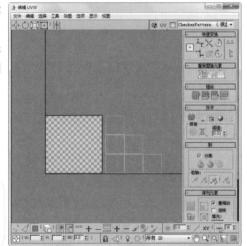

图5-304

09 单击右上角的下拉菜单,然后选择演示贴图,如图5-305所示。此时贴图会自动出现在黑白底纹的编辑区内,如图5-306所示。

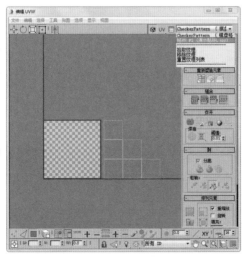

图5-305

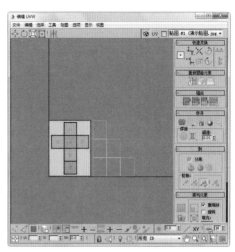

图5-306

10 选中右侧最上方的任意多边形,然后观察场景中的模型的顶面,如图5-307和图5-308所示。

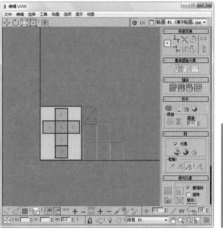

图5-307　　　　　图5-308

11 移动选中的多边形到贴图的A处,然后调整多边形的大小,如图5-309所示。此时模型的效果如图5-310所示。可以观察到顶面上已经出现了预想的结果。

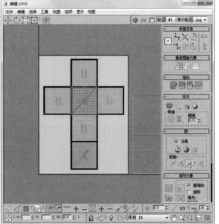

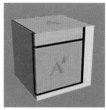

图5-309　　　　　图5-310

12 按照上一步的操作继续制作其余的面，对话框中的效果如图5-311所示。模型效果如图5-312所示。

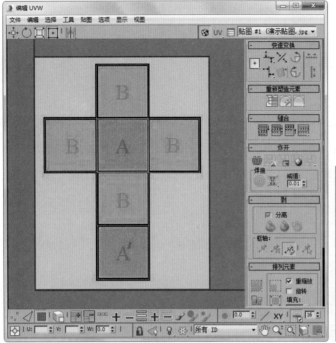

图5-311

图5-312

技术专题 ⑩ 怎样在PS中绘制贴图

　　演示案例中讲解的是将现成的贴图赋予模型。如果遇到有模型需要绘制贴图，需要先在"编辑UVW"对话框中按照讲解的方法展开UV，并使UV在模型上没有拉伸。这个过程很烦琐，初学者需要耐心制作。

　　当在场景中展好UV后，需要将其导出。在"编辑UVW"对话框中执行"工具>渲染UVW模板"菜单命令，会弹出"渲染UVs"对话框，如图5-313和图5-314所示。

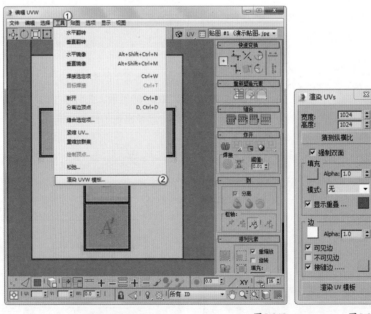

图5-313　　　　图5-314

　　"宽度"和"高度"是输出图片的大小，设置好后可以单击"渲染UV模板"按钮，在弹出的"渲染贴图"对话框中保存图片，再在PS中进行贴图的绘制即可。绘制好后将贴图赋予材质的"漫反射"通道即可，不需要额外添加"UVW贴图"修改器。

　　这个贴图制作方法适用于结构较为复杂且不规则的模型，如人物CG、游戏道具等。

Q 为什么渲染场景后物体都被染色

这是因为场景中的某些模型使用了"渐变坡度"贴图。只要找到该模型更换贴图或直接删掉模型即可解决。

Q 有磨砂效果的物体，渲染后噪点严重怎么办

📁演示视频010：有磨砂效果的物体，渲染后噪点严重怎么办

遇到这种情况可以增大反射或折射的"细分"数值进行消除。图5-315所示是金属模型在反射"细分"为3时的效果，图5-316所示是金属模型在反射"细分"为16时的效果。

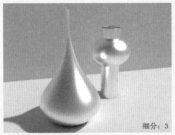 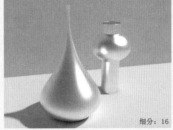

图5-315 图5-316

Q 折射通道和不透明通道有什么区别

📁演示视频011：折射通道和不透明通道有什么区别

折射通道具有真实的折射属性，因为折射率的原因，光线穿过后会受到折射率大小的影响，图5-317和图5-318所示是在"折射"通道中加载一张"棋盘格"贴图的折射效果。可以观察到模型在质感上有着明显的差异。

而将"棋盘格"贴图加载在"不透明度"通道中时，效果如图5-319所示。模型只有透明与不透明的区别，并没有表现出质感。

图5-317 图5-318 图5-319

Q 丢失了贴图怎么处理

📁演示视频012：丢失了贴图怎么处理

当导入一些外部场景时，会出现路径不一致而导致贴图丢失的情况。遇到这种情况时需要重新加载贴图路径。

第1步：在"实用程序"面板中单击"更多"按钮，如图5-320所示。

第2步：在弹出的"实用程序"对话框中选择"位图/光度学路径"选项，然后单击"确定"按钮，如图5-321所示。

第3步：在"实用程序"面板中单击"编辑资源"按钮，如图5-322所示。

第4步：弹出的"位图/光度学路径编辑器"对话框中会出现场景中所有的贴图和光度学文件的路径，如图5-323所示。

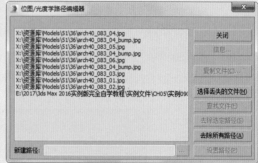

图5-320	图5-321	图5-322	图5-323

第5步：单击"选择丢失的文件"按钮，对话框中所有丢失路径的文件会被自动选中，如图5-324所示。

第6步：单击"新建路径"后的按钮，然后选择文件所在的文件夹，最后单击"使用路径"按钮，如图5-325和图5-326所示。

第7步：返回"位图/光度学路径编辑器"后单击"设置路径"按钮，此时丢失路径的文件就会显示新加载的路径，如图5-327所示。如果加载后还有个别文件路径不一致可以再次加载；如果丢失了原有的贴图文件，就必须重新添加贴图。

图5-324

图5-325	图5-326	图5-327

Q 怎样使材质编辑器中的效果与渲染的效果一致

第1点：保持场景中的光源符合现实的照明条件。

第2点：使用线性工作流模式，校正显示器带来的色差。这一部分会在V-Ray渲染器相关章节中进行讲解。

Q 怎样观察噪波贴图的纹理大小是否合适

演示视频013：怎样观察噪波贴图的纹理大小是否合适

噪波贴图大多数加载在"凹凸"通道中，但赋予模型后却没有办法直接观察噪波大小是否合适。

图5-328所示是赋予了带"噪波"纹理的模型，"噪波"贴图在"凹凸"通道中，因此在模型上看不到噪波的大小。

遇到这种情况，有两种方法可以解决。

第1种：将"凹凸"通道中的"噪波"贴图复制到"漫反射"通道中并进行调整，这时模型上会出现噪波贴图，如图5-329所示。

第2种：进入"凹凸"通道，然后单击"视口中显示明暗处理材质"按钮 ，此时模型上会显示噪波贴图效果，如图5-330所示。

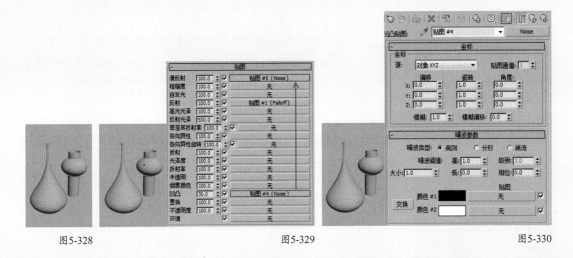

图5-328　　　　　　　　　　　图5-329　　　　　　　　　　　图5-330

Q 如果设置的不可渲染的物体在其他物体的反射中还是可见怎么办

演示视频014：如果设置的不可渲染的物体在其他物体的反射中还是可见怎么办

有时候一些辅助模型在场景中被设置的是对摄影机不可见，也就是在场景中渲染不出来。但在某些情况下，其他物体的反射又可以看见该物体，出现如图5-331所示的情况该如何处理？

从图5-331可以观察到左侧的模型没有在场景中渲染出来，但在另一个模型的表面反射出来，还产生了不该有的投影。为了让场景看起来更合理，需要选中左侧的模型，然后单击鼠标右键，在弹出的菜单中选择"对象属性"选项，如图5-332所示。

在弹出的"对象属性"对话框中取消勾选"对反射/折射可见""接收阴影""投射阴影"这3个选项，并单击"确定"按钮退出对话框，如图5-333所示。再渲染场景，效果如图5-334所示。可以观察到场景中左侧的模型既没有在右侧模型中产生反射投影，也没有产生阴影。

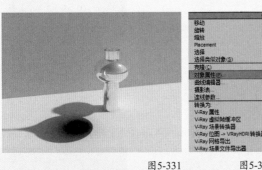

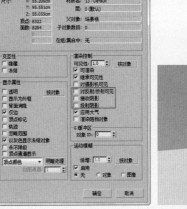

图5-331　　　　　　　　图5-332　　　　　　　　　　图5-333　　　　　　　　　　图5-334

Q 如何精准地将Logo或文字信息之类的贴图定位到模型上

第1种：使用"UVW展开"修改器导出一张边缘线贴图，然后在PS中进行绘制。这个方法已在技术专题中进行了讲解。

第2种：将需要赋予Logo等信息的模型部分单独分离出来，形成一个新的模型，然后再赋予材质。

3DS MAX INSTANCE

技术专题

疑难问答

技巧与提示

第6章 灯光系统与布光技术

本章将介绍3ds Max 2016的灯光技术，包括"光度学"灯光、"标准"灯光和"VRay"灯光。本章是很重要的一章，几乎在实际工作中会用到的灯光技术都包含在本章中，特别是对于目标灯光、目标聚光灯、目标平行光、VR-灯光和VR-太阳的布光思路与方法，读者务必要完全领会并掌握。

"光度学"灯光包括3种类型，分别是"目标灯光""自由灯光""mr天空入口"，如图6-1所示。"标准"灯光包括8种类型，分别是"目标聚光灯""自由聚光灯""目标平行光""自由平行光""泛光""天光""mr Area Omni""mr Area Spot"，如图6-2所示。本书主要讲解"目标灯光""目标聚光灯""目标平行光""泛光"4种常用灯光。

安装好V-Ray渲染器后，在"灯光"创建面板中就可以选择"VRay"灯光。"VRay"灯光包含4种类型，分别是"VR-灯光""VRayIES""VR-环境灯光""VR-太阳"，如图6-3所示。

Employment Direction
从业方向

家具造型师

建筑设计表现师

工业设计师

室内设计表现师

图6-1

图6-2

图6-3

实例083 用目标灯光制作射灯

场景位置	场景文件>CH06>01.max
实例位置	实例文件>CH06>用目标灯光制作射灯.max
学习目标	学习目标灯光的功能及用法

案例效果如图6-4所示。

图6-4

灯光创建

01 打开本书学习资源中的"场景文件>CH06>01.max"文件，这是一组鞋子，如图6-5所示。在这个场景中需要使用目标灯光来模拟射灯效果照亮所有的物品。

02 进入左视图，在"创建"面板中单击"灯光"按钮，然后选择"光度学"选项，接着单击"目标灯光"按钮 **目标灯光**，如图6-6所示，再在视图中使用鼠标左键拖曳出灯光的位置，如图6-7所示。

图6-5

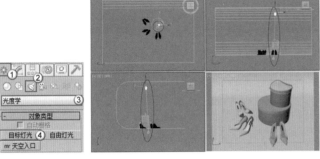

图6-6

图6-7

03 选择上一步创建的目标灯光,然后进入"修改"面板,具体参数设置如图6-8所示。

设置步骤:

① 展开"常规参数"卷展栏,然后在"阴影"选项组下勾选"启用"选项,接着设置"灯光分布(类型)"为"光度学Web";

② 展开"分布(光度学Web)"卷展栏,然后在其通道中加载本书学习资源中的"实例文件>CH06使用目标灯光制作射灯>006.ies"文件;

③ 展开"强度/颜色/衰减"卷展栏,然后设置"过滤颜色"为白色(红:255,绿:255,蓝:255),接着设置"强度"为2 000cd。

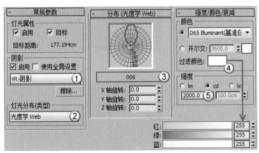

图6-8

技巧与提示

选择灯光及其目标点时,为了避免误选其他对象,将"选择过滤器"设置为"L-灯光"选项即可。

04 按C键切换到摄影机视图,然后按F9键渲染当前场景,最终效果如图6-9所示。

图6-9

技术回顾

工具: **目标灯光** 视频:044-目标灯光

位置: 灯光>光度学

用途: 目标灯光主要用来模拟现实中的筒灯、射灯和壁灯等带有方向性的灯光。

01 打开本书学习资源中的"场景文件>演示模型>01.max"文件,这是一组异形模型,如图6-10所示。

02 进入左视图,然后在"创建"面板中单击"灯光"按钮,接着选择"光度学"选项,再单击"目标灯光"按钮 **目标灯光**,最后在视图中使用鼠标左键拖曳出目标灯光,如图6-11所示。

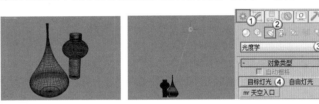

图6-10

图6-11

技巧与提示

除了可以在"创建"面板中创建目标灯光外,还可以选择菜单栏中的"创建>灯光>光度学灯光>目标灯光"选项,然后在视图中拖曳鼠标即可创建。

---

03 与目标摄影机类似,目标灯光是由灯光与目标点两部分组成,如图6-12所示。

04 选择灯光,然后切换到"修改"面板,展开"强度/颜色/衰减"卷展栏,设置"强度"为5 000cd,按F9键渲染当前场景,如图6-13所示,接着展开"常规参数"卷展栏,在"阴影"选项组中勾选"启用"选项,再次按F9键渲染,如图6-14所示,场景中会出现阴影。

图6-12

图6-13

图6-14

技巧与提示

勾选"阴影"选项组中的"启用"选项后,多数情况下会将阴影类型设置为"VR-阴影"。

05 设置"灯光分布（类型）"为"光度学Web"，系统会自动加载一个"分布（光度学Web）"卷展栏，然后单击"选择光度学文件"按钮，在弹出的窗口中选择需要的IES光度学文件，如图6-15和图6-16所示。

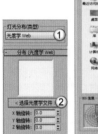

图6-15

图6-16

技术专题 ⑩ 光域网文件

将"灯光分布（类型）"设置为"光度学Web"后，系统会自动增加一个"分布（光度学Web）"卷展栏，在"分布（光度学Web）"通道中可以加载光域网文件。

光域网是灯光的一种物理性质，用来确定光在空气中的发散方式。

不同的灯光在空气中的发散方式也不相同，比如手电筒会发出一个光束，而壁灯或台灯发出的光又是另外一种形状，这些不同的形状是由灯光自身的特性来决定的，也就是说这些形状是由光域网造成的。灯光之所以会产生不同的图案，是因为每种灯在出厂时，厂家都

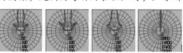

图6-17

要为每种灯指定不同的光域网。在3ds Max中，如果为灯光指定一个特殊的文件，就可以产生与现实生活中相同的发散效果，这种特殊文件的标准格式为IES，图6-17所示是一些不同光域网的显示形态，图6-18所示是这些光域网的渲染效果。

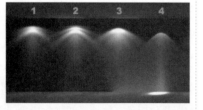

图6-18

---

06 展开"强度/颜色/衰减"卷展栏，然后单击"过滤颜色"按钮，在弹出的对话框中可以设置灯光的颜色，如图6-19和图6-20所示。

图6-19

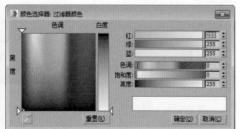

图6-20

---

07 设置"强度"为8 000cd，按F9键渲染，可以观察到灯光的强度增大了，如图6-21和图6-22所示。

图6-21

图6-22

08 设置阴影类型为"VR-阴影"，系统会自动加载"VRay阴影参数"卷展栏，勾选"区域阴影"选项，按F9键渲染当前场景，可以观察到阴影边缘出现了柔化模糊，如图6-23和图6-24所示。

图6-23

图6-24

09 设置投影类型为"长方体"，按F9键渲染，如图6-25所示，然后设置投影类型为"球体"，按F9键渲染，如图6-26所示。

图6-25

图6-26

🔟 设置"U大小""V大小"和"W大小"都为50mm，效果对比如图6-27和图6-28所示。可以观察到设置的值越大，阴影模糊效果越明显。

图6-27

图6-28

⓫ 设置"细分"为30，效果对比如图6-29和图6-30所示。可以观察到细分设置得越大，阴影边缘杂点越少，阴影也越细腻。

图6-29

图6-30

实例084 用目标聚光灯制作照明灯光

场景位置	场景文件>CH06>02.max
实例位置	实例文件>CH06>用目标聚光灯制作照明灯光.max
学习目标	学习目标聚光灯参数及其操作

案例效果如图6-31所示。

图6-31

🔹 灯光创建

⓵ 打开本书学习资源中的"场景文件>CH06>02.max"文件，这是一个边柜模型，如图6-32所示。

⓶ 进入顶视图，然后在"创建"面板中单击"灯光"按钮，接着选择"标准"选项，再单击"目标聚光灯"按钮 目标聚光灯，用鼠标拖曳出目标聚光灯，其位置如图6-33所示。

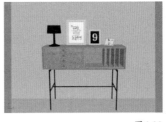

图6-32   图6-33

⓷ 选中上一步创建的目标聚光灯，然后进入"修改"面板，具体参数设置如图6-34所示。

设置步骤：

① 展开"常规参数"卷展栏，然后在选"阴影"选项组下勾选"启用"选项，并设置阴影类型为"VR-阴影"；

② 展开"强度/颜色/衰减"卷展栏，然后设置"颜色"为黄色（红:255，绿:207，蓝:169），接着设置"倍增"为1.5；

③ 展开"聚光灯参数"卷展栏，然后设置"聚光区/光束"为38，"衰减区/区域"为60；

④ 展开"VRay阴影参数"卷展栏，然后勾选"区域阴影"选项，设置"U大小""V大小"和"W大小"都为50mm。

⓸ 按快捷键C进入摄影机视图，然后按F9键渲染当前场景，边柜最终效果如图6-35所示。

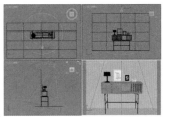

图6-34   图6-35

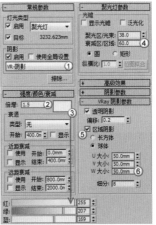

技术回顾

◎ 工具：**目标聚光灯** 视频：045-目标聚光灯

◎ 位置：灯光>标准

◎ 用途：目标聚光灯可以产生一个锥形的照射区域，区域以外的对象不会受到灯光的影响，主要用来模拟吊灯、手电筒等发出的灯光。

01 打开本书学习资源中的"场景文件>演示模型>01.max"文件，这是一组异形模型，如图6-36所示。

02 进入左视图，然后在"创建"面板中单击"灯光"按钮，接着选择"标准"选项，再单击"目标聚光灯"按钮，最后在视图中使用鼠标左键拖曳出目标聚光灯，如图6-37所示。

图6-36

图6-37

> **技巧与提示** ✅
>
> 除了可以在"创建"面板中创建目标聚光灯外，还可以选择菜单栏中的"创建>灯光>标准灯光>目标聚光灯"选项，然后在视图中拖曳鼠标即可创建。

03 与目标灯光一样，目标聚光灯也包含两部分，如图6-38所示。

> **技巧与提示** ✅
>
> 目标聚光灯与目标灯光的参数面板基本相同，以下介绍不相同的参数内容。

图6-38

04 按F9键渲染当前场景，然后展开"聚光灯参数"卷展栏，此时"聚光区/光束"为43，"衰减区/区域"为45，如图6-39所示，接着设置"聚光区/光束"为5，"衰减区/区域"为20，按F9键渲染，效果如图6-40所示。可以观察到，"聚光区/光束"包裹照亮区域减小了，"衰减区/区域"包裹以外的区域都没有被照亮。

图6-39

图6-40

05 设置衰减区的形状为圆，按F9键渲染当前场景，如图6-41所示，然后设置衰减区的形状为矩形，按F9键渲染当前场景，如图6-42所示。

图6-41

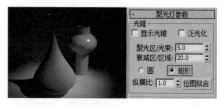

图6-42

实例085 用目标平行光制作客厅阳光

场景位置	场景文件>CH06>03.max
实例位置	实例文件>CH06>用目标平行光制作客厅阳光.max
学习目标	学习目标平行光参数及其操作

案例效果如图6-43所示。

图6-43

01 打开本书学习资源中的"场景文件>CH06>03.max"文件，这是一个客厅场景，如图6-44所示。

02 在"创建"面板中单击"灯光"按钮🔽，然后选择"标准"选项，接着单击"目标平行光"按钮 **目标平行光**，再在前视图中拖曳鼠标创建一个目标平行光，作为阳光，其位置如图6-45所示。

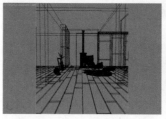

图6-44

图6-45

03 选中上一步创建的目标平行光，然后进入"修改"面板，具体参数设置如图6-46所示。

设置步骤：

① 展开"常规参数"卷展栏，然后在"阴影"选项组下勾选"启用"选项，并设置阴影类型为"VR-阴影"；

② 展开"强度/颜色/衰减"卷展栏，然后设置"颜色"为黄色（红:255，绿:196，蓝:119），接着设置"倍增"为3；

③ 展开"平行灯参数"卷展栏，然后设置"聚光区/光束"为10007.6mm、"衰减区/区域"为11734.8mm；

④ 展开"VRay阴影参数"卷展栏，然后勾选"区域阴影"选项，设置"U大小""V大小"和"W大小"都为254mm。

04 按F9键渲染当前场景，效果如图6-47所示。可以观察到阳光亮度合适，但室内光线较暗，需要添加补光。

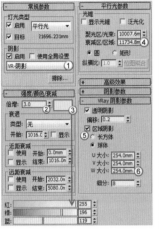

图6-46　　　　　　　　　　　　　　图6-47

05 设置灯光类型为"VRay"，然后在前视图中创建一盏VR-灯光，其位置如图6-48所示。

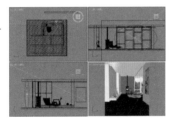

图6-48

06 选中上一步创建的VR-灯光，然后进入"修改"面板，具体参数设置如图6-49所示。

设置步骤：

① 在"常规"卷展栏下设置"类型"为"平面"，然后设置"1/2长"为2105.877mm，"1/2宽"为1214.539mm，接着设置"倍增"为3.5，"颜色"为白色（红:255，绿:255，蓝:255）；

② 在"选项"卷展栏下勾选"双面"和"不可见"选项，然后取消勾选"影响高光"和"影响反射"选项。

07 按C键进入摄影机视图，然后按F9键渲染当前场景，最终效果如图6-50所示。

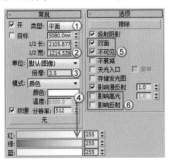

图6-49　　　　　　　　　　　　　　图6-50

技巧与提示 ✔

目标平行光与目标聚光灯参数用法完全一致，这里不做详细讲解。

实例086 用泛光灯制作烛光

场景位置　场景文件>CH06>04.max
实例位置　实例文件>CH06>用泛光灯制作烛光.max
学习目标　学习泛光灯参数及其操作

案例效果如图6-51所示。

图6-51

🔆 灯光创建

01 打开本书学习资源中的"场景文件>CH06>04.max"文件，这是一个烛台摆件，如图6-52所示。

02 进入顶视图，然后在"创建"面板中单击"灯光"按钮，接着选择"标准"选项，再单击"泛光"按钮，在场景中单击创建泛光灯，位置如图6-53所示。

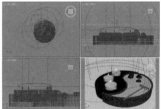

图6-52　　　　　　　　　　　　　　图6-53

03 选择上一步创建的泛光灯，然后进入"修改"面板，具体参数设置如图6-54所示。

设置步骤：

① 展开"常规参数"卷展栏，然后在"阴影"选项组下勾选"启用"选项，并设置阴影类型为"VR-阴影"；

② 展开"强度/颜色/衰减"卷展栏，然后设置"颜色"为黄色（红:255，绿:162，蓝:112），接着设置"倍增"为1，再勾选"远距衰减"选项组中的"使用"和"显示"选项，最后设置"结束"为110mm；

③ 展开"VRay阴影参数"卷展栏，然后勾选"区域阴影"选项。

04 按C键进入摄影机视图，然后按F9键渲染当前视图，最终效果如图6-55所示。

图6-54　　　　　　　　　　　　　　图6-55

◎ 工具： 泛光 视频：046-泛光灯

◎ 位置：灯光>标准

◎ 用途：泛光灯可以模拟蜡烛、灯泡等光源，可以有效地控制光源的照射范围、衰减程度，也可以作为环境补光使用。

01 打开本书学习资源中的"场景文件>演示模型>01.max"文件，这是一组异形模型，如图6-56所示。

02 进入左视图，然后在"创建"面板中单击"灯光"按钮，接着选择"标准"选项，再单击"泛光"按钮 泛光 ，最后在视图中使用鼠标单击场景创建出灯光，如图6-57所示。

图6-56   图6-57

▶ 技巧与提示 ✅

　　除了可以在"创建"面板中创建泛光灯外，还可以选择菜单栏中的"创建>灯光>标准灯光>泛光"选项，然后在视图中拖曳鼠标即可创建。

03 泛光灯是一个单独的光源，没有目标点，光线呈360°照射场景，如图6-58所示。

图6-58

04 泛光灯参数与目标聚光灯基本相同，只是在控制灯光的照射范围方面需要使用"近距衰减"和"远距衰减"这两组参数。勾选"近距衰减"的"使用"和"显示"选项，其余保持默认，这时泛光灯效果如图6-59所示，渲染效果如图6-60所示。此时灯光的外侧有一圈蓝色的线。

图6-59   图6-60

05 设置"近距衰减"的"开始"为0cm，"结束"为200cm，灯光效果如图6-61所示，渲染效果如图6-62所示。这时可以观察到被蓝色线包裹住的模型部分颜色变深了。

图6-61   图6-62

06 设置"近距衰减"的"开始"为100cm，"结束"为200cm，灯光效果如图6-63所示，渲染效果如图6-64所示。这时可以观察到蓝色线内侧又有一圈灰色的线，而灯光只产生在这两圈线之间。

图6-63   图6-64

07 取消勾选"近距衰减"的所有选项，然后勾选"远距衰减"的"使用"和"显示"选项，接着设置"开始"为0cm，"结束"为170cm，灯光效果如图6-65所示，渲染效果如图6-66所示。可以观察到灯光外侧有一圈灰色的线，产生的灯光也只到这圈线的范围之内，且灯光照射的效果很弱。

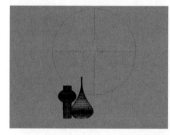

图6-65   图6-66

08 设置"远距衰减"的"开始"为100cm，"结束"为200cm，灯光效果如图6-67所示，渲染效果如图6-68所示。可以观察到灯光与外侧灰色线的中间出现了一圈黄色线，且灯光在黄色线以内最亮，在黄色线到灰色线间呈现衰减，在灰色线以外完全消失。

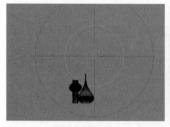

图6-67   图6-68

▶ 技巧与提示 ✅

　　"近距衰减"和"远距衰减"这两组参数可以很好地控制灯光产生的范围和照射的效果，适合模拟烛光、火光、灯泡等带有距离衰减的灯光效果。

实例087 用VR-灯光制作灯带

场景位置	场景文件>CH06>05.max
实例位置	实例文件>CH06>用VR-灯光制作灯带.max
学习目标	学习平面VR-灯光的参数及用法

VR-灯光主要模拟灯泡、环境光、灯箱等光源，是常用的灯光之一。本例中将使用平面灯光模拟灯带，案例效果如图6-69所示。

图6-69

💬 灯光创建

01 打开本书学习资源中的"场景文件>CH06>05.max"文件，这是一个电梯厅场景，如图6-70所示。

02 通过顶视图观察场景，需要在电梯厅入口处创建一盏VR-灯光作为环境光。在"创建"面板中单击"灯光"按钮🔆，并选择"VRay"选项，然后单击"VR-灯光"按钮 VR-灯光 ，在场景中拖曳出一盏VR-灯光，如图6-71所示。

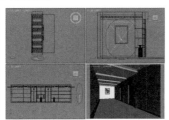

图6-70　　　　　　　　　　　图6-71

03 选择上一步创建的VR-灯光，然后进入"修改"面板，具体参数设置如图6-72所示。

设置步骤：

① 在"常规"卷展栏下设置"类型"为"平面"，然后设置"1/2长"为1 015.522mm，"1/2宽"为1 239.015mm，接着设置"倍增"为3，"颜色"为蓝色（红:237，绿:244，蓝:250）；

② 在"选项"卷展栏下勾选"不可见"选项，取消勾选"影响高光"和"影响反射"选项。

04 切换到摄影机视图，渲染当前场景，效果如图6-73所示。

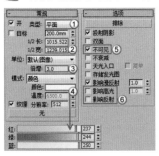

图6-72　　　　　　　　　　　图6-73

技巧与提示 ✅

在入口处创建环境灯光是为了表现电梯厅空间的纵深关系。

05 观察顶视图，可以看到吊顶位置有许多灯槽，需要在灯槽内创建VR-灯光模拟灯带。使用"VR-灯光"工具，在顶视图的灯槽中创建一盏VR-灯光，其位置如图6-74所示。

06 选中上一步创建的VR-灯光，然后进入"修改"面板，其具体参数设置如图6-75所示。

设置步骤：

① 在"常规"卷展栏下设置"类型"为"平面"，然后设置"1/2长"为1 597.5mm，"1/2宽"为75.91mm，接着设置"倍增"为6，"颜色"为黄色（红:252，绿:216，蓝:169）；

② 在"选项"卷展栏下勾选"不可见"选项，取消勾选"影响高光"和"影响反射"选项。

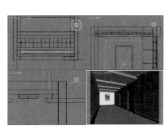
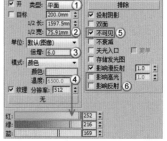

图6-74　　　　　　　　　　　图6-75

07 将修改好的VR-灯光以"实例"形式复制到其余灯槽内，其位置如图6-76所示。

08 按C键进入摄影机视图，然后按F9键渲染当前场景，最终效果如图6-77所示。

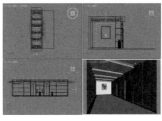

图6-76　　　　　　　　　　　图6-77

↻ 技术回顾

◎ 工具： VR-灯光 视频：047-VR-灯光

◎ 位置：灯光>VRay

◎ 用途：VR-灯光主要用来模拟室内灯光，是效果图制作中使用频率最高的一种灯光。

01 打开本书学习资源中的"场景文件>演示模型>01.max"文件，这是一组异形模型，如图6-78所示。

02 进入左视图，在"创建"面板中单击"灯光"按钮🔆，然后选择"VRay"选项，接着单击"VR-灯光"按钮 VR-灯光 ，再在场景中创建一盏VR-灯光，如图6-79所示。

图6-78   图6-79

技巧与提示

3.4版本的V-Ray在灯光界面上与以往的版本相比有较大的改动，添加了一些新的功能。

03 展开"常规"卷展栏，并单击"类型"下拉菜单，如图6-80所示，里面提供了5种灯光类型，如图6-81~图6-85所示。

图6-80   图6-81
平面

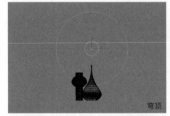   

图6-82   图6-83
穹顶   球体

图6-84   图6-85
网格   圆形

疑难问答

问：不同类型的VR-灯光有何作用？

答：不同类型的灯光可以模拟不同的效果。

平面：模拟环境光、灯带、灯箱等方形规则的灯光。

穹顶：模拟环境光，或用于检查场景模型。

球体：模拟灯泡、烛光、日光、月光等球形灯光。

网格：模拟异形灯光。需要关联不规则模型形成灯光。

圆形：模拟环境光、灯泡、日光等圆形规则的灯光。

在这5种灯光中，平面、穹顶和圆形是带有方向性的灯光，在使用时需要注意照射方向。

04 勾选"目标"选项，会观察到灯光产生了一个目标点，与之前讲解过的目标灯光相似，如图6-86所示。勾选此选项后，可以将VR-灯光当作目标灯光使用。

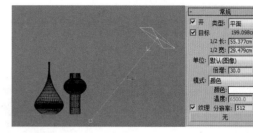

图6-86

05 设置"1/2长"为60cm，"1/2宽"为40cm，如图6-87和图6-88所示，可以观察到灯光的尺寸增大了。

图6-87   图6-88

技巧与提示

当灯光在"球体"或"圆形"模式下时，"大小"卷展栏中将自动切换为"半径"。

06 单击"单位"下拉菜单，如图6-89所示，里面提供了5种强度单位，大多数情况下使用第1种。

图6-89

技巧与提示

默认（图像）：V-Ray默认单位，依靠灯光的颜色和亮度来控制灯光的最后强弱，如果忽略曝光类型的因素，灯光色彩将是物体表面受光的最终色彩。

发光率（lm）：当选择这个单位时，灯光的亮度将和灯光的大小无关（100W的亮度大约等于1500lm）。

亮度（lm/ m2/sr）：当选择这个单位时，灯光的亮度和它的大小有关系。

辐射率（W）：当选择这个单位时，灯光的亮度和灯光的大小无关。

辐射（W/m2/sr）：当选择这个单位时，灯光的亮度和它的大小有关系。

07 单击"模式"下拉菜单，如图6-90所示，里面提供了两种灯光颜色的设定模式。"颜色"用来指定灯光的颜色，"温度"以色温来指定灯光的颜色。

图6-90

问：怎样设置色温控制颜色？

答：常用的色温值有晴天日光5 400K、阴天 6 000K、阴影7 000K、闪光灯5 600K、日落前3 800K、日落后3 200K、黎明前8 000K、晴朗草原5 800K、煤油灯2 200K、暖黄节能灯 2 600K、冷白节能灯 4 000K、白炽灯2 800K、商场 3 000K、新闻灯3 200K、素云黄昏4 100K、高空蓝天 6 800K。

08 单击"纹理"下方的通道按钮 无 ，可以为其加载贴图来控制灯光的颜色。其作用类似于"VR-灯光"材质，如图6-91所示。

09 展开"矩形/圆形灯光"卷展栏，这是V-Ray 3.4版本新加入的一个功能。面板如图6-92所示。

技巧与提示

该卷展栏只有在选择"平面"和"圆形"时才会出现。

图6-91　　　　图6-92

10 默认"定向"为0，将"定向"设置为0.5，然后设置"预览"为"选定"，如图6-93所示。此时场景中的平面灯光出现了一个圆形的扩展区域，如图6-94所示。

图6-93　　　　　　　图6-94

11 将"定向"设置为1，圆形扩散区域与平面灯光的大小相同，如图6-95所示。将"定向"设置为0，圆形扩散区域与平面灯光在一个平面上，如图6-96所示。

图6-95　　　　　　　图6-96

12 分别渲染"定向"为0、0.5和1时的场景，效果如图6-97~图6-99所示。可以观察到"定向"为0时，就是普通平面灯光的效果；"定向"为0.5和1时，灯光照射范围会随着圆形扩散区域的收缩而收缩，类似于前面小节中讲到的目标聚光灯的照射效果。

图6-97

图6-98　　　　　　　　　　　　图6-99

13 展开"选项"卷展栏，单击"排除"按钮，接着在弹出的窗口左侧选中"001"，将其添加到右侧窗口中，再单击"确定"按钮，如图6-100所示，最后按F9键渲染当前场景，如图6-101所示，可以观察到被排除的001没有被灯光照亮。

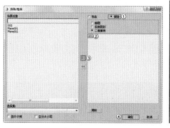

图6-100　　　　　　　　　　　　图6-101

14 勾选"投射阴影"选项和取消勾选该选项的效果分别如图6-102和图6-103所示。可以观察到，该选项控制灯光是否产生投影。

图6-102　　　　　　　　　　　　图6-103

15 勾选"双面"选项和取消勾选该选项的效果分别如图6-104和图6-105所示。可以观察到该选项控制灯光照射方向。

图6-104　　　　　　　　　　　　图6-105

16 勾选"不可见"选项和取消勾选该选项的效果分别如图6-106和图6-107所示。可以观察到，该选项控制是否在渲染图中出现灯光模型。

17 勾选"不衰减"选项和取消勾选该选项的效果分别如图6-108和图6-109所示。可以观察到，该选项控制灯光强度是否产生衰减，真实世界中灯光强度都是带有衰减的。

图6-106

图6-107

图6-108

图6-109

18 勾选"影响高光"选项和取消勾选该选项的效果分别如图6-110和图6-111所示。

图6-110

图6-111

19 勾选"影响反射"选项和取消勾选该选项的效果分别如图6-112和图6-113所示。可以观察到模型没有了强烈的反射效果，形成了一种磨砂效果。

图6-112

图6-113

20 展开"采样"卷展栏，设置"细分"为30，可以观察到灯光投射的阴影边缘杂点减少，更细腻了，如图6-114和图6-115所示。

图6-114

图6-115

实例088 用VR-灯光制作落地灯

场景位置	场景文件>CH06>06.max
实例位置	实例文件>CH06>用VR-灯光制作落地灯.max
学习目标	掌握球体VR-灯光的用法

案例效果如图6-116所示。

图6-116

01 打开本书学习资源中的"场景文件>CH06>06.max"文件，如图6-117所示。这是一个休闲室，在场景左侧有一盏落地灯，需要为其创建一盏灯光。

02 进入顶视图，然后使用"VR-灯光"工具在场景中创建一个VR-灯光，并设置灯光"类型"为"球体"，其位置如图6-118所示。

图6-117

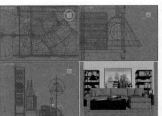
图6-118

03 选中上一步创建的球体VR-灯光，然后进入"修改"面板，具体参数设置如图6-119所示。

设置步骤：

① 在"常规"卷展栏下设置"类型"为"球体"，然后设置"半径"为60mm，接着设置"倍增"为260，"颜色"为黄色（红:255，绿:150，蓝:57）；

② 在"选项"卷展栏下勾选"不可见"选项；

③ 在"采样"卷展栏下设置"细分"为10。

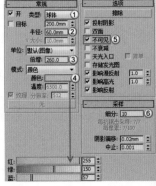
图6-119

04 按C键进入摄影机视图，然后按F9键渲染当前场景，效果如图6-120所示。观察场景，整体亮度偏暗，还需要添加环境光。

05 进入左视图，然后使用"VR-灯光"工具在场景中创建一个平面VR-灯光作为环境光，其位置如图6-121所示。

图6-120　　　　　　　　　　　图6-121

06 选择上一步创建的平面VR-灯光，然后进入"修改"面板，具体参数设置如图6-122所示。

设置步骤：

① 在"常规"卷展栏下设置"类型"为"平面"，然后设置"1/2长"为1 508.334mm，"1/2宽"为1 205.224mm，接着设置"倍增"为5，"颜色"为蓝色（红:53，绿:87，蓝:198）；

② 在"采样"卷展栏下设置"细分"为10。

07 按C键进入摄影机视图，然后按F9键渲染当前场景，最终效果如图6-123所示。

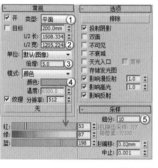 

图6-122　　　　　　　　　　　图6-123

实例089 用VR-太阳制作书房阳光

场景位置	场景文件>CH06>07.max
实例位置	实例文件>CH06>用VR-太阳制作书房阳光.max
学习目标	掌握VR-太阳的参数及制作方法

VR-太阳用于模拟太阳光的光照效果，其优势在于灯光会根据与地平线的夹角自动调整颜色，与真实世界的太阳光颜色相匹配。案例效果如图6-124所示。

图6-124

🔦 灯光创建

01 打开本书学习资源中的"场景文件>CH06>07.max"文件，如图6-125所示。

02 进入左视图，然后在"创建"面板中单击"灯光"按钮，接着选择"VRay"选项，再单击"VR-太阳"按钮，最后在视图中拖曳出灯光，如图6-126所示。

图6-125　　　　　　　　　　　图6-126

> **技巧与提示** ✅
>
> 当创建VR-太阳时，系统会自动弹出提示是否添加"VR-天空"贴图的对话框，单击"确定"按钮。

03 选中上一步创建的VR-太阳，然后进入"修改"面板，展开"VRay太阳参数"卷展栏，接着设置"强度倍增"为0.8，"大小倍增"为5，"阴影细分"为8，"天空模型"为"Preetham et al."，其具体参数如图6-127所示。

04 按C键进入摄影机视图，然后按F9键渲染当前场景，最终效果如图6-128所示。

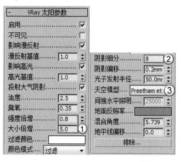 

图6-127　　　　　　　　　　　图6-128

> **疑难问答** 👩 ❓
>
> 问：VR-太阳是怎样呈现夕阳效果的？
>
> 答：奥秘在灯光与地面的夹角上。制作日光时，灯光与地面的夹角很大，接近90°，渲染的灯光颜色偏白；制作夕阳时，灯光与地面的夹角很小，接近0°，渲染的灯光颜色偏橙色。
>
> VR-太阳会自动根据灯光与地面的夹角控制灯光的颜色，而关联的"VR-天空"贴图也会根据VR-太阳的参数自动调整贴图的颜色和亮度，使用起来非常方便。

🔄 技术回顾

◎ 工具： **VR-太阳**　视频：048-VR-太阳

◎ 位置：灯光>VRay

◎ 用途：VR-太阳主要用来模拟真实的室外太阳光。

01 打开本书学习资源中的"场景文件>演示模型>01.max"文件，这是一组异形模型，如图6-129所示。

02 进入顶视图，然后在"创建"面板中单击"灯光"按钮，接着选择"VRay"选项，再单击"VR-太阳"按钮 VR-太阳 ，最后在视图中拖曳出灯光，如图6-130所示。

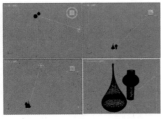

图6-129　　　　　　　　　　　　　　图6-130

03 当创建完"VR-太阳"灯光时，系统会自动弹出一个对话框，如图6-131所示，单击"是"添加"VR-天空"贴图。

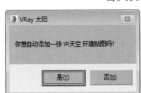

图6-131

04 选中创建的"VR-太阳"灯光，然后进入"修改"面板，展开"VRay太阳参数"卷展栏，接着取消勾选"影响高光"选项，再在摄影机视图中渲染当前场景，如图6-132所示，勾选该选项后，如图6-133所示。可以观察到，该选项控制灯光是否给物体造成高光反射。

图6-132　　　　　　　　　　　　　　图6-133

05 在"VRay太阳参数"卷展栏中分别将"浊度"设置为3、6、10时，天空的效果如图6-134~图6-136所示。可以观察到，浊度数值越大，画面越浑浊。

图6-134

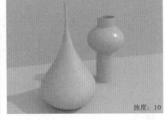

图6-135　　　　　　　　　　　　　　图6-136

06 在"VRay太阳参数"卷展栏中分别将"臭氧"设置为0.1、0.5、1时，效果如图6-137~图6-139所示。可以观察到，较小的值的阳光比较黄，较大的值的阳光比较蓝，这个参数是指空气中臭氧的含量。

图6-137

图6-138　　　　　　　　　　　　　　图6-139

07 在"VRay太阳参数"卷展栏中分别将"强度倍增"设置为0.02和0.05时，效果如图6-140和图6-141所示。可以观察到，数值越大，画面越亮，这个数值控制阳光的亮度，默认值为1。

图6-140　　　　　　　　　　　　　　图6-141

08 在"VRay太阳参数"卷展栏中分别将"大小倍增"设置为3和10时，效果如图6-142和图6-143所示。可以观察到，数值越大，阴影越模糊，这个数值控制太阳的大小，默认值为1。

图6-142　　　　　　　　　　　　　　图6-143

09 在"VRay太阳参数"卷展栏中分别将"阴影细分"设置为3和10时，效果如图6-144和图6-145所示。可以观察到，数值越大，模糊区域的阴影会产生越光滑的效果，并且没有杂点，默认值为3。

阴影细分: 3　　　　　　阴影细分: 10

图6-144　　　　　　图6-145

技巧与提示 ✏

　　"浊度"和"强度倍增"是相互影响的，因为当空气中的浮尘多的时候，阳光的强度就会降低。"大小倍增"和"阴影细分"也是相互影响的，这主要是因为影子虚边越大，所需的细分就越多，也就是说"大小倍增"值越大，"阴影细分"的值就越要适当增大，因为当影子为虚边阴影（面阴影）的时候，需要一定的细分值来增加阴影的采样，不然就会有很多杂点。

实例090　用VR-天空制作自然光照效果

场景位置	场景文件>CH06>08.max
实例位置	实例文件>CH06>用VR-天空制作自然光照效果.max
学习目标	掌握VR-天空的参数及制作方法

　　"VR-天空"是一张贴图，配合"VR-太阳"或是其他灯光作为环境光进行照明。案例效果如图6-146所示。

图6-146

灯光创建

01 打开本书学习资源中的"场景文件>CH06>08.max"文件，如图6-147所示。

图6-147

02 按8键打开"环境和效果"面板，然后在"环境贴图"通道中加载一张"VR-天空"贴图，如图6-148所示。

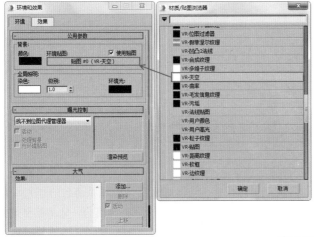

图6-148

03 按M键打开"材质编辑器"面板，然后将"环境贴图"中加载的"VR-天空"贴图拖曳到空白材质球上，如图6-149所示。

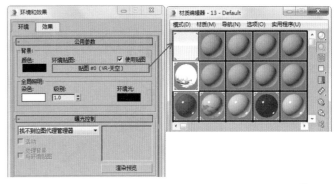

图6-149

04 在"材质编辑器"面板中选中"VR-天空"材质球，然后展开"VRay天空参数"卷展栏，接着勾选"指定太阳节点"选项，再设置"太阳强度倍增"为0.05，"太阳大小倍增"为5，"天空模型"为"Preetham et al."，如图6-150所示。

05 按C键进入摄影机视图，然后按F9键渲染当前场景，案例最终效果如图6-151所示。

图6-150　　　　　　图6-151

技术回顾

◎ 工具: VR-天空　视频: 049-VR-天空

◎ 位置: 材质编辑器>V-Ray

◎ 用途: VR-天空是V-Ray灯光系统中的一个非常重要的照明系统。V-Ray没有真正的天光引擎，只能用环境光来代替。

01 打开本书学习资源中的"场景文件>演示模型>01.max"文件，这是一组异形模型，如图6-152所示。

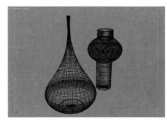

图6-152

02 按8键打开"环境和效果"面板，然后在"环境贴图"通道中加载一张"VR-天空"贴图，如图6-153所示。

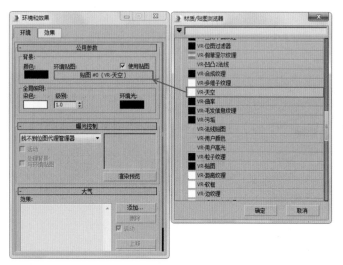

图6-153

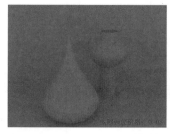
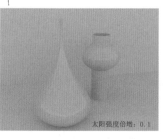

图6-157　　　　　　　　图6-158

07 分别设置"太阳大小倍增"为1和5，效果如图6-159和图6-160所示。可以观察到，数值越大，阴影边缘越模糊，这个参数控制场景阴影的大小。

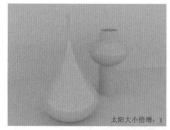
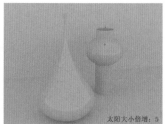

图6-159　　　　　　　　图6-160

03 按M键打开"材质编辑器"面板，然后将"环境贴图"中加载的"VR-天空"贴图拖曳到空白材质球上，如图6-154所示。

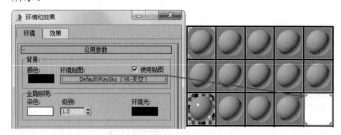

图6-154

08 默认"天空模型"为"Hosek et al."，单击该列表，V-Ray提供了4种天空模型，如图6-161所示。分别渲染4种天空模型的效果如图6-162~图6-165所示。

图6-161

04 在弹出的对话框中设置"方法"为"实例"，最后单击"确定"按钮，如图6-155所示。

05 在"材质编辑器"面板中选中"VR-天空"材质球，然后展开"VRay天空参数"卷展栏，接着勾选"指定太阳节点"选项，即可激活下方参数，如图6-156所示。

图6-155　　　　　　　　图6-156

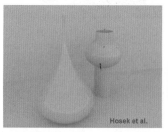
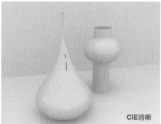

图6-162　　　　　　　　图6-163

图6-164　　　　　　　　图6-165

技巧与提示

当不勾选"指定太阳节点"选项时，VR-天空的参数将从场景中的VR-太阳的参数里自动匹配；当勾选该选项时，用户可以从场景中选择不同的灯光，在这种情况下，VR-太阳将不再控制VR-天空的效果，VR-天空将用它自身的参数来改变天空的效果。

06 分别设置"太阳强度倍增"为0.03和0.1，效果如图6-157和6-158所示。可以观察到，数值越大，场景越亮，这个参数控制场景环境光的大小。

实例091　创建产品渲染灯光

场景位置　　场景文件>CH06>09.max
实例位置　　实例文件>CH06>创建产品渲染灯光.max
学习目标　　掌握产品渲染灯光的制作方法

从本案例开始，为读者介绍几种常见场景的灯光布置方法。产品灯光是渲染产品类场景的灯光组合，通常需要先创建一个U形板作为背景。灯光则是用3盏平面VR-灯光模拟摄影棚的柔光箱。案例效果如图6-166所示。

图6-166

01 首先制作U形板。用"矩形"工具 矩形 创建一个矩形，然后删除1条边，如图6-167所示。

02 将两个角转换为圆角，如图6-168所示。

图6-167　　　　　　　　　　图6-168

03 给编辑后的样条线添加"挤出"修改器，挤出一定厚度，U形板效果如图6-169所示。

04 将本书学习资源中的"场景文件>CH06>09.max"文件导入前面创建的U形板，如图6-170所示。

图6-169　　　　　　　　　　图6-170

05 设置灯光类型为"VRay"，然后在U形板左侧创建一盏VR-灯光，其位置如图6-171所示。该灯光模拟真实影棚的加柔聚光灯。

06 选中上一步创建的VR-灯光，然后进入"修改"面板，其具体参数设置如图6-172所示。

设置步骤:

① 在"常规"选项组下设置"类型"为"平面"，"1/2长"为66cm，"1/2宽"为66.564cm，"倍增"为6，然后设置"颜色"为(红:255，绿:255，蓝:255);

② 在"选项"选项组下勾选"不可见"选项;

③ 在"采样"选项组下设置"细分"为16。

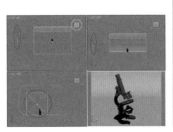
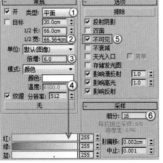

图6-171　　　　　　　　　　图6-172

07 将上一步调整好的灯光以"实例"的形式复制到U形板的右侧和摄影机后方，位置如图6-173所示。

08 按C键进入摄影机视图，然后按F9键渲染当前场景，最终效果如图6-174所示。

图6-173　　　　　　　　　　图6-174

技术专题 ⑨ 产品渲染灯光的布光原理

在摄影机行业中，为了给某个对象拍特写，通常会在影棚中进行拍摄工作，真实的影棚结构如图6-175所示，这是一个U形棚的真实结构，其灯光结构如图6-176所示。

图6-175

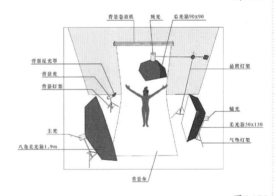

图6-176

因此，在使用3ds Max进行产品渲染的时候，我们只需要根据真实的影棚结构来模拟灯光系统就可以了。图6-177所示就是灯光系统的结构。在3ds Max中，我们主要通过平面来模拟前后左右的光源(反光板也可通过灯光来模拟)，通过U形平面来模拟背景布，如图6-178所示。

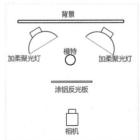

图6-177　　　　　　　　　　图6-178

结合本案例中的灯光，对照图6-178可知左右两个平面VR-灯光模拟加柔聚光灯，摄影机后方的平面VR-灯光模拟反光板。

实例092 创建开放空间灯光

场景位置	场景文件>CH06>10.max
实例位置	实例文件>CH06>创建开放空间灯光.max
学习目标	掌握开放空间灯光的制作方法

开放空间是指常见的户外庭院、阳台等大面积开窗的区域。该空间以太阳光、天光等自然光源进行照明，人工光源用以辅助照明。案例效果如图6-179所示。

图6-179

01 打开本书学习资源中的"场景文件>CH06>10.max"文件，如图6-180所示。这是一个花园阳台，顶部和墙面上都有大面积的开窗，因此只需要创建太阳光和天光即可。

02 下面创建太阳光。设置灯光类型为"VRay"，然后在窗外创建一盏"VR-太阳"灯光，位置如图6-181所示。

 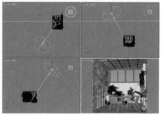

图6-180　　　　　　　　　　图6-181

> **技巧与提示** ✍
>
> 创建VR-太阳时，会自动弹出询问是否添加"VR-天空"环境贴图的对话框，这里选择"是"选项。

03 选中上一步创建的VR-太阳，然后在"VRay太阳参数"卷展栏下设置"强度倍增"为0.1，"大小倍增"为5，"阴影细分"为8，"天空模型"为"Preetham et al."，具体参数设置如图6-182所示。

04 按F9键渲染摄影机视图，效果如图6-183所示。画面整体亮度合适但偏冷，需要添加暖色的天光平衡画面。

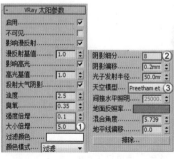

图6-182　　　　　　　　　　图6-183

05 下面创建天光，模拟天光从窗口照射的灯光效果。设置灯光类型为"VRay"，然后在窗外创建一盏VR-灯光，并"实例"复制到另一侧窗外，其位置如图6-184所示。

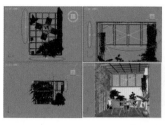

图6-184

06 选择上一步创建的VR-灯光，然后进入"修改"面板，接着展开参数卷展栏，具体参数设置如图6-185所示。

设置步骤

① 在"常规"卷展栏下设置"类型"为"平面"，"1/2长"为1651.775mm，"1/2宽"为674.767mm，"倍增"为12，然后设置"颜色"为黄色（红:255，绿:204，蓝:159）；

② 在"选项"卷展栏下勾选"不可见"选项；

③ 在"采样"卷展栏下设置"细分"为16。

07 按F9键渲染摄影机摄图，最终效果如图6-186所示。

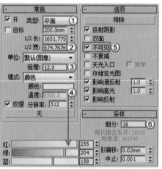 

图6-185　　　　　　　　　　图6-186

实例093 创建半封闭空间灯光

场景位置	场景文件>CH06>11.max
实例位置	实例文件>CH06>创建半封闭空间灯光.max
学习目标	掌握半封闭空间灯光的制作方法

半封闭空间是我们日常见到最多的空间，如客厅、卧室、办公室、酒店大堂等具有开窗的空间。半封闭空间的灯光由自然照明和人工照明两部分组成，但这两者之间也存在主次关系。案例效果如图6-187所示。

图6-187

01 打开本书学习资源中的"场景文件>CH06>11.max"文件，如图6-188所示。这是一个酒店大堂。可以看到左侧有开窗，但开窗占总体场景的面积并不大。

02 下面创建太阳光。使用"VR-太阳"工具 VR-太阳 在场景中创建一盏太阳光，其位置如图6-189所示。

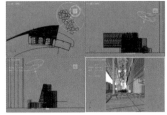

图6-188　　　　　　　　　　　　　图6-189

03 选中上一步创建的VR-太阳，然后进入"修改"面板，展开"VRay太阳参数"卷展栏，接着设置"浊度"为2，"臭氧"为0.7，"强度倍增"为0.8，"大小倍增"为5，"阴影细分"为8，"天空模型"为"Preetham et al."，其具体参数设置如图6-190所示。

04 切换到摄影机视图，渲染当前场景，效果如图6-191所示。

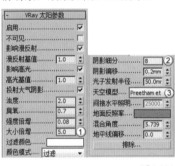

图6-190　　　　　　　　　　　　　图6-191

05 大堂右侧有3个电梯厅通道，需要创建模拟灯光效果，由于可见的部分不多，只需要用平面VR-灯光模拟灯光效果即可。使用"VR-灯光"工具在电梯厅内创建一盏VR-灯光，然后以"实例"的形式复制到其余两个电梯厅内，位置如图6-192所示。

06 选择上一步创建的VR-灯光，然后进入"修改"面板，具体参数设置如图6-193所示。

设置步骤：

① 在"常规"卷展栏下设置"类型"为"平面"，然后设置"1/2长"为1 310.431mm，"1/2宽"为1 685.691mm，接着设置"倍增"为15，"颜色"为黄色（红:255，绿:164，蓝:104）；

② 在"选项"卷展栏下勾选"不可见"选项。

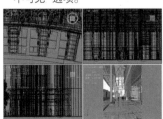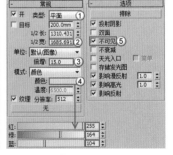

图6-192　　　　　　　　　　　　　图6-193

07 切换到摄影机视图，渲染当前场景，效果如图6-194所示。

08 大堂右侧的墙壁上有一排筒灯，需要用目标灯光或VRayIES模拟筒灯效果。使用"目标灯光"工具在场景中创建一盏灯光，然后以"实例"的形式复制到其余筒灯下方，位置如图6-195所示。这里的筒灯起装饰效果，因此并没有在每个筒灯模型下方都放置一盏灯光。这样可以减少渲染的时间，提高制作效率。

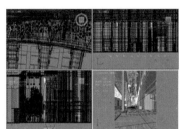

图6-194　　　　　　　　　　　　　图6-195

09 选择上一步创建的目标灯光，然后进入"修改"面板，具体参数设置如图6-196所示。

设置步骤：

① 展开"常规参数"卷展栏，然后在选"阴影"选项组下勾选"启用"选项，接着设置"灯光分布（类型）"为"光度学Web"；

② 展开"分布（光度学Web）"卷展栏，然后在其通道中加载本书学习资源中的"实例文件>CH06>创建半封闭空间灯光>14.ies"文件；

③ 展开"强度/颜色/衰减"卷展栏，然后设置"过滤颜色"为黄色（红:255，绿:216，蓝:174），接着设置"强度"为100 000cd。

10 切换到摄影机视图，渲染当前场景，最终效果如图6-197所示。

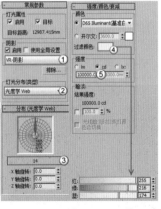

图6-196　　　　　　　　　　　　　图6-197

实例094　创建封闭空间灯光

场景位置	场景文件>CH06>12.max
实例位置	实例文件>CH06>创建封闭空间灯光.max
学习目标	掌握封闭空间灯光的制作方法

封闭空间指没有开窗或开窗很小的空间。如厨房、卫生间、更衣室、KTV包房等。该类空间依靠人工光源进行照明，自然光源占比很小。案例效果如图6-198所示。

图6-198

01 打开本书学习资源中的"场景文件>CH06>12.max"文件，如图6-199所示。这是一个会所前台，没有开窗，依靠人工光源进行照明。

02 即使是封闭空间，也需要环境光。使用"VR-灯光"工具 VR-灯光 在摄影机后方创建一盏VR-灯光模拟环境光，位置如图6-200所示。

 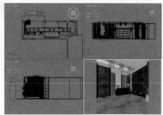

图6-199　　　　　　　　图6-200

03 选择上一步创建的VR-灯光，然后进入"修改"面板，具体参数设置如图6-201所示。

设置步骤：

① 在"常规"卷展栏下设置"类型"为"平面"，然后设置"1/2长"为1 691.391mm，"1/2宽"为1 814.318mm，接着设置"倍增"为5，"颜色"为蓝色（红:37，绿:47，蓝:86）；

② 在"选项"卷展栏下勾选"不可见"选项；

③ 在"采样"卷展栏下设置"细分"为16。

04 切换到摄影机视图，渲染当前场景，效果如图6-202所示。

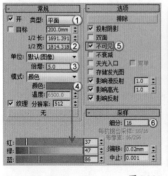 

图6-201　　　　　　　　图6-202

05 场景左侧是会所内部，因为摄影机看不到这部分，只需要用一盏VR-灯光代替内部的灯光。使用"VR-灯光"工具 VR-灯光 在左侧创建一盏VR-灯光，位置如图6-203所示。

06 选择上一步创建的VR-灯光，然后进入"修改"面板，具体参数设置如图6-204所示。

设置步骤：

① 在"常规"卷展栏下设置"类型"为"平面"，然后设置"1/2长"为1 691.391mm，"1/2宽"为1 814.318mm，接着设置"倍增"为15，"颜色"为橙色（红:255，绿:132，蓝:84）；

② 在"选项"卷展栏下勾选"不可见"选项；

③ 在"采样"卷展栏下设置"细分"为8。

 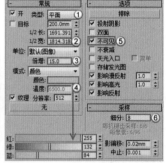

图6-203　　　　　　　　图6-204

07 切换到摄影机视图，渲染当前场景，效果如图6-205所示。

08 吊顶处有许多灯槽，首先创建吊灯处的灯槽灯光。使用"VR-灯光"工具 VR-灯光 在灯槽内创建一盏VR-灯光，然后"实例"复制两盏到另外两侧，其位置如图6-206所示。

 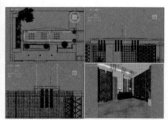

图6-205　　　　　　　　图6-206

09 选择上一步创建的VR-灯光，然后进入"修改"面板，具体参数设置如图6-207所示。

设置步骤：

① 在"常规"卷展栏下设置"类型"为"平面"，然后设置"1/2长"为2 365.673mm，"1/2宽"为45.689mm，接着设置"倍增"为3，"颜色"为黄色（红:255，绿:220，蓝:158）；

② 在"选项"卷展栏下勾选"不可见"选项；

③ 在"采样"卷展栏下设置"细分"为8。

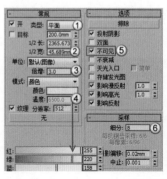

图6-207

技巧与提示 ✏️
短的灯片用"选择并均匀缩放"工具缩放长度即可，不需要单独创建。

10 切换到摄影机视图，渲染当前场景，效果如图6-208所示。

11 下面创建右侧造型处的灯槽灯光。使用"VR-灯光"工具 VR-灯光 在灯槽内创建一盏VR-灯光，其位置如图6-209所示。

图6-208　　　　　　　　　　　图6-209

12 选择上一步创建的VR-灯光，然后进入"修改"面板，具体参数设置如图6-210所示。

设置步骤：

① 在"常规"卷展栏下设置"类型"为"平面"，然后设置"1/2长"为50.839mm，"1/2宽"为1 425.518mm，接着设置"倍增"为15，"颜色"为黄色（红:255，绿:220，蓝:158）；

② 在"选项"卷展栏下勾选"不可见"选项，取消勾选"影响高光"和"影响反射"选项；

③ 在"采样"卷展栏下设置"细分"为15。

13 切换到摄影机视图，渲染当前场景，效果如图6-211所示。

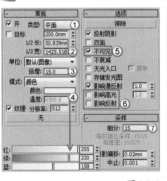

图6-210　　　　　　　　　　　图6-211

14 造型墙下方的水池底部也有一个灯槽。使用"VR-灯光"工具 VR-灯光 在该灯槽内创建一盏VR-灯光，位置如图6-212所示。

15 选择上一步创建的VR-灯光，然后进入"修改"面板，具体参数设置如图6-213所示。

设置步骤：

① 在"常规"卷展栏下设置"类型"为"平面"，然后设置"1/2长"为29.748mm，"1/2宽"为1 394.188mm，接着设置"倍增"为6，"颜色"为黄色（红:255，绿:198，蓝:99）；

② 在"选项"卷展栏下勾选"不可见"选项，取消勾选"影响高光"和"影响反射"选项；

③ 在"采样"卷展栏下设置"细分"为15。

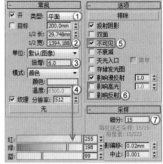

图6-212　　　　　　　　　　　图6-213

16 切换到摄影机视图，渲染当前场景，效果如图6-214所示。

17 吧台后的背景墙上有两处灯槽。使用"VR-灯光"工具 VR-灯光 在灯槽内创建一盏VR-灯光，然后以"实例"形式复制到另外一个灯槽内，其位置如图6-215所示。

图6-214　　　　　　　　　　　图6-215

18 选择上一步创建的VR-灯光，然后进入"修改"面板，具体参数设置如图6-216所示。

设置步骤：

① 在"常规"卷展栏下设置"类型"为"平面"，然后设置"1/2长"为29.748mm，"1/2宽"为1 394.188mm，接着设置"倍增"为6，"颜色"为黄色（红:255，绿:198，蓝:99）；

② 在"选项"卷展栏下勾选"不可见"选项，取消勾选"影响高光"和"影响放射"选项；

③ 在"采样"卷展栏下设置"细分"为15。

19 切换到摄影机视图，渲染当前场景，效果如图6-217所示。

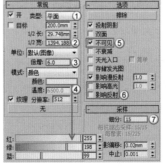

图6-216　　　　　　　　　　　图6-217

技巧与提示 ✅

　　吧台处的灯槽灯光制作方法与其余灯槽灯光制作方法相同，由于篇幅限制这里就不再赘述，读者可以打开实例文件查看参数。

20》 下面制作吧台的台灯和顶部的吊灯。使用"VR-灯光"工具 VR-灯光 在台灯内创建一盏球体VR-灯光，然后以"实例"形式复制一盏到另一个台灯内，位置如图6-218所示。

21》 选择上一步创建的VR-灯光，然后进入"修改"面板，具体参数设置如图6-219所示。

　　设置步骤：

　　① 在"常规"卷展栏下设置"类型"为"平面"，然后设置"1/2长"为45.616mm，"1/2宽"为1 850.0mm，接着设置"倍增"为8，"颜色"为黄色（红:255，绿:195，蓝:163）；

　　② 在"采样"卷展栏下设置"细分"为15。

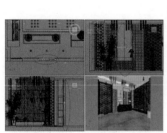

图6-218　　　　　　　　　　　　　　图6-219

22》 使用"VR-灯光"工具在吊灯内创建一盏球体VR-灯光，然后以"实例"形式复制到其余吊灯内部，位置如图6-220所示。

23》 选择上一步创建的VR-灯光，然后进入"修改"面板，具体参数设置如图6-221所示。

　　设置步骤：

　　① 在"常规"卷展栏下设置"类型"为"球体"，然后设置"半径"为55.852mm，接着设置"倍增"为70，"颜色"为黄色（红:255，绿:220，蓝:158）；

　　② 在"选项"卷展栏下勾选"不可见"选项，取消勾选"影响高光"和"影响反射"选项；

　　③ 在"采样"卷展栏下设置"细分"为8。

图6-220　　　　　　　　　　　　　　图6-221

24》 切换到摄影机视图，渲染当前场景，效果如图6-222所示。

25》 最后是吊顶的筒灯灯光。使用"目标灯光"工具 目标灯光 在场景中创建一盏目标灯光，然后以"实例"的形式复制到其余筒灯下方，其位置如图6-223所示。

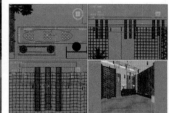

图6-222　　　　　　　　　　　　　　图6-223

26》 选择上一步创建的目标灯光，然后进入"修改"面板，具体参数设置如图6-224所示。

　　设置步骤：

　　① 展开"常规参数"卷展栏，然后在选"阴影"选项组下勾选"启用"选项，接着设置"灯光分布（类型）"为"光度学Web"；

　　② 展开"分布（光度学Web）"卷展栏，然后在其通道中加载本书学习资源中的"实例文件 > CH06 > 创建封闭空间灯光 > NIGHMARELY.ies"文件；

　　③ 展开"强度/颜色/衰减"卷展栏，然后设置"过滤颜色"为黄色（红:255，绿:215，蓝:129），接着设置"强度"为45 000cd。

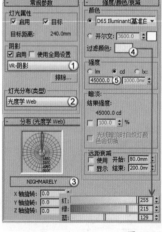

图6-224

27》 将创建的灯光复制4盏到剩余的筒灯下方，如图6-225所示。

28》 其余参数不变，设置"强度"为25 000cd，如图6-226所示。

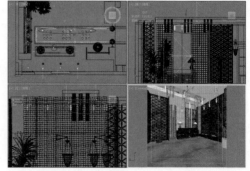

图6-225　　　　　　　　　　　　　　图6-226

29 切换到摄影机视图，渲染当前场景，最终效果如图6-227所示。

图6-227

技术专题 **M** 封闭空间灯光的布光原理

　　封闭空间的布光不像半封闭空间那样有规律，新手往往会将灯光糊在一起，使画面没有层次感，甚至添加很多的灯光之后画面仍然显得很黑。掌握了布光原理和一些技巧之后，遇到这种空间就会做到心中有数。

　　通过上面的案例，可以总结出封闭空间的布光步骤。

　　第1步：先确定场景整体的环境光，最好设置为冷色。由于人工光源多为暖色，这样画面就会形成冷暖对比。环境光的强度不宜过大，只需要基本能照亮画面，不产生死黑部位即可。

　　第2步：确定好环境光之后，设置吊顶的灯槽灯光，这样可以明确场景的空间关系，墙面造型类的灯槽灯光也可以一并设置好。灯槽的灯光偏亮，可以勾勒出空间的结构。

　　第3步：添加室内的吊灯、台灯灯光，这些灯光并不作为主光源，只是起到一些点缀作用，颜色偏深一些。

　　第4步：添加筒灯、射灯类的灯光。这类灯光可以照射出光斑，因此在墙壁、摆件、植物等部位可以添加这些灯光，让画面形成明暗对比。这类灯光的强度不宜过大，只要照射出明显的光斑即可，颜色偏浅。

　　按照以上4个步骤，无论遇到什么样的封闭空间，都可以制作出合适的灯光效果。

Q 灯光渲染不出来怎么解决

演示视频015：灯光渲染不出来怎么解决

灯光渲染不出来时，通过以下几个方式进行排查。

第1步：检查是否开启了该灯光。

第2步：检查是否在"排除"中勾选了该灯光。

第3步：检查是否有物体遮挡住了灯光，如外景面片遮挡住了阳光、目标灯光与筒灯模型穿插等。

如果遇到遮挡灯光的模型，选中模型后单击鼠标右键并选择"对象属性"选项，如图6-228所示。在弹出的"对象属性"对话框中取消勾选"接收阴影""投射阴影""应用大气"选项，如图6-229所示。

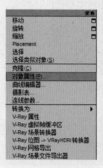

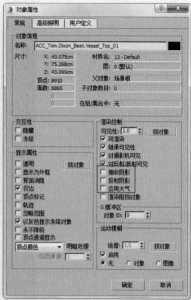

图6-228   图6-229

Q 遇到不规则的灯槽如何快速创建灯光

演示视频016：遇到不规则的灯槽如何快速创建灯光

常见的灯槽都是直线形或长方形的，如果遇到圆形或是不规则形状该如何创建灯光？遇到这种灯槽就不适合用平面VR-灯光制作灯槽灯光，会非常麻烦。这里为读者介绍一种快速简单的制作方法。

第1步：打开本书学习资源中的"场景文件>演示模型>02.max"文件，这是一个简化的异形灯槽模型，如图6-230所示。

第2步：使用"圆"工具在灯槽内创建一个椭圆形样条线，与灯槽的形状大致相同即可，如图6-231所示。

第3步：选中上一步绘制的样条线，然后在"修改"面板中展开"渲染"卷展栏，接着勾选"在渲染中启用"和"在视口中启用"选项，如图6-232所示。样条线的厚度根据灯槽进行设置即可。

第4步：使用"VR-灯光"工具在场景中创建一盏网格灯光，如图6-233所示。网格灯光的位置在样条线附近即可。

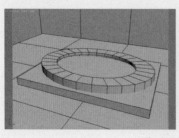

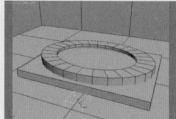

图6-230   图6-231   图6-232   图6-233

第5步：在"修改"面板中展开"网格灯光"卷展栏，然后单击"拾取网格作为节点"按钮，接着单击上一步的样条线，此时网格灯光消失，如图6-234所示。

第6步：按照设置平面VR-灯光的方法设置灯光参数，灯槽就会达到预想的效果，如图6-235所示。

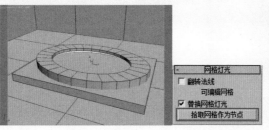

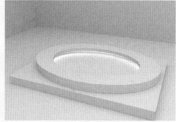

图6-234　　　　　　　　　　　　　　　　　　　　图6-235

除了使用网格VR-灯光，还可以为样条线赋予VR-灯光材质，自发光的效果也可以模拟灯光效果。

Q 灯光阴影处有很多的黑色噪点如何解决

遇到这种情况，首先需要判定产生噪点的部位是局部还是整体。如果是局部产生噪点，则将产生阴影的灯光细分值增大；如果是整体，应增大所有灯光的细分值，或是直接增大渲染的参数。

Q 材质和灯光有无制作顺序

在本书中，先讲解材质后讲解灯光，而在另外一些书中，则是讲解灯光后讲解材质。那么有的读者会问：到底是先制作灯光还是先制作材质？

其实这两种顺序都是正确的，只是制作者的习惯不同。有的制作者习惯于为每个模型都赋予一个白模材质，然后创建灯光，这样能更好地控制场景灯光的冷暖、强弱和阴影虚实；而有的制作者则习惯先调整材质再添加灯光。无论用哪种方法，材质和灯光都不可能一次性调整到位，需要配合渲染测试来调整。因此，读者不妨将两种方法都尝试一遍，觉得自己适合哪种方法就使用哪种方法。

技术专题

疑难问答

技巧与提示

INSTANCE

Employment Direction
从业方向

家具造型师

建筑设计表现师

工业设计师

室内设计表现师

第7章 环境和效果

本章将讲解3ds Max 2016的环境和效果技术，包括"环境"面板和"效果"面板两部分。本章是过渡性的一章，是为下一章的渲染做准备，因为"环境和效果"功能可以为场景添加真实的环境以及一些诸如火、雾、体积光、镜头效果和胶片颗粒等特效。本章的内容其实很简单，大多数技术都是相通的，只要掌握了其中一种技术，其他的就可以无师自通。"环境和效果"面板如图7-1所示。

图7-1

实例095 添加背景贴图

场景位置	场景文件>CH07>01.max
实例位置	实例文件>CH07>添加背景贴图.max
学习目标	了解添加背景贴图的方法

为场景添加环境贴图效果是"环境和效果"面板中常用的功能之一，它可以方便地为场景添加外景贴图，同时照射出自然的环境光和环境反射，如图7-2所示。

图7-2

 环境创建

 打开"场景文件>CH07>01.max"文件，如图7-3所示。

02 按F9键渲染当前场景，效果如图7-4所示。可以观察到窗外没有背景图，背景呈蓝色。

图7-3　　　　　　图7-4

03 按大键盘上的8键，打开"环境和效果"面板，然后在"环境贴图"选项组下单击"无"

按钮 **无** ，接着在弹出的 "材质/贴图浏览器" 对话框中双击 "位图" 选项，最后在弹出的 "选择位图图像文件" 对话框中选择 "实例文件>CH07>添加背景贴图>背景.jpg文件" ，如图7-5所示。

图7-5

技巧与提示 ✔

在默认情况下，背景颜色都是黑色，也就是说渲染出来的背景颜色是黑色。本案例为了演示场景效果而设置为蓝色，因此窗外外景为蓝色。

04 按C键切换到摄影机视图，然后按F9键渲染当前场景，效果如图7-6所示。观察发现窗外背景图没有呈现贴图的全部效果，且有拉伸现象，需要调整。

图7-6

05 按M键打开 "材质编辑器" 面板，然后将 "环境和效果" 面板中加载的贴图拖曳到一个空白材质球上，接着在弹出的对话框中选择 "实例" 选项，如图7-7所示。

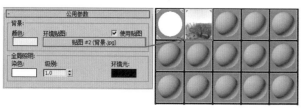

图7-7

06 选中材质球，然后设置 "贴图" 类型为 "屏幕" ，如图7-8所示。

07 按F9键渲染当前场景，效果如图7-9所示。可以观察到窗外背景贴图效果合适，但亮度较暗，显得整体画面很假，需要增大亮度。

图7-8

图7-9

08 展开下方的 "输出" 卷展栏，然后勾选 "启用颜色贴图" 选项，接着设置输出量为5，如图7-10所示。

图7-10

疑难问答 👩 ?

问：调整贴图亮度的方法还有哪些?

答：除了上面步骤讲到的方法，还有两种方法可以使用。

第1种：将背景图材质设置为VR-灯光材质。这样可以直接控制贴图的亮度，但该材质在视口中不能直接显示贴图效果，不方便控制。

第2种：在Photoshop中修改贴图的亮度。这种方法可以一步到位，只是需要多启动一个软件。如果不会使用Photoshop，则无法使用该方法。

09 按F9键渲染当前场景，效果如图7-11所示。

图7-11

○ 技术回顾

⊙ **工具：** 环境贴图 视频：050-环境贴图

⊙ **位置：** 环境和效果>环境>公用参数

⊙ **用途：** 环境贴图可以为场景添加背景贴图。它不仅可以为场景提供背景，也可以为场景提供丰富的环境反射。

01 打开本书学习资源中的 "场景文件>演示模型>01.max" 文件，这是一组异形模型，如图7-12所示。

02 将这两个模型设置为不锈钢材质，再创建一盏 "VR-太阳" 灯光，然后渲染场景，效果如图7-13所示。可以观察到随 "VR-太阳" 灯光一起加载的 "VR-天空" 贴图作为背景贴图只提供了简单的环境背景，模型间的反射很单调。

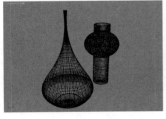

图7-12　　　　　　　　　　　　　　　图7-13

03 按8键打开"环境和效果"面板，然后在加载的"VR-天空"贴图上单击鼠标右键，接着在弹出的菜单中选择"清除"选项，如图7-14所示。

图7-14

04 在"环境贴图"通道中加载一张"位图"贴图，然后选择"场景文件>演示模型>01.jpg"文件，这是一张外景贴图，如图7-15所示。

图7-15

05 渲染当前场景，效果如图7-16所示。

06 将加载的"位图"贴图"实例"复制到空白的材质球上，分别渲染4种贴图类型的反射效果，如图7-17~图7-20所示。观察4张图可以发现，不同的类型所照射出的环境光和模型反射的内容均有不同。

图7-16

球形环境

图7-17

柱形环境

图7-18

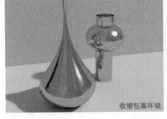

收缩包裹环境

图7-19

屏幕

图7-20

07 在"全局照明"选项组中，默认"环境光"为黑色，渲染的效果如图7-21所示。若设置"环境光"为白色，渲染效果如图7-22所示，可以观察到画面整体变亮且发白。

黑色

白色

图7-21　　　　　　　　　　　　　　　图7-22

🔵 **技术专题 ⑩ 添加背景的其他方法**

添加背景的方法除了上面案例中提到的以外，还有两种。

第1种：在窗外创建一个平面或户型的面片，然后为其加载一个VR-灯光材质，效果如图7-23所示。

第2种：将背景渲染为黑色或白色，然后在Photoshop中抠除外景颜色，接着选择一张新的背景贴图嵌入窗外，效果如图7-24所示。

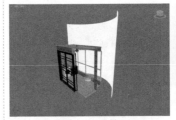

图7-23　　　　　　　　　　　　　　　图7-24

以上两种添加背景的方法，读者可以根据自身的喜好进行选择。

实例096 用火效果制作蜡烛

场景位置	场景文件>CH07>02.max
实例位置	实例文件>CH07>用火效果制作蜡烛.max
学习目标	了解火效果的用法

火效果可以制作一些火焰的效果，在实际制作中用得不多，读者了解即可。效果如图7-25所示。

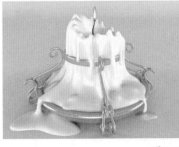

图7-25

🔷 **效果创建**

01 打开本书学习资源中的"场景文件>CH07>02.max"文件，这是一个烛台，如图7-26所示。

02 按F9键渲染当前效果，如图7-27所示。

图7-26　　　　　　　　　　　　图7-27

03 在"创建"面板中单击"辅助对象"按钮，然后设置辅助对象类型为"大气装置"，接着单击"球体Gizmo"按钮，如图7-28所示。

04 在顶视图中创建一个球体Gizmo（放在蜡烛的火焰上），如图7-29所示，然后在"球体Gizmo参数"卷展栏下设置"半径"为4mm，接着勾选"半球"选项，如图7-30所示。

图7-28　　　　　图7-29　　　　　图7-30

05 按R键选择"选择并均匀缩放"工具，然后在左视图中将球体Gizmo缩放成如图7-31所示的形状。

图7-31

06 按大键盘上的8键，打开"环境和效果"对话框，然后在"大气"卷展栏下单击"添加"按钮，接着在弹出的"添加大气效果"对话框中选择"火效果"选项，如图7-32所示。

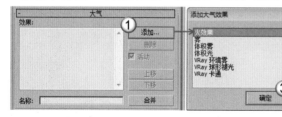

图7-32

07 在"效果"列表框中选择"火效果"选项，然后在"火效果参数"卷展栏下单击"拾取Gizmo"按钮，接着在视图中拾取球体Gizmo，最后设置"火焰大小"为400，"火焰细节"为10，"密度"为700，"采样"为20，"相位"为10，"漂移"为5，具体参数设置如图7-33所示。

08 按F9键渲染当前场景，最终效果如图7-34所示。

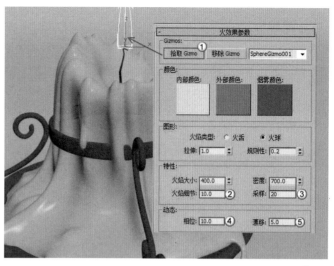

图7-33

图7-34

🔄 **技术回顾**

◎ 工具：**火效果**　视频：**051-火效果**

◎ 位置：**环境和效果>环境>"大气"卷展栏**

◎ 用途：火效果是通过"辅助对象"中的"大气装置"来模拟火焰燃烧的效果的。该工具在实际制作中因参数复杂、效果一般且渲染时间长，所以很少应用，读者只需了解其参数的意义即可。

01 新建一个空白场景，然后单击"辅助对象"按钮，接着设置辅助对象类型为"大气装置"，再单击"球体Gizmo"按钮，在场景中拖曳出一个球体Gizmo，如图7-35所示。

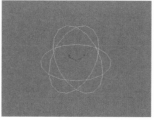

---- 技巧与提示 ✏️ ----

除了"球体Gizmo"工具，还有"长方体Gizmo"工具和"圆柱体Gizmo"工具，用法与"球体Gizmo"工具相同，只是形态不同。

图7-35

02 按8键打开"环境和效果"对话框，然后在"大气"卷展栏下单击"添加"按钮 添加... ，接着在弹出的"添加大气效果"对话框中选择"火效果"选项，如图7-36所示。

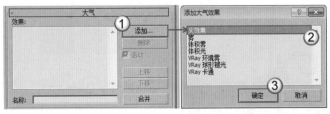

图7-36

03 在"效果"列表框中选择"火效果"选项，然后在"火效果参数"卷展栏下单击"拾取Gizmo"按钮 拾取 Gizmo ，接着在视图中拾取球体Gizmo，如图7-37所示。

图7-37

04 分别设置"内部颜色"为黄色和白色，然后渲染，效果如图7-38和图7-39所示。可以发现，该颜色控制火焰内部的颜色。

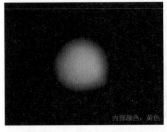

图7-38　　　　　　　　　　　　图7-39

05 分别设置"外部颜色"为红色和黄色，然后渲染，效果如图7-40和图7-41所示。可以发现，该颜色控制火焰外部的颜色。

图7-40　　　　　　　　　　　　图7-41

技巧与提示 ✔

　　大多数真实的火焰，内部是白色，中间是黄色，外部是红色。因此火焰的颜色保持默认即可。如果遇到绿色火焰或蓝色火焰，需要单独调节。

---

06 火焰类型有"火舌"和"火球"两种，渲染效果如图7-42和图7-43所示。"火舌"是模拟大多数类似篝火一样的火焰，"火球"则是模拟爆炸效果的火焰。

图7-42　　　　　　　　　　　　图7-43

07 分别设置"拉伸"为1和5，效果如图7-44和图7-45所示。可以观察到火焰沿着z轴延伸，该参数适用于"火舌"类型。

图7-44　　　　　　　　　　　　图7-45

08 分别设置"规则性"为0和1，效果如图7-46和图7-47所示。该参数用来修改火焰填充装置的方式。

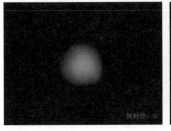

图7-46　　　　　　　　　　　　图7-47

09 分别设置"火焰大小"为15和30，效果如图7-48和图7-49所示。该参数用来设置装置中各个火焰的大小。装置越大，需要的火焰就越大，使用15~30范围内的值可以获得较佳的火效果。

图7-48　　　　　　　　　　　　图7-49

10 分别设置"火焰细节"为1和10，效果如图7-50和图7-51所示。该参数控制每个火焰中显示的颜色更改量和边缘的尖锐度，取值范围是1~10。

11 分别设置"密度"为15和30，效果如图7-52和图7-53所示。该参数用来设置火焰效果的不透明度和亮度。

图7-50　　　　　　　　　　图7-51

图7-52　　　　　　　　　　图7-53

🔢 分别设置"采样数"为15和30,效果如图7-54和图7-55所示。该参数用来设置火焰效果的采样率。值越高,生成的火焰效果越细腻,但是会增加渲染时间。

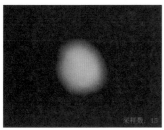

图7-54　　　　　　　　　　图7-55

🔢 分别设置"相位"为0和10,效果如图7-56和图7-57所示。该参数用来控制火焰效果的速率。

图7-56　　　　　　　　　　图7-57

🔢 分别设置"漂移"为0和10,效果如图7-58和图7-59所示。该参数用来设置火焰沿着火焰装置的z轴的渲染方式。

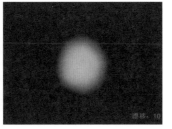

图7-58　　　　　　　　　　图7-59

实例097 用雾效果制作森林雾

场景位置　无
实例位置　实例文件>CH07>用雾效果制作森林雾.max
学习目标　了解雾效果的用法

雾效果可以制作一些烟雾效果,在实际工作中应用得不多,读者了解即可。效果如图7-60所示。

图7-60

🔹 效果创建

01 新建一个空白场景,然后在"背景贴图"通道中加载学习资源中的"实例文件>CH07>用雾效果制作森林雾>背景.jpg"文件,接着渲染,效果如图7-61所示。

图7-61

02 按大键盘上的8键,打开"环境和效果"对话框,然后在"大气"卷展栏下单击"添加"按钮,接着在弹出的"添加大气效果"对话框中选择"雾"选项,如图7-62所示。

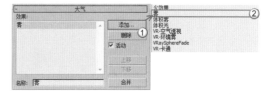

图7-62

03 展开"雾参数"卷展栏,然后在"标准"选项组下设置"远端%"为10,如图7-63所示。

04 按F9键测试渲染当前场景,最终效果如图7-64所示。

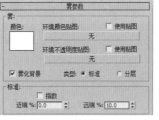

图7-63　　　　　　　　　　图7-64

🔄 技术回顾

◎ 工具:雾效果　视频:052-雾效果

◎ 位置:环境和效果>环境>"大气"卷展栏

◎ 用途:雾效果是用来模拟雾的一种工具。该工具在实际制作中因参数复杂、效果一般且渲染时间长,所以很少应用,读者只需了解其参数的意义即可。

01 打开本书学习资源中的"场景文件>演示模型>01.max"文件，这是一组异形模型，如图7-65所示。

02 按F9键渲染当前场景，效果如图7-66所示。

图7-65　　　　　　　　　　　　图7-66

03 按大键盘上的8键，打开"环境和效果"对话框，然后在"大气"卷展栏下单击"添加"按钮，接着在弹出的"添加大气效果"对话框中选择"雾"选项，如图7-67所示。

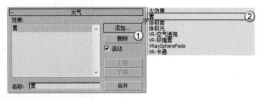

图7-67

04 展开"雾参数"卷展栏，然后分别设置"颜色"为白色和红色，接着设置"远端%"为50，效果如图7-68和图7-69所示。可以观察到"颜色"控制雾的整体颜色。

图7-68　　　　　　　　　　　　图7-69

05 雾的类型有"标准"和"分层"两种。选择不同的类型会激活不同的参数选项。图7-70和图7-71分别是"标准"和"分层"类型的效果。

图7-70　　　　　　　　　　　　图7-71

06 在"标准"模式下，分别设置"近端%"为0和50，效果如图7-72和图7-73所示。该参数用来设置雾在近距范围内的密度。

07 在"标准"模式下，分别设置"远端%"为0和50，效果如图7-74和图7-75所示。该参数用来设置雾在远距范围内的密度。

 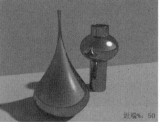

图7-72　　　　　　　　　　　　图7-73

 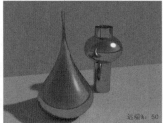

图7-74　　　　　　　　　　　　图7-75

08 在"分层"模式下，分别设置"顶"为100cm和50cm，效果如图7-76和图7-77所示。该参数用来设置雾层的上限（使用世界单位）。

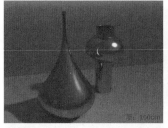 

图7-76　　　　　　　　　　　　图7-77

09 在"分层"模式下，分别设置"底"为0cm和50cm，效果如图7-78和图7-79所示。该参数用来设置雾层的下限（使用世界单位）。

图7-78　　　　　　　　　　　　图7-79

10 在"分层"模式下，分别设置"密度"为25和50，效果如图7-80和图7-81所示。该参数用来设置雾层的密度。

图7-80　　　　　　　　　　　　图7-81

11 保持上一步的参数不变，这些参数的效果是建立在"衰减"为"无"上的，如图7-82所示。分别设置"衰减"为"顶"和"底"，效果如图7-83和图7-84所示。

图7-82

图7-83

图7-84

🔹 技巧与提示 ✏️

雾效果多数是在Photoshop中制作的，且效果更直观、容易把控。

实例098 用体积雾制作水蒸气

场景位置	场景文件>CH07>03.max
实例位置	实例文件>CH07>用体积雾制作水蒸气.max
学习目标	了解体积雾的用法

体积雾可以制作沙尘、水雾等效果，在实际工作中多数用后期软件制作，读者了解即可。案例效果如图7-85所示。

图7-85

📦 效果创建

01 打开"场景文件>CH07>03.max"文件，如图7-86所示。这是一个茶杯。

02 按F9键测试渲染当前场景，效果如图7-87所示。

图7-86

图7-87

03 在"创建"面板中单击"辅助对象"按钮 🔲，然后设置辅助对象类型为"大气装置"，单击"球体Gizmo"按钮 球体Gizmo，在顶视图中创建一个球体Gizmo，接着在"球体Gizmo参数"卷

展栏下设置"半径"为37mm，最后勾选"半球"选项，如图7-88所示，效果如图7-89所示。

图7-88

图7-89

04 按大键盘上的8键，打开"环境和效果"对话框，然后展开"大气"卷展栏，接着单击"添加"按钮 添加...，最后在弹出的"添加大气效果"对话框中选择"体积雾"选项，如图7-90所示。

图7-90

05 在"效果"列表中选择"体积雾"选项，然后在"体积雾参数"卷展栏下单击"拾取Gizmo"按钮 拾取Gizmo，接着在视图中拾取球体Gizmo，再勾选"指数"选项，最后设置"最大步数"为150，噪波"类型"为"分形"，具体参数设置如图7-91所示。

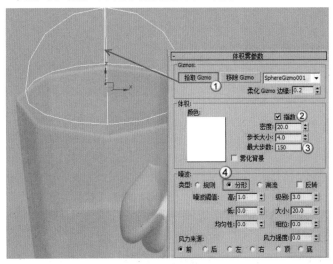

图7-91

06 按F9键渲染当前场景，最终效果如图7-92所示。

图7-92

183

◎ 工具：体积雾效果　视频：053–体积雾效果

◎ 位置：环境和效果>环境>"大气"卷展栏

◎ 用途：体积雾效果是用来模拟雾的一种工具。该工具在实际制作中因参数复杂、效果一般且渲染时间长，所以很少应用，读者只需了解其参数的意义即可。

01 新建一个空白场景，然后单击"辅助对象"按钮，接着设置辅助对象类型为"大气装置"，再单击"球体Gizmo"按钮 球体 Gizmo，在场景中拖曳出一个球体Gizmo，如图7-93所示。

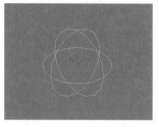

图7-93

02 按大键盘上的8键，打开"环境和效果"对话框，然后展开"大气"卷展栏，接着单击"添加"按钮 添加...，最后在弹出的"添加大气效果"对话框中选择"体积雾"选项，如图7-94所示。

图7-94

03 在"效果"列表中选择"体积雾"选项，然后在"体积雾参数"卷展栏下单击"拾取Gizmo"按钮 拾取 Gizmo，如图7-95所示。

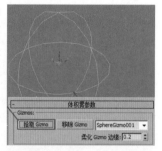

图7-95

04 分别设置"颜色"为白色和黄色，效果如图7-96和图7-97所示。可以观察到"颜色"参数控制雾的颜色。

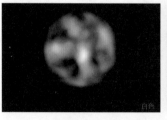
图7-96

图7-97

05 不勾选"指数"选项和勾选"指数"选项的效果如图7-98和图7-99所示。该选项随距离增大按指数增大密度。

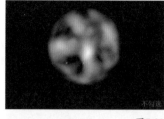
图7-98

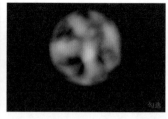
图7-99

06 分别设置"密度"为5和20，效果如图7-100和图7-101所示。该参数控制雾的密度，范围为0~20。

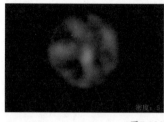
图7-100

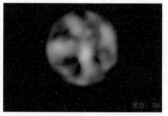
图7-101

07 分别设置"步长大小"为4和10，效果如图7-102和图7-103所示。该参数确定雾采样的粒度，即雾的"细度"。

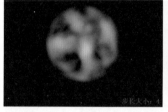
图7-102

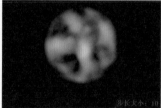
图7-103

08 雾的噪波类型有3种，分别为"规则""分形""湍流"，读者还可以勾选"反转"来设置这两种类型的对立效果。图7-104~图7-106分别是3种类型的效果，图7-107为"湍流"类型的对立效果（勾选"反转"）。

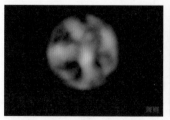
图7-104

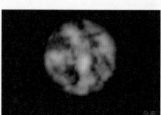
图7-105

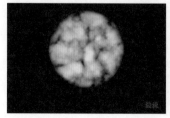
图7-106

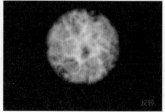
图7-107

实例099 用体积光为场景添加体积光

场景位置 场景文件>CH07>04.max
实例位置 实例文件>CH07>用体积光为场景添加体积光.max
学习目标 了解体积光的用法

体积光又叫丁达尔现象，是一种常见的效果，既可以在
3ds Max中制作，也可以在
后期软件中制作。效果如图
7-108所示。

图7-108

效果创建

01 打开"场景文件>CH07>04.max"文件，如图7-109所示。这
是一个休息室空间。

02 设置灯光类型为"VRay"，然后在天空中创建一盏"VR-
太阳"灯光，其位置如图7-110所示。

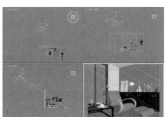

图7-109 图7-110

03 选择VR-太阳，然后在"VRay太阳参数"卷展栏下设置
"强度倍增"为0.005，"阴影细分"为8，"天空模型"为
"Preetham et al."，具体参数设置如图7-111所示，接着按F9键
测试渲染当前场景，效果如图7-112所示。

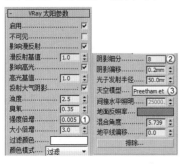

图7-111 图7-112

04 设置灯光类型为"标
准"，然后在天空中创建一
盏目标平行光，其位置如图
7-113所示（与VR-太阳的位
置相同）。

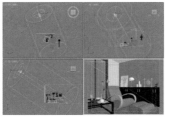

图7-113

05 选择上一步创建的目标平行光，然后进入"修改"面板，
具体参数设置如图7-114所示。

设置步骤：

① 展开"常规参数"卷展栏，然后设置阴影类型为"VR-阴影"；

② 展开"平行光参数"卷展栏，然后设置"聚光区/光束"为
243mm，"衰减区/区域"为281mm；

③ 展开"高级效果"卷展栏，然后在"投影贴图"通道中加载
"实例文件>CH07>用体积光为场景添加体积光>55.jpg"文件。

06 按F9键测试渲染当前场景，效果如图7-115所示。

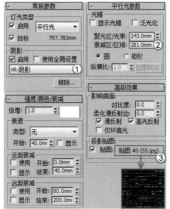

技巧与提示 ✏️

虽然在"投影贴图"通道中加
载了黑白贴图，但是灯光还没有产
生体积光束效果。

图7-114 图7-115

07 按大键盘上的8键，打开"环境和效果"对话框，然后展开"大
气"卷展栏，接着单击"添加"按钮 添加... ，最后在弹出的"添加
大气效果"对话框中选择"体积光"选项，如图7-116所示。

图7-116

08 在"效果"列表中选择"体积光"选项，在"体积光参数"卷展
栏下单击"拾取灯光"按钮 拾取灯光 ，然后在场景中拾取目标平行
光，接着设置"雾颜色"为（红:247，绿:232，蓝:205），再勾选"指
数"选项，并设置"密度"为3.8，最后设置"过滤阴影"为"中"，具
体参数设置如
图7-117所示。

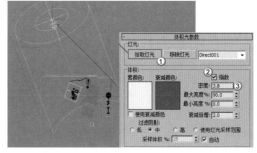

图7-117

09 按F9键渲染当前场景，最终效果如图7-118所示。

图7-118

◎ **技术回顾**

◎ 工具：体积光效果　视频：054–体积光效果

◎ 位置：环境和效果>环境>"大气"卷展栏

◎ 用途：体积光效果是用来模拟丁达尔现象的一种工具。该工具在实际制作中因参数复杂、效果一般且渲染时间长，所以很少应用，读者只需了解其参数的意义即可。

01 打开本书学习资源中的"场景文件>演示模型>01.max"文件，这是一组异形模型，如图7-119所示。场景中已创建了一盏"目标平行光"灯光。

02 渲染当前场景，效果如图7-120所示。

图7-119　　　　　　　　　　图7-120

03 按大键盘上的8键，打开"环境和效果"对话框，然后展开"大气"卷展栏，接着单击"添加"按钮 添加......，最后在弹出的"添加大气效果"对话框中选择"体积光"选项，如图7-121所示。

图7-121

04 展开"体积光参数"卷展栏，然后单击"拾取灯光"按钮，接着单击场景中的"VR-太阳"灯光，如图7-122所示。

05 渲染场景，效果如图7-123所示。

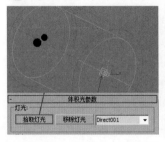

图7-122　　　　　　　　　　图7-123

06 展开目标平行光的"高级效果"卷展栏，然后在"投影贴图"通道中加载学习资源中的"实例文件>CH07>用体积光为场景添加体积光>55.jpg"文件，如图7-124所示。

图7-124

07 渲染当前场景的效果，如图7-125所示。此时灯光通过黑白贴图照射出来，已经有了丁达尔效果。

08 勾选"指数"选项，效果如图7-126所示。该选项随距离增大按指数增大密度。

图7-125　　　　　　　　　　图7-126

09 分别设置"最大亮度%"为90和50，效果如图7-127和图7-128所示。该选项控制可以达到的最大的光晕效果。

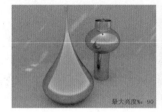

图7-127　　　　　　　　　　图7-128

10 分别设置"密度"为2和5，效果如图7-129和图7-130所示。该参数控制雾的密度。

图7-129　　　　　　　　　　图7-130

11 分别设置"过滤阴影"为"低""中""高""使用灯光采样范围"，效果如图7-131~图7-134所示。前3个参数通过提高采样率（以增加渲染时间为代价）来获得更高质量的体积光效果；"使用灯光采样范围"根据灯光阴影参数中的"采样范围"值来使体积光中投射的阴影变模糊。

图7-131　　　　　　　　　　图7-132

图7-133 　　　　　　　　　　 图7-134

实例100 制作镜头特效

场景位置	场景文件>CH07>05.max
实例位置	实例文件>CH07>制作镜头特效.max
学习目标	了解镜头特效的用法

使用"镜头效果"可以模拟照相机拍照时镜头所产生的光晕效果,这些效果包括光晕、光环、射线、自动二级光斑、手动二级光斑、星形和条纹。案例效果如图7-135所示。

图7-135

❖ 效果创建

01 打开"场景文件>CH07>05.max"文件,如图7-136所示。这是一盏壁灯模型,在灯罩内创建一盏"泛光"灯。

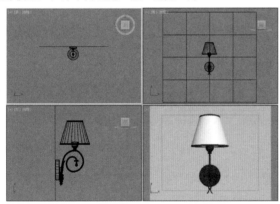

图7-136

02 按大键盘上的8键,打开"环境和效果"对话框,然后在"效果"选项卡下单击"添加"按钮 添加... ,接着在弹出的"添加效果"对话框中选择"镜头效果"选项,如图7-137所示。

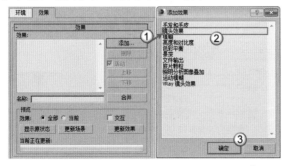

图7-137

03 选择"效果"列表框中的"镜头效果"选项,然后在"镜头效果参数"卷展栏下的左侧列表中选择"光晕"选项,接着单击 ▶ 按钮将其加载到右侧的列表中,如图7-138所示。

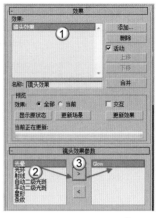

图7-138

04 展开"镜头效果全局"卷展栏,然后单击"拾取灯光"按钮 拾取灯光 ,接着在视图中拾取泛光灯,如图7-139所示。

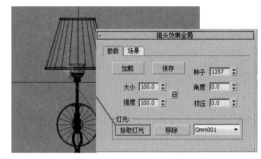

图7-139

05 展开"光晕元素"卷展栏,然后在"参数"选项卡下设置"强度"为60,接着在"径向颜色"选项组下设置"边缘颜色"为(红:255,绿:144,蓝:0),具体参数设置如图7-140所示。

06 返回到"镜头效果参数"卷展栏,然后将左侧的 "条纹"效果加载到右侧的列表中,接着在"条纹元素"卷展栏下设置"强度"为5,如图7-141所示。

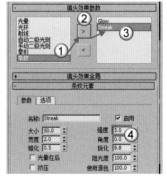

图7-140 　　　　　　　　 图7-141

07 返回到"镜头效果参数"卷展栏,然后将左侧的"射线"效果加载到右侧的列表中,接着在"射线元素"卷展栏下设置"强度"为28,如图7-142所示。

08 返回到"镜头效果参数"卷展栏,然后将左侧的 "手动二级光斑"效果加载到右侧的列表中,接着在"手动二级光斑元素"卷展栏下设置"强度"为35,如图7-143所示,最后按F9键渲染当前场景,效果如图7-144所示。

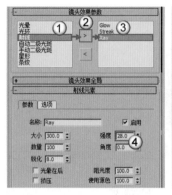

图7-142　　　　　　　　　图7-143

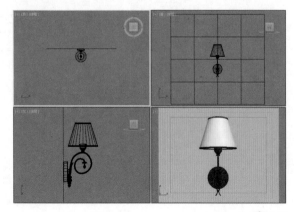

图7-144

🔄 技术回顾

◎ **工具**：镜头效果　视频：055–镜头效果

◎ **位置**：环境和效果>效果>"效果"卷展栏

◎ **用途**：镜头特效是模拟照相机拍照时镜头所产生的光晕效果。读者只需了解其参数的意义即可。

01▶ 继续打开本书学习资源中的"场景文件>CH07>05.max"文件，如图7-145所示。前面案例的步骤制作的是各种效果的叠加效果，下面制作单个特效。

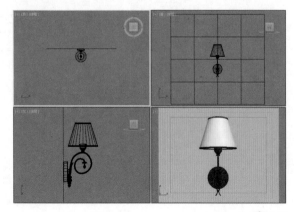

图7-145

02▶ 下面制作射线特效。在"效果"卷展栏下加载一个"镜头效果"，然后在"镜头效果参数"卷展栏下将"射线"（Ray）效果加载到右侧的列表中，接着在"射线元素"卷展栏下设置"强度"为80，具体参数设置如图7-146所示，最后按F9键渲染当前场景，效果如图7-147所示。

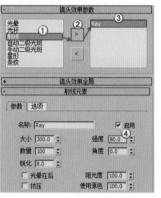

技巧与提示 ✏

注意，这里省略了一个步骤，在加载"镜头效果"以后，同样要拾取泛光灯，否则不会生成射线效果。

图7-146　　　　　　　　　图7-147

03▶ 下面制作手动二级光斑特效。在"镜头效果参数"卷展栏下将"手动二级光斑"效果加载到右侧的列表中，然后在"手动二级光斑元素"卷展栏下设置"强度"为400，"边数"为"六"，具体参数设置如图7-148所示，最后按F9键渲染当前场景，效果如图7-149所示。

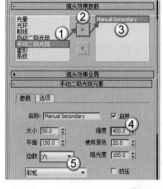

图7-148　　　　　　　　　图7-149

04▶ 下面制作条纹特效。在"镜头效果参数"卷展栏下将"条纹"效果加载到右侧的列表中，然后在"条纹元素"卷展栏下设置"强度"为300，"角度"为45，具体参数设置如图7-150所示，最后按F9键渲染当前场景，效果如图7-151所示。

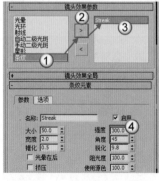

图7-150　　　　　　　　　图7-151

05 下面制作星形特效。在"镜头效果参数"卷展栏下将"星形"效果加载到右侧的列表中，然后在"星形元素"卷展栏下设置"强度"为250，"宽度"为1，具体参数设置如图7-152所示，最后按F9键渲染当前场景，效果如图7-153所示。

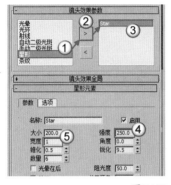

图7-152　　　　　　　　图7-153

06 下面制作自动二级光斑特效。在"镜头效果参数"卷展栏下将"自动二级光斑"效果加载到右侧的列表中，然后在"自动二级光斑元素"卷展栏下设置"最大"为80，"强度"为200，"数量"为4，具体参数设置如图7-154所示，最后按F9键渲染当前场景，效果如图7-155所示。

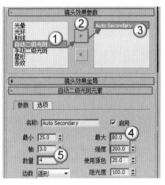

图7-154　　　　　　　　图7-155

> **技巧与提示** ✔
>
> 　　镜头特效在日常制作中用到的不多，这里只展示各种效果，读者有兴趣的话可以自己调节参数并进行渲染。

实例101　制作奇幻特效

场景位置　　场景文件>CH07>06.max
实例位置　　实例文件>CH07>制作奇幻特效.max
学习目标　　了解模糊特效的用法

奇幻特效如图7-156所示。

图7-156

🔹 **效果创建**

01 打开"场景文件>CH07>06.max"文件，如图7-157所示。

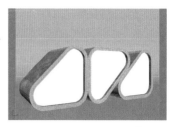

图7-157

02 按大键盘上的8键，打开"环境和效果"对话框，然后在"效果"卷展栏下加载一个"模糊"效果，如图7-158所示。

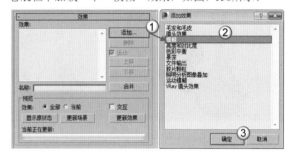

图7-158

03 展开"模糊参数"卷展栏，单击"像素选择"选项卡，然后勾选"材质ID"选项，接着设置ID为8，单击"添加"按钮 添加 （添加材质ID 8），再设置"最小亮度"为60%，"加亮"为100%，"混合"为50%，"羽化半径"为30%，最后在"常规设置"选项组下将曲线调整成抛物线形状，如图7-159所示。

04 按M键打开"材质编辑器"对话框，然后选择白色的VR-灯光材质，接着单击"材质ID通道"按钮 回，最后设置ID为8，如图7-160所示。

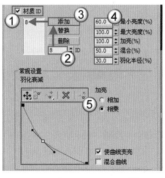

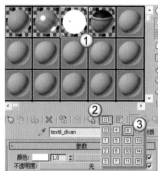

图7-159　　　　　　　　图7-160

05 按F9键渲染当前场景，最终效果如图7-161所示。

> **技巧与提示** ✔
>
> 　　设置物体的"材质ID通道"为8，并设置"环境和效果"的"材质ID"为8，这样对应之后，在渲染时，"材质ID"为8的物体将会被渲染出模糊效果。

图7-161

◎ 工具：模糊　视频：056–模糊

◎ 位置：环境和效果>效果>"效果"卷展栏

◎ 用途："模糊"效果根据"像素选择"选项卡下所选择的对象来应用各个像素，使整个图像变模糊，其参数包含"模糊类型"和"像素选择"两大部分。读者只需了解其参数的意义即可。

01 打开本书学习资源中的"场景文件>演示模型>01.max"文件，这是一组异形模型，如图7-162所示。

02 渲染当前场景，效果如图7-163所示。

图7-162　　　　　　　　　　　　　　图7-163

03 按大键盘上的8键，打开"环境和效果"对话框，然后在"效果"卷展栏下加载一个"模糊"效果，如图7-164所示。

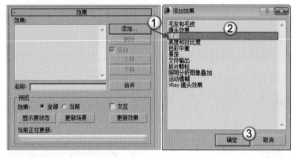

图7-164

04 这里我们以"材质ID"为例讲解参数。展开"模糊参数"卷展栏，单击"像素选择"选项卡，然后勾选"材质ID"选项，接着设置ID为8，单击"添加"按钮 添加 （添加材质ID 8），如图7-165所示。

05 按M键打开"材质编辑器"面板，然后选中模型的不锈钢材质球，接着设置"材质ID"也为8，如图7-166所示。这一步的ID号一定要与上一步一致。

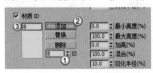 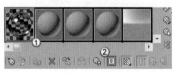

图7-165　　　　　　　　　　　　　图7-166

技巧与提示 ✅

这里可以输入1~15范围内的任意一个数字。

06 渲染当前效果，如图7-167所示。画面出现了明显的模糊效果。

07 分别设置"加亮%"为0和50，效果如图7-168和图7-169所示。可以观察到数值越大，画面越亮。

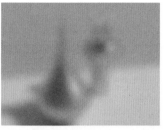

图7-167

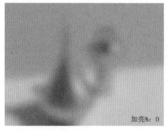 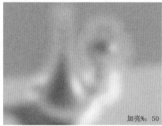

图7-168　　　　　　　　　　　图7-169

08 分别设置"混合%"为10和100，效果如图7-170和图7-171所示。这个参数控制模糊效果与原始图像的混合程度。

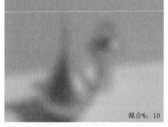 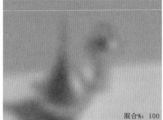

图7-170　　　　　　　　　　　图7-171

09 分别设置"羽化半径%"为10和70，效果如图7-172和图7-173所示。这个参数控制应用于场景的非背景元素的羽化模糊效果的百分比。

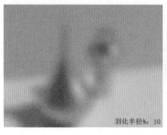 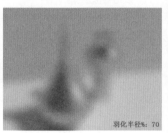

图7-172　　　　　　　　　　　图7-173

Q 为什么添加背景贴图后，渲染的效果很不真实

出现这种情况一般有两种可能。

第1种：背景图的角度不符合正常的视觉角度，如背景图的地平线明显低于房间的地平线、背景图的透视角度与房间的透视角度有明显差异等。这就需要在场景中调整好背景图的位置，最好是在室外建立面片后再贴上背景贴图。

第2种：背景图的亮度不符合逻辑。在现实生活中，白天房间的户外亮度会明显高于室内；夜晚房间的户外亮度会低于室内。因此在调整背景图的亮度时，白天的贴图要处理为曝光过度的效果，夜晚的贴图要处理为曝光不足的效果。

只要遵循以上两点，就能做出好看的背景效果。

Q 为什么在3ds Max中制作的效果达不到理想状态

在3ds Max中制作的各种效果都需要通过很长时间的反复测试，还未必能达到很理想的效果。在日常工作中，这些效果都可以在后期软件中制作。

在后期软件中制作不仅速度快，而且效果直观，很容易就能达到理想的效果。类似于火、雾等效果还可以用一些外挂插件制作，效果比在3ds Max中制作的效果更好。因此，这些内容读者只需要了解基本意思即可，有兴趣的读者可以查阅相关资料进一步进行学习。

第8章 毛发与布料技术

本章将讲解3ds Max 2016的毛发与布料技术，包括"Hair和Fur（WSM）修改器""Cloth修改器""VR-毛皮"3种工具。

本章内容虽然不多，但却十分重要。读者务必要完全领会并掌握。

毛发工具有两种，一种是3ds Max自带的"Hair和Fur（WSM）修改器"，在修改器堆栈中即可加载；另一种是"VR-毛皮"工具，在"几何体"的"VRay"选项中即可加载，如图8-1所示。

布料工具则是"Cloth修改器"，在修改器堆栈中即可加载，是一种较为简单的布料制作工具。

图8-1

实例102 用Hair和Fur（WSM）修改器制作牙刷

场景位置	场景文件>CH08>01.max
实例位置	实例文件>CH08>用Hair和Fur（WSM）修改器制作牙刷.max
学习目标	学习Hair和Fur（WSM）修改器的使用方法

牙刷是常见的生活用品，刷毛的模型是加载Hair和Fur（WSM）修改器生成的，常用于制作毛发类模型，案例效果如图8-2所示。

图8-2

❖ 模型创建

01 打开本书学习资源中的"场景文件>CH08>01.max"文件，场景中已经创建好了刷柄模型，如图8-3所示。

02 选中刷柄上的圆圈模型，然后单击"修改器列表"，在下拉菜单中选择"Hair和Fur（WSM）"选项，如图8-4所示。

图8-3   图8-4

03 选中刷毛模型，然后展开"常规参数"卷展栏，设置"毛发数量"为5 000，"毛发段"为1，"毛发过程数"为5，"随机比例"为0，"根厚度"为3，"梢厚度"为2.5，如图8-5所示。

04 展开"卷发参数"卷展栏,然后设置"卷发根"和"卷发梢"都为0,如图8-6所示。

05 展开"多股参数"卷展栏,然后设置"数量"为1,"梢展开"为0.2,其参数如图8-7所示,刷子的最终效果如图8-8所示。

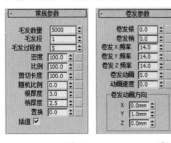

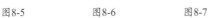

图8-5　　　　　图8-6　　　　　图8-7

图8-8

技术回顾

◎ 工具:Hair和Fur(WSM)修改器　视频:057-Hair和Fur(WSM)修改器

◎ 位置:修改器>世界空间修改器

◎ 用途:Hair和Fur(WSM)修改器是一种加载毛发的修改器,可以制作常见的如头发、地毯、毛巾和刷子等模型,是常用的毛发类修改器之一。

01 使用"平面"工具在场景中创建一个平面,如图8-9所示。

图8-9

02 单击"修改"按钮,切换到修改面板,然后单击"修改器列表",在下拉菜单中选择"Hair和Fur(WSM)"选项,如图8-10所示。

图8-10

03 展开"选择"卷展栏,然后单击"多边形"按钮▣,切换到"多边形"层级,接着选中平面中任意一个面,如图8-11所示,再单击"多边形"按钮▣,退出"多边形"层级,这时可以观察到毛发全部生长在选中的面中,如图8-12所示。

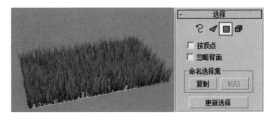

图8-11

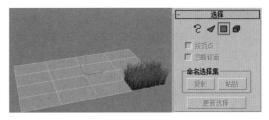

图8-12

04 按快捷键Ctrl+Z返回步骤2的状态,然后展开"常规参数"卷展栏,设置"毛发数量"为5 000,可以观察到毛发变得稀疏,如图8-13所示。

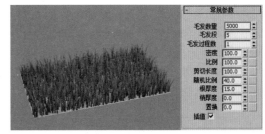

图8-13

05 展开"常规参数"卷展栏,然后设置"毛发段"为1,可以观察到毛发非常的直,如图8-14所示,接着设置"毛发段"为20,可以观察到毛发形态很自然,如图8-15所示。

图8-14

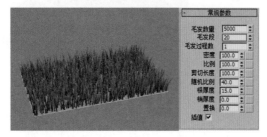

图8-15

06 展开"常规参数"卷展栏，然后设置"根厚度"为5，可以观察到毛发根部变细了，如图8-16所示，接着设置"梢厚度"为5，可以观察到毛发梢部变粗了，如图8-17所示。

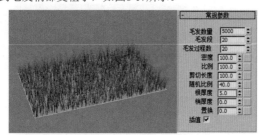

图8-16

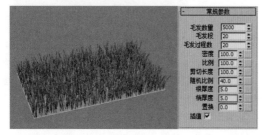

图8-17

07 展开"卷发参数"卷展栏，然后设置"卷发根"为1，可以观察到毛发根部变直了，如图8-18所示，接着设置"卷发根"为100，可以观察到毛发根部变弯曲了，如图8-19所示。

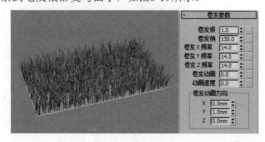

图8-18

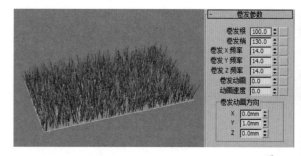

图8-19

08 展开"卷发参数"卷展栏，然后设置"卷发梢"为1，可以观察到毛发梢部变直了，如图8-20所示。

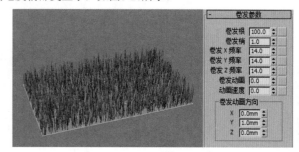

图8-20

实例103　用Cloth修改器制作桌布

场景位置	无
实例位置	实例文件>CH08>用Cloth修改器制作桌布.max
学习目标	学习Cloth修改器的使用方法

布料是生活中常见的物品，床单、桌布等布料都可用Cloth修改器制作，Cloth修改器可以很好地模拟布料的特性，制作出逼真的布料模型，案例效果如图8-21所示。

图8-21

◆ **模型创建**

01 首先创建圆桌模型。使用"切角圆柱体"工具 切角圆柱体 在场景中创建一个圆柱体，然后在"参数"卷展栏下设置"半径"为80mm，"高度"为5mm，"圆角"为1mm，"高度分段"为1，"圆角分段"为3，"边数"为36，如图8-22所示。继续使用"切角圆柱体"工具 切角圆柱体 在场景中创建两个切角圆柱体，如图8-23和图8-24所示。

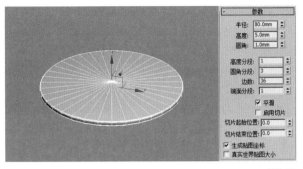

图8-22

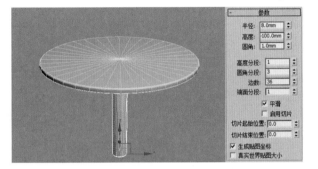

图8-23

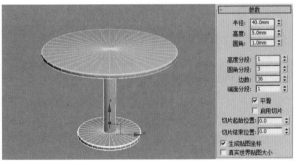

图8-24

02 下面创建桌布模型，进入顶视图，然后使用"平面"工具 平面 在桌面顶部创建一个平面，接着在"参数"卷展栏下设置"长度"为250mm，"宽度"为250mm，"长度分段"和"宽度分段"都为20，如图8-25所示。

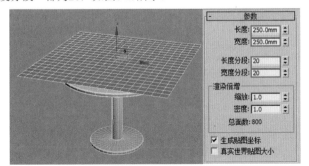

图8-25

技巧与提示

对于制作桌布平面，理论上分段数设置得越多，模拟出来的效果越逼真，但会增加计算时间，因此在制作时设置适当的数值即可。

03 单击"修改器列表"，然后在下拉菜单中选择"Cloth"选项，接着展开"对象"卷展栏，单击"对象属性"按钮 对象属性 ，再在弹出的"对象属性"对话框中选择平面模型，最后选中"布料"选项，如图8-26和图8-27所示。

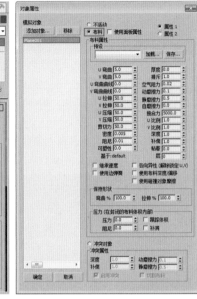

图8-26　　　　　　　　　　　　　　　　　图8-27

04 单击"添加对象"按钮 添加对象... ，然后在弹出的对话框中全选模型，接着单击"添加"按钮 添加 ，如图8-28所示。

图8-28

05 选择添加的圆桌模型，然后选中"冲突对象"选项，接着单击"确定"按钮 确定 ，如图8-29所示。

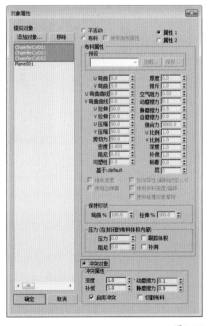

图8-29

06 在"对象"卷展栏下单击"模拟"按钮 模拟 ，开始模拟布料效果，如图8-30所示，模拟之后的效果如图8-31所示。

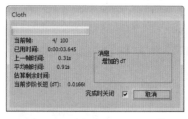
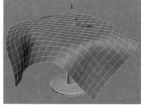

图8-30 图8-31

07 选中桌布模型，然后单击"修改器列表"，接着在下拉菜单中选择"壳"选项，再在"参数"卷展栏下设置"内部量"和"外部量"为1mm，如图8-32所示。

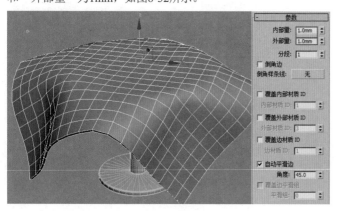

图8-32

08 继续选中桌布模型，然后单击"修改器列表"，接着在下拉菜单中选择"细化"修改器，再在"参数"卷展栏下设置"操作于"为"多边形"□，最后设置"迭代次数"为2，其参数设置如图8-33所示，最终效果如图8-34所示。

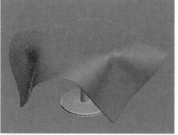

图8-33 图8-34

知识链接

"第12章 动力学"中还会讲到运用动力学制作布料的方法。效果会比Cloth修改器更加真实。

技术回顾

◎ 工具：Cloth修改器 视频：058-Cloth修改器

◎ 位置：修改器>对象空间修改器

◎ 用途：Cloth修改器可以很好地模拟布料的特性，制作出逼真的布料模型。

01 使用"长方体"工具 长方体 在场景中创建一个长方体，如图8-35所示。

图8-35

02 使用"平面"工具 平面 在长方体上方创建一个平面，作为布料的模型，然后展开"参数"卷展栏，设置"长度分段"和"宽度分段"都为20，如图8-36所示。

03 选中平面，单击"修改"按钮，切换到修改面板，然后单击"修改器列表"，接着在下拉菜单中选择"Cloth"选项，如图8-37所示。

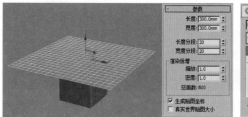

图8-36 图8-37

04 展开"对象"卷展栏，然后单击"对象属性"按钮 对象属性 ，如图8-38所示，接着在弹出的"对象属性"对话框中选中"Plane001"，再选择"布料"选项，如图8-39所示。

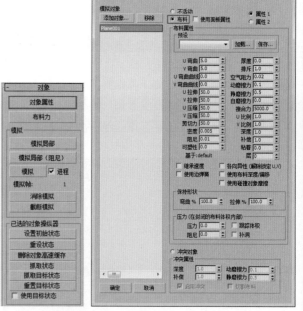

图8-38 图8-39

05 单击"添加对象"按钮 添加对象... ，然后在弹出的对话框中选择长方体模型"Box001"，接着单击"添加"按钮 添加 ，如图8-40和图8-41所示。

图8-40

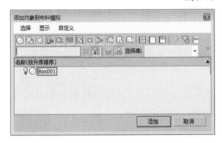

图8-41

06 回到"对象属性"对话框，在左侧列表中选中长方体模型"Box001"，然后选择"冲突对象"选项，接着单击"确定"按钮，如图8-42所示。

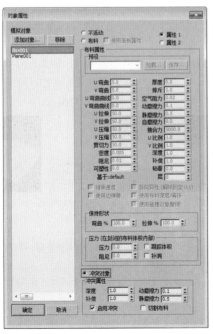

图8-42

07 在"对象"卷展栏中单击"模拟"按钮 模拟 ，会弹出一个显示模拟过程的对话框，如图8-43所示。

08 如果对模拟效果不满意，需要重新模拟，可以单击"消除模拟"按钮 消除模拟 ，平面就会回到初始状态，如图8-44所示。

图8-43

图8-44

实例104 用VR-毛皮制作地毯

场景位置　　场景文件>CH08 >02.max
实例位置　　实例文件>CH08 >用VR-毛皮制作地毯.max
学习目标　　学习VR-毛皮的参数意义及使用方法

VR-毛皮是V-Ray渲染器自带的制作毛发类模型的工具。要使用VR-毛皮，必须安装并加载V-Ray渲染器。地毯的效果如图8-45所示。

图8-45

🍀 模型创建

01 打开本书学习资源中的"场景文件>CH08>02.max"文件，如图8-46所示，这是一个简单的房间场景。

02 选中地毯模型，然后在创建面板中单击"几何体"按钮，接着选择"VRay"选项，再单击"VR-毛皮"按钮 VR-毛皮 ，其效果如图8-47所示。

图8-46

图8-47

03 进入"修改"面板，然后在"参数"卷展栏下设置"长度"为45mm，"厚度"为6mm，"重力"为﹣1.5mm，"弯曲"为1，接着设置"几何体细节"选项组中的"结数"为5，再设置"变化"选项组中的"方向参量"为0.5，"长度参量"为0.3，最后设置"分布"选项组中的"每区域"为0.01，如图8-48所示。

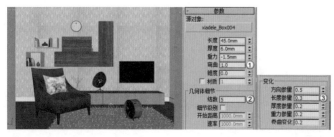

图8-48

04 选中地毯模型和VR-毛皮，然后按快捷键M打开材质编辑器，接着选中地毯材质球，按"将材质指定给选定对象"按钮 ，将材质赋予模型，如图8-49所示。

05 按C键切换到摄影机视图，然后按F9键渲染场景，地毯的最终效果如图8-50所示。

图8-49　　　　　　　　　　　　图8-50

↻ **技术回顾**

◎ 工具：　VR-毛皮　　视频：059–VR–毛皮

◎ 位置：几何体>VRay

◎ 用途：常用来制作地毯、草坪、毛巾等毛发类模型。

01 单击"平面"按钮　平面　，在视图中创建一个平面，如图8-51所示。

02 选中上一步创建的平面，然后在"几何体"中选择"VRay"选项，接着单击"VR-毛皮"按钮　VR-毛皮　，可以观察到在平面上自动生成了毛发的模型，如图8-52所示。

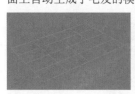

图8-51　　　　　　　　　　　　图8-52

03 在"参数"卷展栏下设置"长度"为30mm，可以观察到毛发模型变长了，如图8-53所示。

04 在"参数"卷展栏下设置"重力"为－5mm，可以观察到毛发的弯曲程度提高了，如图8-54所示。

图8-53　　　　　　　　　　　　图8-54

05 在"参数"卷展栏下设置"弯曲"为0.5，可以观察到毛发弯曲程度降低了，如图8-55所示。

06 在"参数"卷展栏下的"几何体细节"选项组中设置"结数"为4，可以观察到毛发弯曲的光滑程度降低了，如图8-56所示。

图8-55　　　　　　　　　　　　图8-56

07 在"参数"卷展栏下的"变化"选项组中设置"方向参量"为0，可以观察到毛发生长朝着统一方向，如图8-57所示；设置"方向参量"为1，可以观察到毛发生长方向不同，如图8-58所示。

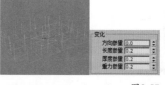

图8-57　　　　　　　　　　　　图8-58

08 在"参数"卷展栏下的"变化"选项组中设置"长度参量"为0，可以观察到毛发长度完全统一，如图8-59所示；设置"长度参量"为1，可以观察到毛发长度不同，如图8-60所示。

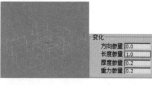

图8-59　　　　　　　　　　　　图8-60

09 按F9键渲染当前毛发，如图8-61所示，然后在"参数"卷展栏下的"分布"选项组中设置"每区域"为0.5，可以观察到毛发密度增大了，如图8-62所示。

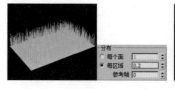
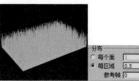

图8-61　　　　　　　　　　　　图8-62

- - - 技巧与提示 ✅ - - -

　　修改"参数"卷展栏中的某些参数，需要配合渲染才能查看效果，模型本身不能直接体现。

　　VR-毛皮的最终效果需要通过渲染才能观察，模型上的效果只能起到预览效果，不能直接显示毛皮的最终效果。

» 行业问答

Q 用Cloth修改器创建布料不成功怎么办

有时候用Cloth修改器制作布料效果时，布料模型会直接穿越底座模型，进而导致制作不成功。遇到这种情况时，需要重新设定一遍布料和底座的属性。一旦修改过布料的个别参数再解算布料效果，有时就会出现问题，需要再次设定。

该修改器的解算效果不是很稳定，需要读者耐心制作。第12章中讲解的布料动力学工具的解算效果会更加稳定，制作方法也会更加简单。

Q "Hair和Fur（WSM）"修改器和"VR-毛皮"两种工具该怎样选择

这两种工具都可以制作毛发效果，在制作时各有优势。

"Hair和Fur（WSM）"修改器可以控制毛发生长的部位，而"VR-毛皮"工具只能在选定的模型上使毛发生长。

"VR-毛皮"的操作要简单一些，参数较少，很适合新手使用。"Hair和Fur（WSM）"修改器可以制作头发的效果，参数要复杂很多。

第
9
章

V-Ray渲染器

本章将介绍V-Ray渲染器，这一章的重要性不言而喻，即使有再良好的光照、再精美的材质，如果没有合理的渲染参数，那么依然得不到优秀的渲染作品。V-Ray渲染器面板如图9-1所示。

图9-1

技术专题

疑难问答

技巧与提示

Learning Objectives
学习要点 ❧

200页
LWF线性工作流

207页
V-Ray渲染器

209页
V-Ray渲染流程及技巧

212页
效果图的制作流程

Employment Direction
从业方向 ❧

家具造型师　　建筑设计表现师

工业设计师　　室内设计表现师

实例105　测试Gamma和LUT校正

场景位置　　场景文件>CH09>01.max
实例位置　　实例文件>CH09>测试Gamma和LUT校正.max
学习目标　　掌握Gamma和LUT校正的方法

案例效果如图9-2所示。

图9-2

01 打开本书学习资源中的"场景文件>CH09>01.max"文件，如图9-3所示。

02 在菜单栏中执行"渲染>Gamma/LUT设置"命令，会弹出"首选项设置"对话框，系统会自动切换到"Gamma和LUT"选项卡，可以观察到，此时系统没有启用Gamma/LUT校正，如图9-4所示。

图9-3

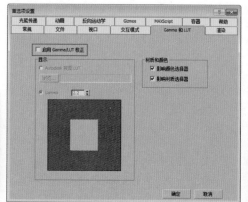

图9-4

03 单击"确定"按钮 ，关闭对话框，然后进入摄影机视图，按F9键渲染当前场景，效果如图9-5所示。按M键打开"材质编辑器"面板，此时材质球效果如图9-6所示。

 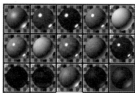

图9-5 　　　　　　　　　　　　　　图9-6

04 在菜单栏中执行"渲染>Gamma/LUT设置"命令，会弹出"首选项设置"对话框，系统会自动切换到"Gamma和LUT"选项卡，接着勾选"启用Gamma/LUT校正"选项，最后单击"确定"按钮 ，如图9-7所示。

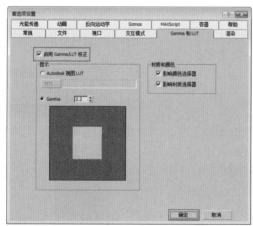

图9-7

05 进入摄影机视图，按F9键渲染当前场景，效果如图9-8所示。按M键打开"材质编辑器"面板，此时材质球效果如图9-9所示。

 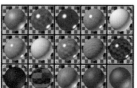

图9-8 　　　　　　　　　　　　　　图9-9

技术专题 ❤ LWF线性工作流

　　LWF是一种通过调整图像Gamma值来使得图像得到线性化显示的技术流程。而线性化的本意就是让图像得到正确的显示结果。设置LWF后会使图像明亮，这个明亮即正确的显示结果，是线性化的结果。

　　全局光渲染器在常规作图流程下得到的图像会比较暗（尤其是暗部）。而本来这个图像不应该是这么暗的，不应该在我们作图调高灯光亮度时，亮处都几近曝光了，场景的某些暗部还是亮不起来（即明暗差距不应该过大）。这个过暗问题主要的客观原因是显示器错误地显示了图像，使本来不暗的图像显示暗了（也就是非线性化了）。所以我们要用LWF，通过调整Gamma来让图像回到正确的线性化显示效果（即让它变亮），使得图像的明暗看起来更有真实感，更符合人眼视觉和现实中真正的光影感，而不是原来那样明暗差距过大。

　　为什么显示器显示出来的结果会过暗，这个问题涉及电路电气知识，这里不做详细讲解。

　　当启用Gamma/LUT校正后，在"Gamma和LUT"选项卡中会观察到Gamma值自动变为了2.2，如图9-10所示。

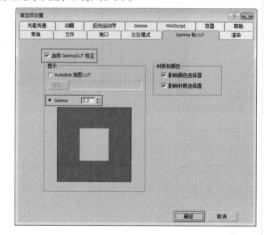

图9-10

　　Gamma是表示画面失真程度的参数。值越大，失真越大，图像也就越暗。而1则意味着图像不失真，会正常显示。

　　大多数显示器的失真程度，即它的Gamma值是2.2。所以我们在用LWF来校正图像失真时，才有了2.2这个参照数值。

　　启用Gamma/LUT校正后，渲染出的图片往往会偏灰，只需要将渲染出的图片导入Photoshop中进行调整即可。

实例106 启动V-Ray帧缓冲区

场景位置	无
实例位置	无
学习目标	掌握启动V-Ray帧缓冲区的方法

默认情况下，系统在进行场景渲染时，会启用自带的"渲染帧窗口"，如图9-11所示。而在启用Gamma/LUT校正后，建议使用"V-Ray帧缓冲区"作为渲染窗口，如图9-12所示。

图9-11

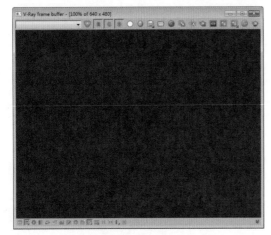

图9-12

01 打开3ds Max 2016界面后，按F10键或在主工具栏上单击"渲染设置"按钮，打开"渲染设置"面板，如图9-13所示。

02 进入"V-Ray"选项卡，然后展开"帧缓冲区"卷展栏，接着勾选"启用内置帧缓冲区"选项，如图9-14所示。

图9-13   图9-14

03 按F9键渲染场景时，系统就会自动弹出"V-Ray帧缓冲区"窗口，如图9-15所示。

图9-15

实例107 图像采样器类型对比

场景位置	场景文件>CH09>02.max
实例位置	无
学习目标	掌握图像采样器的类型

抗锯齿在渲染设置中是一个必须调整的参数，其数值的大小决定了图像的渲染精度和渲染时间，但抗锯齿与全局照明精度的高低没有关系，只作用于场景物体的图像和物体的边缘精度，其参数设置面板如图9-16所示。

图9-16

01 打开本书学习资源中的"场景文件>CH09>02.max"文件，如图9-17所示。

图9-17

02 启用Gamma/LUT校正，并勾选"启用内置帧缓冲区"选项，然后展开"图像采样器（抗锯齿）"卷展栏，设置"类型"为"渐进"，此时渲染面板会自动增加"渐进图像采样器"卷展栏，如图9-18所示，最后进入摄影机视图渲染当前场景，其效果如图9-19所示。可以观察到该模式在渲染图像时，是以点为基础逐渐渲染清晰图像的。

图9-18

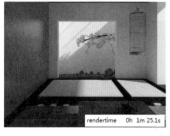

图9-19

技巧与提示

"渐进"图像采样器的渲染效果最好，但渲染时间较长，一般很少应用。

03 启用Gamma/LUT校正，并勾选"启用内置帧缓冲区"选项，然后展开"图像采样器（抗锯齿）"卷展栏，设置"类型"为"渲染块"，此时渲染面板会自动增加"渲染块图像采样器"卷展栏，如图9-20所示，最后进入摄影机视图渲染当前场景，其效果如图9-21所示。

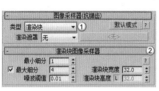

图9-20

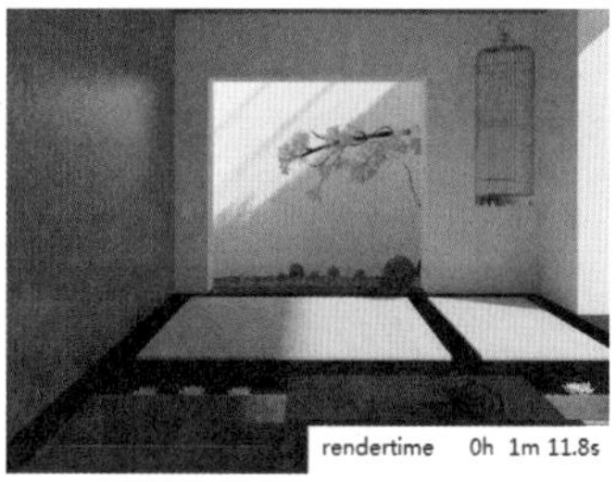

图9-21

04 在"渲染块图像采样器"中取消勾选"最大细分"选项，如图9-22所示。此时渲染效果如图9-23所示。可以观察到渲染效果不如勾选"最大细分"的效果，但渲染速度最快。

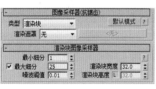

图9-22

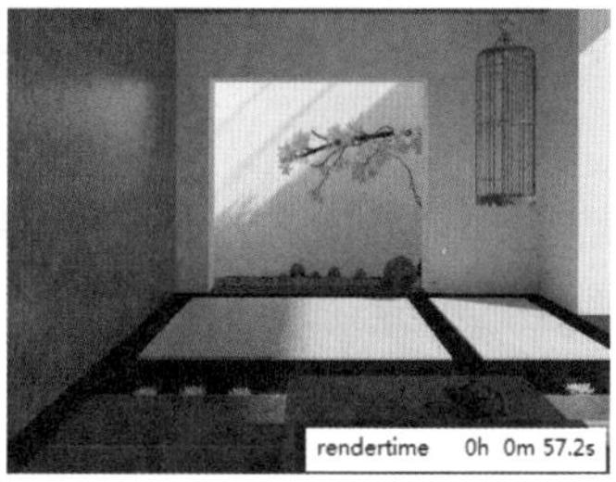

图9-23

05 在"渲染块图像采样器"中设置"最大细分"为25，如图9-24所示。此时渲染效果如图9-25所示。

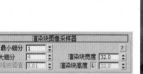

图9-24

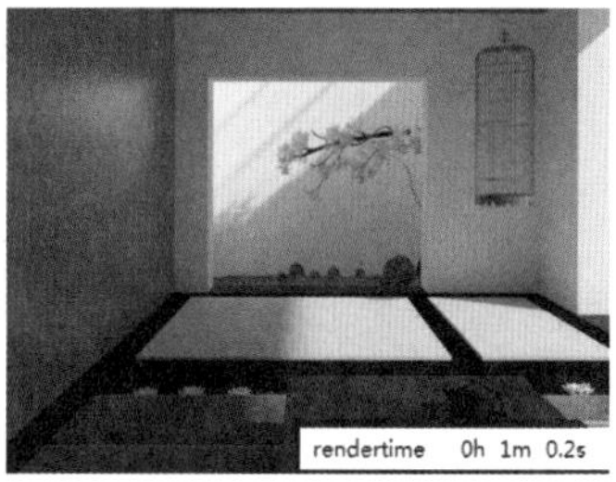

图9-25

06 在"渲染块图像采样器"中设置"噪波阈值"为0.01，如图9-26所示。此时渲染效果如图9-27所示。继续设置"噪波阈值"为0.005，如图9-28所示。此时渲染效果如图9-29所示。可以观察到"噪波阈值"的数值越小，图像噪点越少，渲染速度越慢。

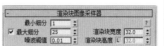

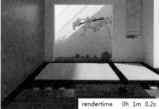

图9-26

图9-27

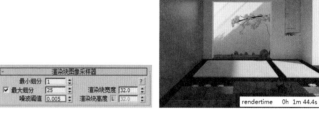

图9-28

图9-29

07 在"渲染块图像采样器"中设置"渲染块宽度"和"渲染块高度"为32，如图9-30所示。此时渲染效果如图9-31所示。继续设置"渲染块宽度"和"渲染块高度"为16，如图9-32所示。此时渲染效果如图9-33所示。可以观察到这个数值控制渲染时的方块大小。

图9-30

图9-31

图9-32

图9-33

疑难问答

问：为什么渲染块的数量会有不同？

答：在渲染时，渲染块可能会出现两块、4块、8块或更多。具体数量是根据计算机自身的CPU核和线程确定的。

启动计算机的任务管理器，然后选中3ds Max 2016进程，并单击鼠标右键，在弹出的菜单中选择"设置相关性"选项，打开"处理器相关性"对话框，这里会显示计算机的CPU数量。这里显示几个CPU，渲染时就会出现几个渲染块，如图9-34所示。

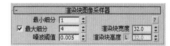

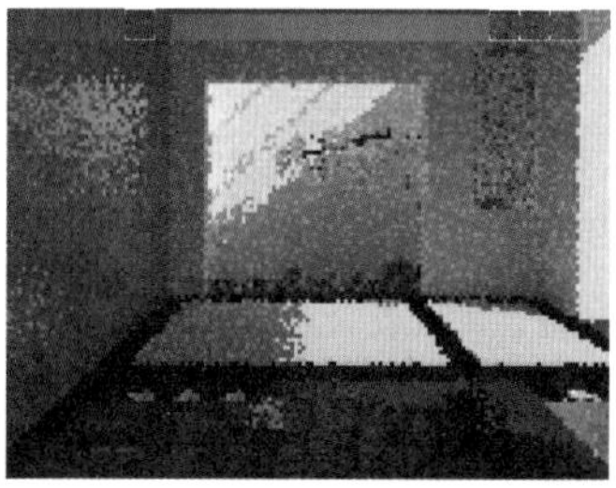

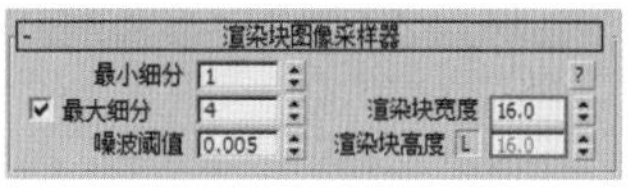

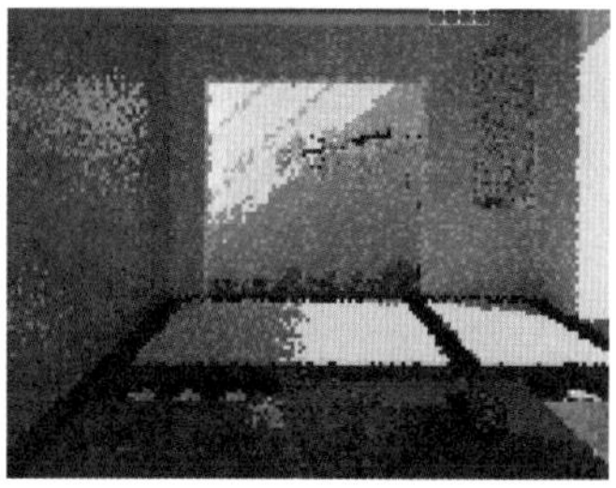

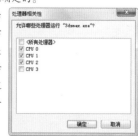

图9-34

渲染块：这是V-Ray 3.4版本的一个改进，将之前版本的"固定""自适应""自适应细分"这3种块状渲染模式集合为一体。通过"渲染块图像采样器"中的"最小细分""最大细分""噪波阈值"控制图像的清晰度。图像越清晰，渲染速度越慢，因此在实际工作中需要找到合适的参数进行渲染。

渐进：这是V-Ray 3.0之后添加的采样器，其采样过程不再是"跑格子"，而是全局性的由粗糙到精细，直到满足阈值或最大样本数为止。采样的样本投射单位是每一个像素点，而不是全图，采样的结果决定了该像素是什么颜色的，所以采样越准确，相邻像素点的过渡就会越自然，各种模糊效果也会越精确。

实例108 抗锯齿类型对比

场景位置	场景文件>CH09>02.max
实例位置	实例文件>CH09>抗锯齿类型对比.max
学习目标	掌握抗锯齿类型

当勾选"图像过滤器"选项以后，可以从后面的下拉列表中选择一个抗锯齿过滤器来对场景进行抗锯齿处理，如图9-35所示；如果不勾选该选项，那么渲染时将使用纹理抗锯齿过滤器。

图9-35

01 打开本书学习资源中的"场景文件>CH09>02.max"文件，如图9-36所示。

图9-36

02 启用Gamma/LUT校正，并勾选"启用内置帧缓冲区"选项，然后展开"图像采样器（抗锯齿）"卷展栏，设置"类型"为"渲染块"，接着在"渲染块图像采样器"卷展栏中取消勾选"最大细分"选项，再在"图像过滤器"卷展栏中勾选"图像过滤器"选项，并设置"过滤器"为"区域"，如图9-37所示，最后进入摄影机视图渲染当前场景，其效果如图9-38所示。

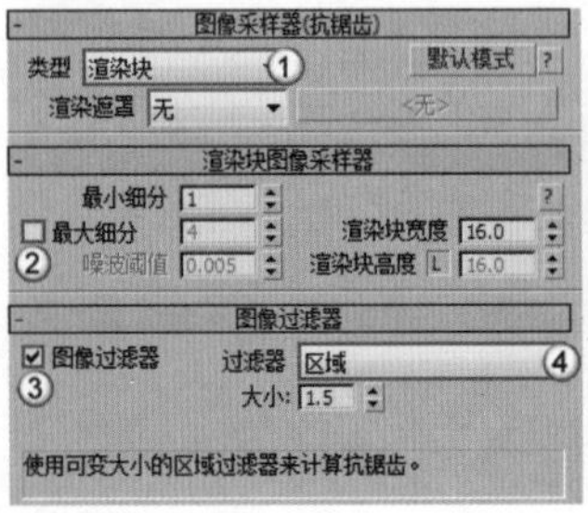

图9-37

图9-38

03 在"图像过滤器"卷展栏中设置"过滤器"为"清晰四方形"，如图9-39所示，最后进入摄影机视图渲染当前场景，其效果如图9-40所示。

图9-39    图9-40

04 在"图像过滤器"卷展栏中设置"过滤器"为"Catmull-Rom"，如图9-41所示，最后进入摄影机视图渲染当前场景，其效果如图9-42所示。

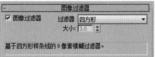

图9-41    图9-42

05 在"图像过滤器"卷展栏中设置"过滤器"为"四方形"，如图9-43所示，最后进入摄影机视图渲染当前场景，其效果如图9-44所示。

图9-43    图9-44

06 在"图像过滤器"卷展栏中设置"过滤器"为"立方体"，如图9-45所示，最后进入摄影机视图渲染当前场景，其效果如图9-46所示。

图9-45   图9-46

07 在"图像过滤器"卷展栏中设置"过滤器"为"视频"，如图9-47所示，最后进入摄影机视图渲染当前场景，其效果如图9-48所示。

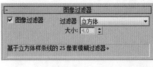

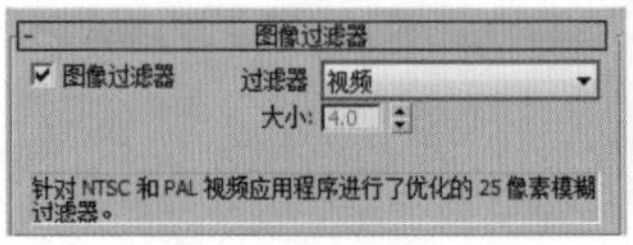

图9-47    图9-48

08 在"图像过滤器"卷展栏中设置"过滤器"为"柔化",如图9-49所示,最后进入摄影机视图渲染当前场景,其效果如图9-50所示。

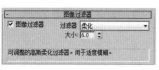

图9-49　　　　　　　　　图9-50

09 在"图像过滤器"卷展栏中设置"过滤器"为"Mitchell-Netravali",如图9-51所示,最后进入摄影机视图渲染当前场景,其效果如图9-52所示。

图9-51　　　　　　　　　图9-52

10 在"图像过滤器"卷展栏中设置"过滤器"为"VRayLanczosFilter",如图9-53所示,最后进入摄影机视图渲染当前场景,其效果如图9-54所示。

图9-53　　　　　　　　　图9-54

11 在"图像过滤器"卷展栏中设置"过滤器"为"VRaySincFilter",如图9-55所示,最后进入摄影机视图渲染当前场景,其效果如图9-56所示。

图9-55　　　　　　　　　图9-56

技术专题 ❿ 抗锯齿类型详解

区域:用区域大小来计算抗锯齿。

清晰四方形:来自Neslon Max算法的清晰9像素重组过滤器。

Catmull-Rom:一种具有边缘增强的过滤器,可以产生较清晰的图像效果。

图版匹配/MAX R2:使用3ds Max R2的方法(无贴图过滤)将摄影机和场景或"无光/投影"元素与未过滤的背景图像相匹配。

四方形:和"清晰四方形"相似,能产生一定的模糊效果。

立方体:基于立方体的25像素过滤器,能产生一定的模糊效果。

视频:适合制作视频动画的一种抗锯齿过滤器。

柔化:用于程度模糊效果的一种抗锯齿过滤器。

Cook变量:一种通用过滤器,较小的数值可以得到清晰的图像效果。

混合:一种用混合值来确定图像清晰或模糊的抗锯齿过滤器。

Blackman:一种没有边缘增强效果的抗锯齿过滤器。

Mitchell-Netravali:一种常用的过滤器,能产生微量模糊的图像效果。

VRayLanczosFilter/VRaySincFilter:V-Ray新版本中的两个新抗锯齿过滤器,可以很好地平衡渲染速度和渲染质量。

VRayBoxFilter/VRayTriangleFilter:这也是V-Ray新版本中的抗锯齿过滤器,它们以"盒子"和"三角形"的方式抗锯齿。

实例109 颜色贴图类型对比

场景位置	场景文件>CH09>02.max
实例位置	实例文件>CH09>颜色贴图类型对比.max
学习目标	掌握各种图像曝光类型

"颜色贴图"卷展栏下的参数主要用来控制整个场景的颜色和曝光方式,如图9-57所示。

01 打开本书学习资源中的"场景文件>CH09>02.max"文件,如图9-58所示。

图9-57　　　　　　　　　图9-58

02 启用Gamma/LUT校正,并勾选"启用内置帧缓冲区"选项,然后展开"颜色贴图"卷展栏,设置"类型"为"线性倍增",如图9-59所示,最后进入摄影机视图渲染当前场景,其效果如图9-60所示。

图9-59　　　　　　　　　图9-60

03 在"颜色贴图"卷展栏中设置"类型"为"指数",如图9-61所示,最后进入摄影机视图渲染当前场景,其效果如图9-62所示。

图9-61　　　　　　　　　图9-62

04 在"颜色贴图"卷展栏中设置"类型"为"HSV指数"，如图9-63所示，最后进入摄影机视图渲染当前场景，其效果如图9-64所示。

图9-63   图9-64

05 在"颜色贴图"卷展栏中设置"类型"为"强度指数"，如图9-65所示，最后进入摄影机视图渲染当前场景，其效果如图9-66所示。

图9-65   图9-66

06 在"颜色贴图"卷展栏中设置"类型"为"伽马校正"，如图9-67所示，最后进入摄影机视图渲染当前场景，其效果如图9-68所示。

图9-67   图9-68

07 在"颜色贴图"卷展栏中设置"类型"为"强度伽马"，如图9-69所示，最后进入摄影机视图渲染当前场景，其效果如图9-70所示。

图9-69   图9-70

08 在"颜色贴图"卷展栏中设置"类型"为"莱因哈德"，然后设置"加深值"为0.6，如图9-71所示，最后进入摄影机视图渲染当前场景，其效果如图9-72所示。

图9-71   图9-72

技术专题 ⓜ 颜色贴图详解

线性倍增：这种模式将基于最终色彩亮度来进行线性的倍增，可能会导致靠近光源的点过分明亮。"线性倍增"模式包括3个局部参数，"暗度倍增"是对暗部的亮度进行控制，加大该值可以提高暗部的亮度；"明亮倍增"是对亮部的亮度进行控制，加大该值可以提高亮部的亮度。这种曝光方式适合制作室外效果图。

设置"暗度倍增"为2，如图9-73所示。设置"明亮倍增"为0.5，如图9-74所示。

图9-73   图9-74

指数：这种曝光采用指数模式，它可以降低靠近光源处表面的曝光效果，同时场景颜色的饱和度会降低。"指数"模式的局部参数与"线性倍增"一样。这种曝光方式适合制作室内效果图。

HSV指数：与"指数"曝光比较相似，不同点在于可以保持场景物体的颜色饱和度，但是这种方式会取消对高光的计算。"HSV指数"模式的局部参数与"线性倍增"一样。

强度指数：这种方式是对上面两种指数曝光的结合，既抑制了光源附近的曝光效果，又保持了场景物体的颜色饱和度。"亮度指数"模式的局部参数与"线性倍增"相同。

伽马校正：采用伽马来修正场景中的灯光衰减和贴图色彩，其效果和"线性倍增"曝光模式类似。"伽马校正"模式包括"倍增"和"反向伽马"2个局部参数，"倍增"主要用来控制图像的整体亮度倍增；"反向伽马"是V-Ray内部转化的，比如输入"2.2"和显示器的伽马2.2相同。

强度伽马：这种曝光模式不仅拥有"伽马校正"的优点，同时还可以修正场景灯光的亮度。

莱因哈德：这种曝光方式可以把"线性倍增"和"指数"曝光混合起来。它包括一个"加深值"局部参数，主要用来控制"线性倍增"和"指数"曝光的混合值，0表示"线性倍增"不参与混合；1表示"指数"不参加混合；0.5表示"线性倍增"和"指数"曝光效果各占一半。这种曝光方式适合制作阴天效果图。

实例110 全局确定性蒙特卡洛参数对比

场景位置	场景文件>CH09>02.max
实例位置	实例文件>CH09>全局确定性蒙特卡洛参数对比.max
学习目标	掌握各种全局确定性蒙特卡洛参数

"全局确定性蒙特卡洛"面板中的参数用于控制成图中的噪点大小，如图9-75所示。

图9-75

01 打开本书学习资源中的"场景文件>CH09>02.max"文件，如图9-76所示。

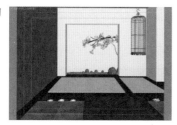

图9-76

02 启用Gamma/LUT校正，并勾选"启用内置帧缓冲区"选项，然后展开"全局确定性蒙特卡洛"卷展栏，接着设置"最小采样"为16，如图9-77所示，渲染效果如图9-78所示。再设置"最小采样"为8，如图9-79所示。渲染效果如图9-80所示。通过对比，可以观察到，"最小采样"值越大，渲染效果越好。

图9-77　　　　　　　　　　图9-78

图9-79　　　　　　　　　　图9-80

03 展开"全局确定性蒙特卡洛"卷展栏，默认"噪波阈值"为0.005，渲染效果如图9-81所示，然后设置"噪波阈值"为0.001，渲染效果如图9-82所示。通过对比，可以观察到，"噪波阈值"数值越小，渲染图片杂点越少，但相对渲染时间越长。

图9-81　　　　　　　　　　图9-82

疑难问答 ？

问：渲染大图是不是需要很高的渲染参数？

答：渲染大图时，较高的参数会渲染出高质量的图片，相对地也会耗时更久。由于每台机器的配置不同，因此同一个渲染参数所消耗的渲染时间也不同。读者在学习时可以根据自身机器的配置，找到合适的渲染参数组合。在商业效果图制作中，效率是最重要的，找到合适的渲染参数组合可以在时间与质量之间找到平衡。

实例111 全局光引擎搭配对比

场景位置	场景文件>CH09>02.max
实例位置	实例文件>CH09>全局光引擎搭配对比.max
学习目标	掌握全局光引擎的搭配

在V-Ray渲染器中，没有开启全局照明时的效果就是直接照明效果，开启后就可以得到间接照明效果。开启全局照明后，光线会在物体与物体间反弹，因此此光线计算会更加准确，图像也更加真实，其参数设置面板如图9-83所示。

01 打开本书学习资源中的"场景文件>CH09>02.max"文件，如图9-84所示。

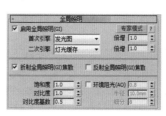

图9-83　　　　　　　　　　图9-84

02 按F10键，打开"渲染设置"面板，然后切换到"GI"选项卡，勾选"启用全局照明（GI）"选项，接着设置"首次引擎"为"发光图"，"二次引擎"为"灯光缓存"，如图9-85所示，最后进入摄影机视图，按F9键渲染当前场景，如图9-86所示。

图9-85　　　　　　　　　　图9-86

技巧与提示 ✎

在真实世界中，光线的反弹一次比一次减弱。V-Ray渲染器中的全局照明有"首次引擎"和"二次引擎"，但并不是说光线只反弹两次，"首次引擎"可以理解为直接照明的反弹，光线照射到A物体上后反射到B物体上，B物体所接收到的光就是"首次反弹"，B物体再将光线反射到D物体上，D物体再将光线反射到E物体上……D物体以后的物体所得到的光的反射就是"二次引擎"，如图9-87所示。

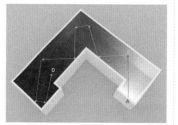

图9-87

03 设置"首次引擎"为"BF算法"，"二次引擎"为"灯光缓存"，如图9-88所示，然后进入摄影机视图，按F9键渲染当前场景，如图9-89所示。与图9-86对比，渲染时间更长，且渲染图片有杂点。

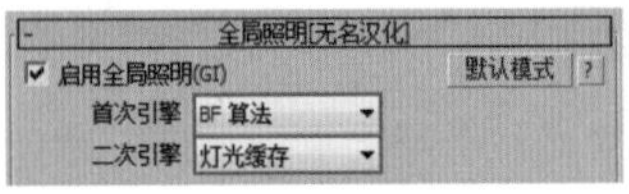

图9-88

rendertime 0h 2m 49.4s

图9-89

04 设置"首次引擎"为"BF算法","二次引擎"为"BF算法",如图9-90所示,然后进入摄影机视图,按F9键渲染当前场景,如图9-91所示。与图9-89对比,渲染时间更长,且渲染图片有杂点。

图9-90

rendertime 0h 4m 19.6s

图9-91

05 设置"首次引擎"为"发光图","二次引擎"为"BF算法",如图9-92所示,然后进入摄影机视图,按F9键渲染当前场景,如图9-93所示。与图9-91对比,渲染时间更短,且渲染图片质量很高。

图9-92

rendertime 0h 1m 10.9s

图9-93

技巧与提示

在渲染正式图时,综合考虑渲染时间与渲染质量、渲染引擎的搭配:室外为发光图+BF算法;室内为发光图+灯光缓存。

06 当设置"首次引擎"为"发光图"时,展开下方的"发光图"卷展栏,默认"当前预设"为"中",如图9-94所示,渲染效果如图9-95所示。当设置"当前预设"为"非常低"时,进行渲染,效果如图9-96所示。与图9-95相比,渲染时间更短,但质量有所降低。

图9-94

rendertime 0h 1m 27.5s

图9-95

rendertime 0h 0m 52.9s

图9-96

07 当设置"细分"为50时,渲染效果如图9-97所示;当设置"细分"为30时,渲染效果如图9-98所示。通过对比可以观察到,细分值越高,渲染效果越好。

图9-97

图9-98

08 当设置"插值采样"为50时,渲染效果如图9-99所示;当设置"插值采样"为20时,渲染效果如图9-100所示。通过对比可以观察到,"插值采样"值越高,渲染效果越模糊。

图9-99

图9-100

09 当设置"二次引擎"为"灯光缓存"时,展开下方的"灯光缓存"卷展栏,默认"细分"为1 000,如图9-101所示,渲染效果如图9-102所示。当设置"细分"为100时,进行渲染,效果如图9-103所示。与图9-102相比,渲染速度更快,但画面较暗,细分点也很粗糙。

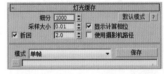

图9-101

图9-102

图9-103

技术专题 ⑯ V-Ray渲染主要流程

在一般情况下,V-Ray渲染的流程主要包括以下4个步骤。

第1步:在场景中创建好摄影机的位置,然后确定要表现的内容,接着设置好渲染图的比例,并打开渲染安全框。

第2步:逐一制作场景中的材质。

第3步:设置好测试渲染的参数,然后在场景中布光,同时微调材质参数,接着通过测试渲染确定效果。

第4步:设置最终渲染参数,渲染大图。

实例112 渲染ID通道

场景位置 场景文件>CH09>03.max
实例位置 实例文件>CH09>渲染ID通道.max
学习目标 掌握渲染ID通道的方法

渲染ID通道，是为后期在Photoshop中调整成图做准备。彩色通道可以快速地选取画面中的物体，然后调整其色相、饱和度、曝光等选项。

01 打开本书学习资源中的"场景文件>CH09>03.max"文件，如图9-104所示。

图9-104

02 按F10键打开"渲染设置"面板，并切换到"Render Elements"（渲染元素）选项卡，然后单击"添加"按钮，在弹出的"渲染元素"对话框中选择"VRayRenderID"选项，接着单击"确定"按钮，元素就会被添加到左侧面板中，如图9-105所示。

图9-105

03 当使用3ds Max自带的"渲染帧窗口"渲染时，在渲染结束后"渲染帧窗口"除了显示渲染完的效果图外，还会弹出一个新窗口显示渲染的ID通道，如图9-106和图9-107所示。

图9-106 图9-107

技巧与提示

在V-Ray帧缓存中渲染彩色通道时，需要在成图渲染完后单击左上角的菜单栏，选择"VRayRenderID"选项，如图9-108所示。

图9-108

技术专题 渲染通道与后期处理

在Photoshop中打开实例112的渲染图，然后分别导入AO通道和渲染ID通道，图层列表如图9-109所示。AO通道即前边章节讲过的用VR-污垢贴图渲染的效果图。

将AO通道以"柔光"的方式与渲染图叠加，如图9-110所示，效果如图9-111所示。可以观察到画面明暗更加清晰，尤其是阴影部位更加明确。

图9-109

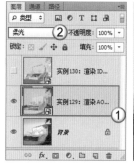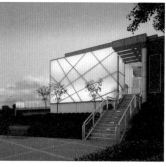

图9-110 图9-111

使用"魔棒工具"可以通过ID通道选择任意一个物体，如图9-112所示。选中的物体可以单独调节亮度、颜色等属性，如图9-113所示。

图9-112 图9-113

这里大致为读者介绍了一下两种通道的基本用法。读者若想深入了解效果图后期的制作方法，可以阅读与本书同系列的《中文版3ds Max 2016/VRay效果图制作完全自学教程（实例版）》图书。

实例113 光子图渲染

场景位置	场景文件>CH09>04.max
实例位置	实例文件>CH09>光子图渲染.max
学习目标	掌握渲染并保存光子图的方法

在实际工作中渲染大尺寸图时，需要花费很长的时间。为了既减少渲染浪费的时间，又保证图片的质量，这时就需要提前渲染光子图。

01 打开本书学习资源中的"场景文件>CH09>04.max"文件，如图9-114所示。

02 下面设置保存光子图的方法。按F10键打开"渲染设置"面板，然后在"公用"选项卡中设置"宽度"为600，"高度"为420，如图9-115所示。

图9-114　　　　　　　　　　　　　图9-115

> **技巧与提示**
>
> 光子图的尺寸需要根据大图的尺寸决定，理论上光子图的尺寸最小为成图的1/10，但为了保证成图的质量，最小设置在1/4左右即可。

03 切换到"GI"选项卡，然后在"发光图"卷展栏中设置"当前预设"为"中"，接着切换为"高级模式"，再在"模式"中选择"单帧"，最后勾选"自动保存"选项，并单击下方的保存按钮，设置光子图的保存路径，如图9-116所示。

04 在"灯光缓存"卷展栏中设置"细分"为1000，然后切换为"高级模式"，接着在"模式"中选择"单帧"，再勾选"自动保存"选项，最后单击下方的保存按钮，设置灯光缓存的保存路径，如图9-117所示。

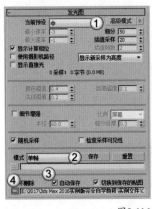

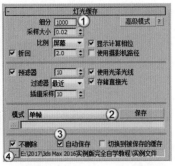

图9-116　　　　　　　　　　　　　图9-117

> **技巧与提示**
>
> 光子图的文件名后缀为".vrmap"，灯光缓存的文件名后缀为".vrlmap"。

05 在"V-Ray"选项卡中展开"全局开关"卷展栏，然后勾选"不渲染最终的图像"选项，如图9-118所示。其余参数设置与渲染成图设置相同，最后按F9键渲染当前场景。渲染完成后，系统会自动保存光子图文件和灯光缓存文件。

06 在摄影机视图中渲染当前场景后，可在保存光子图文件的文件夹中查找到这两个文件，如图9-119所示。

图9-118　　　　　　　　　　　　　图9-119

07 下面渲染成图。在"公用"选项卡中设置"宽度"为2000，"高度"为1500，如图9-120所示。

08 在"V-Ray"选项卡中，展开"全局开关"卷展栏，然后取消勾选"不渲染最终的图像"选项，如图9-121所示。

图9-120　　　　　　　　　　　　　图9-121

09 在"GI"选项卡中展开"发光图"卷展栏，然后可以观察到，此时"模式"已经自动切换为"从文件"，并且下方有光子图文件的路径，如图9-122所示。

10 展开"灯光缓存"卷展栏，同光子图一样，灯光缓存文件也会自动加载，如图9-123所示。

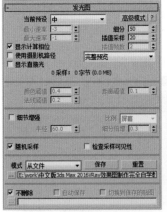

图9-122　　　　　　　　　　　　　图9-123

11 按F9键渲染当前场景，最终效果如图9-124所示。

> **技巧与提示**
>
> 当场景中的模型、灯光和材质漫反射被修改后，光子图需要重新渲染，否则会出现错误的渲染效果。

图9-124

实例114 V-Ray物理降噪

场景位置　场景文件>CH09>05.max
实例位置　实例文件>CH09> V-Ray物理降噪.max
学习目标　掌握V-Ray物理降噪的使用方法

V-Ray物理降噪是V-Ray 3.4渲染器新加入的一个功能。该功能可以在较低的渲染参数下修正图像，达到高质量效果图的渲染效果。这对一般家用计算机十分友善，免去了许多昂贵硬件的花费。对于初学者来说，该功能可以弥补因渲染参数设置不到位而导致渲染质量不佳的缺陷。

01 打开本书学习资源中的"场景文件>CH09>05.max"文件，如图9-125所示。这是一个商店场景，场景中模型面数很多，场景也很卡，为了方便渲染，这里设置一组质量很低的渲染参数。

02 按F10键打开"渲染设置"面板，然后在"公用"卷展栏中设置"输出大小"的"宽度"为800，"高度"为600，如图9-126所示。

图9-125　　　　　　　　　　　图9-126

03 切换到"V-Ray"选项卡，然后展开"图像采样器（抗锯齿）"卷展栏，然后设置"类型"为"渲染块"，接着在"渲染块图像采样器"卷展栏中设置"最小细分"为1，"最大细分"为4，"噪波阈值"为0.01，如图9-127所示。

04 展开"图像过滤器"卷展栏，然后设置"过滤器"为"Mitchell-Netravali"，如图9-128所示。

图9-127　　　　　　　　　　　图9-128

05 展开"全局确定性蒙特卡洛"卷展栏，然后设置"最小采样"为8，"噪波阈值"为0.01，如图9-129所示。

06 展开"颜色贴图"卷展栏，然后设置"类型"为"莱因哈德"，接着设置"加深值"为0.6，如图9-130所示。

图9-129　　　　　　　　　　　图9-130

07 切换到"GI"选项卡，然后设置"首次引擎"为"发光图"，"二次引擎"为"灯光缓存"，如图9-131所示。

08 展开"发光图"卷展栏，然后设置"当前预设"为"非常低"，接着设置"细分"为30，"插值采样"为10，如图9-132所示。

图9-131　　　　　　　　　　　图9-132

09 展开"灯光缓存"卷展栏，然后设置"细分"为300，如图9-133所示。

10 切换到"设置"选项卡，然后设置"序列"为"上→下"，接着设置"动态内存限制（MB）"为4 000，如图9-134所示。

图9-133　　　　　　　　　　　图9-134

> 技巧与提示 ✅
>
> "动态内存限制（MB）"的数值是根据计算机自身的物理内存确定的。若物理内存为4GB，则数值不能超过4 000，若物理内存为8GB，则数值不能超过8 000，以此类推。若数值超过物理内存，则会造成软件卡死自动退出的情况。

11 此时渲染场景，效果如图9-135所示。可以观察到场景中白色的部分有很多噪点，还有很多曝光的白斑，整体显得很粗糙，但渲染速度很快。

图9-135

12 下面加载V-Ray物理降噪。切换到"Render Elements"选项卡，接着单击"添加"按钮，在弹出的窗口中选择"VRayDenoiser"选项，最后单击"确定"按钮，如图9-136所示。

图9-136

⑬ 展开下方的"VRay降噪参数"卷展栏，然后设置"预设"为"自定义"选项，如图9-137所示。

图9-137

技巧与提示 ✐

　　对于绝大多数效果图，使用"自定义"选项后就不需要设置其他参数了，但要根据效果图的情况灵活使用该选项。

⑭ 设置好参数后再次渲染，会发现在渲染过程的最后多了一个V-Ray物理降噪的过程，但效果图却没有任何改变。单击V-Ray帧缓存窗口左上角的下拉列表，然后选择"VRayDenoiser"选项，如图9-138所示。此时效果图切换到了V-Ray物理降噪后的效果，如图9-139所示。可以观察到白色部分的噪点全部消失了，整体画面精致了很多。

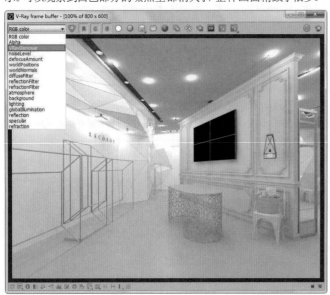

图9-138

图9-139

实例115　书房日光场景

场景位置	场景文件>CH09>06.max
实例位置	实例文件>CH09>书房日光场景.max
学习目标	掌握场景渲染的全流程

　　本实例与后面的实例116都是全面梳理场景制作的流程，将前面几章的重点内容贯穿起来，使读者更好地理解每一个知识点在制作中的重要性，希望读者努力学习，务必掌握每一部分。

书房效果如图9-140所示。

图9-140

📌 摄影机创建--------

① 打开本书学习资源中的"场景文件>CH09>06.max"文件，如图9-141所示。

② 切换到顶视图，然后使用"目标"摄影机工具，在场景中创建一个摄影机，如图9-142所示。

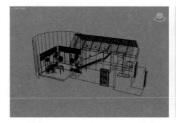 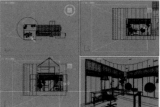

图9-141　　　　　　　　　　　　图9-142

③ 选中上一步创建的摄影机，然后在"修改"面板中设置"镜头"为20mm，接着勾选"手动剪切"选项，再设置"近距剪切"为1 200mm，"远距剪切"为9 211.467mm，如图9-143所示。

④ 摄影机视图效果如图9-144所示。

图9-143　　　　　　　　　　　　图9-144

📌 材质制作--------

　　本例的场景对象材质主要包括窗玻璃材质、瓷砖材质、绿色塑料材质、水晶材质等，如图9-145所示。

图9-145

❖ 1.白色墙面材质

选择一个空白材质球，然后设置材质类型为VRayMtl材质，再设置"漫反射"颜色为白色（红:235，绿:235，蓝:235），如图9-146所示。制作好的材质球如图9-147所示。

图9-146　　　　图9-147

❖ 2.黑色不锈钢

选择一个空白材质球，然后设置材质类型为VRayMtl材质。具体参数设置如图9-148所示。制作好的材质球如图9-149所示。

设置步骤：

① 设置"漫反射"颜色为黑色（红:0，绿:0，蓝:0）；

② 设置"反射"颜色为灰色（红:17，绿:17，蓝:17），然后设置"高光光泽"为0.68，"反射光泽"为0.56，接着设置"细分"为25。

图9-148　　　　图9-149

❖ 3.窗玻璃

选择一个空白材质球，然后设置材质类型为VRayMtl材质。具体参数设置如图9-150所示。制作好的材质球如图9-151所示。

设置步骤：

① 设置"漫反射"颜色为白色（红:255，绿:255，蓝:255）；

② 设置"反射"颜色为白色（红:255，绿:255，蓝:255），然后设置"高光光泽"为0.9；

③ 设置"折射"颜色为白色（红:255，绿:255，蓝:255），然后设置"折射率"为1.5。

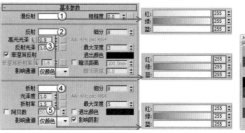

图9-150　　　　图9-151

❖ 4.绿色塑料

选择一个空白材质球，然后设置材质类型为VRayMtl材质。具体参数设置如图9-152所示。制作好的材质球如图9-153所示。

设置步骤：

① 设置"漫反射"颜色为绿色（红:47，绿:107，蓝:23）；

② 设置"反射"颜色为灰色（红:30，绿:30，蓝:30），然后设置"高光光泽"为0.7，"反射光泽"为0.9，接着取消勾选"菲涅耳反射"选项。

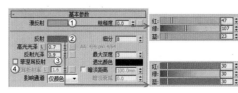

图9-152　　　　图9-153

❖ 5.白色烤漆

选择一个空白材质球，然后设置材质类型为VRayMtl材质。具体参数设置如图9-154所示。制作好的材质球如图9-155所示。

设置步骤：

① 设置"漫反射"颜色为白色（红:248，绿:248，蓝:248）；

② 设置"反射"颜色为灰色（红:150，绿:150，蓝:150），然后设置"高光光泽"为0.9，"反射光泽"为0.95，接着设置"细分"为15。

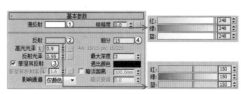

图9-154　　　　图9-155

❖ 6.灯罩

选择一个空白材质球，然后设置材质类型为VRayMtl材质。具体参数设置如图9-156所示。制作好的材质球如图9-157所示。

设置步骤：

① 设置"漫反射"颜色为黑色（红:3，绿:3，蓝:3）；

② 设置"反射"颜色为灰色（红:17，绿:17，蓝:17），然后设置"高光光泽"为0.7，"反射光泽"为0.85，接着取消勾选"菲涅耳反射"选项，最后设置"细分"为13。

图9-156　　　　　图9-157
　　　　　　　　　图9-162　　　　　图9-163

❖ 7.木地板

选择一个空白材质球，然后设置材质类型为VRayMtl材质。具体参数设置如图9-158所示。制作好的材质球如图9-159所示。

设置步骤：

① 在"漫反射"颜色通道中加载学习资源中的"实例文件>CH09>书房日光场景>木地板.jpg"文件；

② 设置"反射"颜色为灰色（红:183，绿:183，蓝:183），然后设置"高光光泽"为0.85，"反射光泽"为0.75，接着设置"细分"为20。

❖ 10.水晶

选择一个空白材质球，然后设置材质类型为VRayMtl材质。具体参数设置如图9-164所示。制作好的材质球如图9-165所示。

设置步骤：

① 设置"漫反射"颜色为白色（红:255，绿:255，蓝:255）；

② 设置"反射"颜色为灰色（红:40，绿:40，蓝:40），然后设置"高光光泽"为0.8，接着取消勾选"菲涅耳反射"选项；

③ 设置"折射"颜色为白色（红:235，绿:235，蓝:235），然后设置"折射率"为2.2。

图9-158　　　　　图9-159

❖ 8.座椅不锈钢

选择一个空白材质球，然后设置材质类型为VRayMtl材质。具体参数设置如图9-160所示。制作好的材质球如图9-161所示。

设置步骤：

① 设置"漫反射"颜色为灰色（红:52，绿:52，蓝:52）；

② 设置"反射"颜色为白色（红:180，绿:180，蓝:180），然后设置"反射光泽"为0.8，接着取消勾选"菲涅耳反射"选项，最后设置"细分"为15。

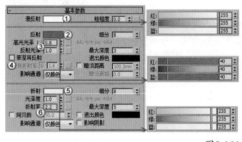

图9-164　　　　　图9-165

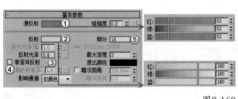

图9-160　　　　　图9-161

❖ 9.瓷砖

选择一个空白材质球，然后设置材质类型为VRayMtl材质。具体参数设置如图9-162所示。制作好的材质球如图9-163所示。

设置步骤：

① 在"漫反射"颜色通道中加载学习资源中的"实例文件>CH09>书房日光场景>西班牙米黄.jpg"文件；

② 设置"反射"颜色为灰色（红:180，绿:180，蓝:180），然后设置"反射光泽"为0.78。

👉 **测试渲染参数**

下面设置测试渲染的参数，为后面创建灯光做准备。

01 按F10键打开"渲染设置"面板，然后在"公用"选项卡中设置"宽度"为600，"高度"为375，如图9-166所示。

02 切换到"V-Ray"选项卡，然后在"图像采样器（抗锯齿）"卷展栏中设置"类型"为"渲染块"，接着在"渲染块图像采样器"卷展栏中设置"最小细分"为1，"最大细分"为4，"噪波阈值"为0.01，如图9-167所示。

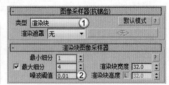

图9-166　　　　　图9-167

03 在"图像过滤器"卷展栏中设置"过滤器"为"Mitchell-Netravali"，如图9-168所示。

04 在"全局确定性蒙特卡洛"卷展栏中设置"最小采样"为8，"噪波阈值"为0.01，如图9-169所示。

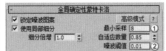

图9-168　　　　　　　　　　图9-169

05 在"颜色贴图"卷展栏中设置"类型"为"线性倍增"，如图9-170所示。

06 切换到"GI"选项卡，然后设置"首次引擎"为"发光图"，"二次引擎"为"灯光缓存"，如图9-171所示。

图9-170　　　　　　　　　　图9-171

07 在"发光图"卷展栏中设置"当前预设"为"非常低"，然后设置"细分"为50，"插值采样"为20，如图9-172所示。

08 在"灯光缓存"卷展栏中设置"细分"为600，如图9-173所示。

图9-172　　　　　　　　　　图9-173

09 切换到"设置"选项卡，然后设置"序列"为"上→下"，如图9-174所示。

图9-174

技巧与提示

这里不对"动态内存限制（MB）"数值做要求，读者请根据自身计算机内存进行设置。

灯光设置

在场景中使用VR-太阳模拟太阳光，平面VR-灯光模拟天光。

❖ **1.创建太阳光**

01 设置灯光类型为"VRay"，然后在场景中创建一盏"VR-太阳"灯光，其位置如图9-175所示。当创建完VR-太阳时，系统会自动弹出图9-176所示的对话框，然后单击"是"按钮。

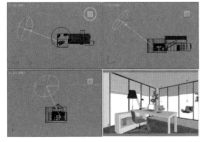

图9-175　　　　　　　　　　图9-176

02 选择上一步创建的VR-太阳，然后展开"VRay太阳参数"卷展栏，接着设置"强度倍增"为0.015，"大小倍增"为5，"阴影细分"为8，"天空模型"为"Preetham et al."，如图9-177所示。

03 按F9键渲染当前场景，如图9-178所示。

图9-177　　　　　　　　　　图9-178

❖ **2.创建天光**

01 在场景中创建一盏VR-灯光作为天光，其位置如图9-179所示。

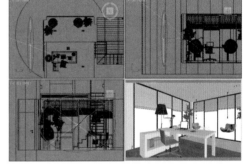

图9-179

02 选择上一步创建的VR-灯光，然后进入"修改"面板，具体参数如图9-180所示。

设置步骤：

① 在"常规"卷展栏下设置"类型"为"平面"，然后设置"1/2长"为1 860mm，"1/2宽"为1 310mm，接着设置"倍增"为3，"颜色"为蓝色（红:180，绿:210，蓝:255）；

② 在"选项"卷展栏下勾选"不可见"选项；

③ 在"采样"卷展栏下设置"细分"为20。

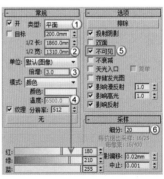

图9-180

03 将修改好的灯光以"实例"形式复制4盏到其余窗口外，并缩放大小，位置如图9-181所示。

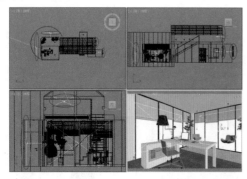

图9-181

04 按F9键渲染效果，如图9-182所示。

图9-182

☞ 最终渲染参数

下面设置最终渲染参数并渲染最终效果。

01 按F10键打开"渲染设置"面板，然后在"公用"选项卡中设置"宽度"为1 000，"高度"为625，如图9-183所示。

02 切换到"V-Ray"选项卡，然后展开"全局确定性蒙特卡洛"卷展栏，接着设置"最小采样"为16，"噪波阈值"为0.005，如图9-184所示。

图9-183

图9-184

03 切换到"GI"选项卡，然后展开"发光图"卷展栏，接着设置"当前预设"为"低"，再设置"细分"为60，"插值采样"为30，如图9-185所示。

04 展开"灯光缓存"卷展栏，设置"细分"为1 000，如图9-186所示。

图9-185

图9-186

05 切换到"渲染元素"选项卡，然后添加"VRayDenoiser"选项，接着展开下方的"VRay降噪参数"卷展栏，然后设置"预设"为"自定义"，如图9-187所示。

06 按C键切换到摄影机视图并进行渲染，最终效果如图9-188所示。

图9-187

图9-188

实例116 废弃仓库CG场景

场景位置	场景文件>CH09>07.max
实例位置	实例文件>CH09>废弃仓库CG场景.max
学习目标	掌握场景渲染的全流程

废弃仓库效果如图9-189所示。

图9-189

☞ 摄影机创建

01 打开本书学习资源中的"场景文件>CH09>07.max"文件，如图9-190所示。

02 切换到顶视图，然后使用"目标"摄影机工具 目标 ，在场景中创建一个摄影机，如图9-191所示。

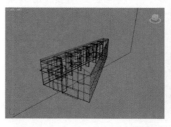
图9-190

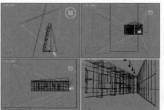
图9-191

03 选中上一步创建的摄影机，然后在"修改"面板中设置"镜头"为33mm，接着勾选"手动剪切"选项，再设置"近距剪切"为640mm，"远距剪切"为7 320mm，如图9-192所示。

04 摄影机视图效果如图9-193所示。

图9-192

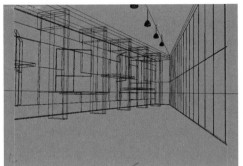

图9-193

☛ 材质制作---

本例的场景对象材质主要包括墙面材质、地面材质和屋顶材质3种，如图9-194所示。

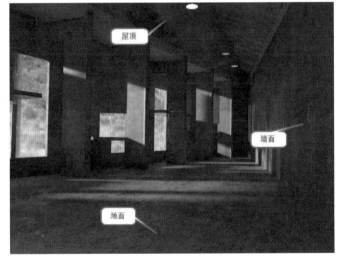

图9-194

❖ 1.地面材质

选择一个空白材质球，然后设置材质类型为VRayMtl材质。具体参数设置如图9-195所示。制作好的材质球如图9-196所示。

设置步骤：

① 在"漫反射"通道中加载学习资源中的"实例文件>CH09>废弃仓库CG场景>地面color.jpg"文件；

② 设置"高光光泽"为0.76，"反射光泽"为0.78，接着设置"菲涅耳折射率"为2.5；

③ 展开"贴图"卷展栏，然后在"高光光泽"和"反射光泽"通道中加载学习资源中的"实例文件>CH09>废弃仓库CG场景>地面reflect.jpg"文件，接着在"置换"通道中加载学习资源中的"实例文件>CH09>废弃仓库CG场景>地面bump.jpg"文件，并设置"置换"通道强度为0.6。

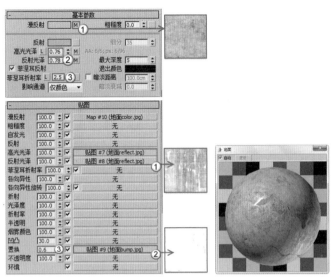

图9-195   图9-196

❖ 2.屋顶材质

01 选择一个空白材质球，然后设置材质类型为"VR-混合材质"，接着在"基本材质"通道中加载一个VRayMtl材质。具体参数设置如图9-197所示。

设置步骤：

① 在"漫反射"通道中加载学习资源中的"实例文件>CH09>废弃仓库CG场景>墙面color.jpg"文件；

② 设置"高光光泽"为0.9，然后设置"菲涅耳折射率"为2.2；

③ 展开"贴图"卷展栏，然后在"反射"和"反射光泽"通道中加载学习资源中的"实例文件>CH09>废弃仓库CG场景>墙面reflect.jpg"文件，接着在"凹凸"通道中加载学习资源中的"实例文件>CH09>废弃仓库CG场景>墙面bump.jpg"文件，再设置"凹凸"通道强度为5。

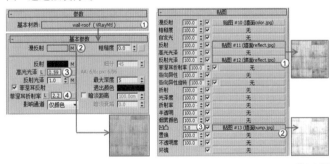

图9-197

02 返回"VR-混合材质"面板，然后在"镀膜材质1"通道中加载VRayMtl材质，接着在"漫反射"通道中加载学习资源中的"实例文件>CH09>废弃仓库CG场景>污渍.jpg"文件，如图9-198所示。

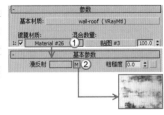

图9-198

03 返回"VR-混合材质"面板，然后在"混合数量1"通道中加载学习资源中的"实例文件>CH09>废弃仓库CG场景>污渍遮罩.jpg"文件，如图9-199所示。材质球效果如图9-200所示。

图9-199　　　　　　图9-200

❖ 3.墙面材质

01 选择一个空白材质球，然后设置材质类型为"VR-混合材质"，接着在"基本材质"通道中加载一个VRayMtl材质。具体参数设置如图9-201所示。

设置步骤：

① 在"漫反射"通道中加载学习资源中的"实例文件>CH09>废弃仓库CG场景>墙面color.jpg"文件；

② 设置"高光光泽"为0.9，然后设置"菲涅耳折射率"为2.2；

③ 展开"贴图"卷展栏，然后在"反射"和"反射光泽"通道中加载学习资源中的"实例文件>CH09>废弃仓库CG场景>墙面reflect.jpg"文件，接着在"凹凸"通道中加载学习资源中的"实例文件>CH09>废弃仓库CG场景>墙面bump.jpg"文件，再设置"凹凸"通道强度为5。

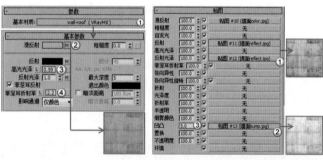

图9-201

02 返回"VR-混合材质"面板，然后在"镀膜材质1"通道中加载VRayMtl材质，接着在"漫反射"通道中加载学习资源中的"实例文件>CH09>废弃仓库CG场景>污渍.jpg"文件，如图9-202所示。

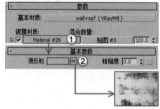

图9-202

03 返回"VR-混合材质"面板，然后在"混合数量1"通道中加载学习资源中的"实例文件>CH09>废弃仓库CG场景>污渍遮罩2.jpg"文件，如图9-203所示。材质球效果如图9-204所示。

图9-203　　　　　　图9-204

👉 测试渲染参数--------------------------------------

下面设置测试渲染的参数，为后面创建灯光做准备。

01 按F10键打开"渲染设置"面板，然后在"公用"选项卡中设置"宽度"为600，"高度"为480，如图9-205所示。

02 切换到"V-Ray"选项卡，然后在"图像采样器（抗锯齿）"卷展栏中设置"类型"为"渲染块"，接着在"渲染块图像采样器"卷展栏中设置"最小细分"为1，"最大细分"为4，"噪波阈值"为0.01，如图9-206所示。

图9-205　　　　　　图9-206

03 在"图像过滤器"卷展栏中设置"过滤器"为"Mitchell-Netravali"，如图9-207所示。

04 在"全局确定性蒙特卡洛"卷展栏中设置"最小采样"为8，"噪波阈值"为0.01，如图9-208所示。

 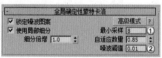

图9-207　　　　　　图9-208

05 在"颜色贴图"卷展栏中设置"类型"为"莱因哈德"，"加深值"为0.6，如图9-209所示。

06 切换到"GI"选项卡，然后设置"首次引擎"为"发光图"，"二次引擎"为"BF算法"，如图9-210所示。

图9-209　　　　　　图9-210

07 在"发光图"卷展栏中设置"当前预设"为"非常低"，然后设置"细分"为50，"插值采样"为20，如图9-211所示。

08 切换到"设置"选项卡，然后设置"序列"为"上→下"，如图9-212所示。

图9-211　　　　　　图9-212

灯光设置 -----------------------------

在场景中使用VR-太阳模拟日光，穹顶VR-灯光模拟天光，球体VR-灯光模拟吊灯灯光。

❖ **1.创建天光**

01 在场景中创建一盏VR-灯光作为天光，其位置如图9-213所示。

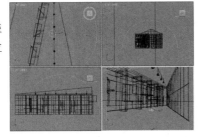

图9-213

02 选择上一步创建的VR-灯光，然后进入"修改"面板，具体参数设置如图9-214所示。

设置步骤：

① 在"常规"卷展栏下设置"类型"为"穹顶"，然后设置"倍增"为8，"颜色"为绿色（红:8，绿:18，蓝:16）；

② 在"选项"卷展栏下勾选"不可见"选项。

03 在摄影机视图中渲染当前场景，效果如图9-215所示。

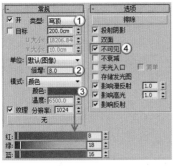

图9-214 　　　　图9-215

技巧与提示 ✍

本案例是一个CG场景，在打光时可以更加艺术化地处理。常见的效果图基本使用蓝色系作为暗色，这里则使用绿色。绿色作为暗色在电影、游戏等CG场景中出现较多，可以使场景看起来更有古旧、质朴的效果。

❖ **2.创建太阳光**

01 设置灯光类型为"VRay"，然后在场景中创建一盏"VR-太阳"灯光，其位置如图9-216所示。当创建完VR-太阳时，系统会自动弹出图9-217所示的对话框，然后单击"否"按钮。

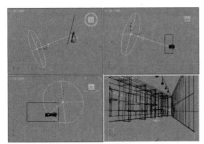

图9-216 　　　　图9-217

02 选择上一步创建的VR-太阳，然后展开"VRay太阳参数"卷展栏，接着设置"强度倍增"为0.08，"大小倍增"为10，"过滤颜色"为黄色（红:255，绿:201，蓝:175），"阴影细分"为32，"天空模型"为"Preetham et al."，如图9-218所示。

03 按F9键渲染当前场景，如图9-219所示。

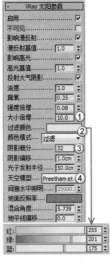
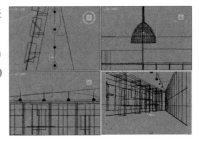

图9-218 　　　　图9-219

❖ **3.创建吊灯**

01 在吊灯中创建一盏VR-灯光作为吊灯灯光，然后复制2盏到另外2个吊灯内，其位置如图9-220所示。

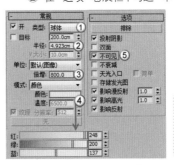

图9-220

02 选择上一步创建的VR-灯光，然后进入"修改"面板，具体参数设置如图9-221所示。

设置步骤：

① 在"常规"卷展栏下设置"类型"为"球体"，然后设置"半径"为4.923cm，接着设置"倍增"为800，"颜色"为黄色（红:248，绿:200，蓝:137）；

② 在"选项"卷展栏下勾选"不可见"选项。

技巧与提示 ✍

其余两盏灯光的"倍增"设置为任意数值即可，这样可以使画面不死板。

图9-221

219

03 按F9键渲染当前场景，效果如图9-222所示。

图9-222

✿ 最终渲染参数 --

01 按F10键打开"渲染设置"面板，然后在"公用"选项卡中设置"宽度"为1 500，"高度"为1 125，如图9-223所示。

02 切换到"V-Ray"选项卡，然后展开"全局确定性蒙特卡洛"卷展栏，接着设置"最小采样"为16，"噪波阈值"为0.005，如图9-224所示。

图9-223

图9-224

03 切换到"GI"选项卡，然后展开"发光图"卷展栏，接着设置"当前预设"为"低"，再设置"细分"为60，"插值采样"为30，如图9-225所示。

04 切换到"渲染元素"选项卡，然后添加"VRayDenoiser"选项，接着展开下方的"VRay降噪参数"卷展栏，然后设置"预设"为"自定义"，如图9-226所示。

05 按C键切换到摄影机视图并进行渲染，最终效果如图9-227所示。

图9-225

图9-226

图9-227

Q 为什么启动渲染不久，项目就自动跳出

遇到这种情况有以下几种可能。

第1种：渲染场景的分辨率设置过大而导致内存不足。

第2种：渲染设置的参数过高而导致内存不足。

第3种：场景本身面数过大而导致内存不足。

第4种：系统不稳定而导致自动跳出。

通过以上4种可能性，可以分析出只要加大计算机的内存就可以有效地避免这种问题。另外，建议读者使用64位操作系统的3ds Max软件，会更加稳定。

Q 使用LWF线性工作流保存的图片与帧缓存中的不一致时怎么办

🎞演示视频017：使用LWF线性工作流保存的图片与帧缓存中的不一致时怎么办

某些情况下，在帧缓存中保存的图片会与帧缓存中的不一致。明明帧缓存中的图片是正常的，而保存的图片却非常暗。遇到这种情况，不需要重新渲染场景，有两种方法可以解决。

第1种：从帧缓存中保存图片时，在下方的"Gamma"选项组中将默认的"自动（推荐）"选项切换为"覆盖"选项，并设置数值为2.2，再单击"保存"按钮，如图9-228所示。因为在帧缓存中预览的图片效果是Gamma 2.2，因此将保存的图片也设置为Gamma 2.2就能与帧缓存中的预览效果相同。

图9-228

第2种：将保存的图片导入Photoshop，如图9-229所示，然后按快捷键Ctrl＋L打开"色阶"面板，接着在"中间调输入色阶"框中输入"2.2"，效果如图9-230所示。

图9-229

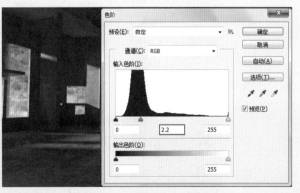

图9-230

Q 怎样设置渲染参数才能显得更真实

有些读者总认为设置一个漂亮的渲染参数会渲染出更加真实的效果。这种想法很片面！一幅真实的效果图，必然是由良好的构图、合适的模型搭配、逼真的材质和合适的光影效果组成的。而合适的渲染参数只能保证在最快的速度下渲染出没有噪点的图片。有了以上这几点，再配合后期的调整，才能共同组成一幅真实的效果图。

建模、构图、材质、灯光和渲染，这几个部分都是十分重要的，缺一不可！

Q 渲染时出现"光线跟踪器"面板，如何消除

在渲染一些场景时，会弹出"光线跟踪器"面板。这是因为在场景中有默认材质，并且使用了老旧的光线跟踪引擎。出现这种问题时不需要担心，将面板最小化即可，不影响图片的渲染。

Q 渲染时卡在"灯光缓存"启动部分怎么办

　　演示视频018：渲染时卡在"灯光缓存"启动部分怎么办

当场景中拥有较多的折射材质，设定的最大内存不够"灯光缓存"引擎使用时，就会出现这种情况。解决办法很简单，提高"动态内存限制（MB）"数值即可解决，如图9-231所示。但需要注意，该数值不能超过计算机本身的内存数值，否则系统会自动退出或呈"未响应"状态。

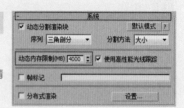

图9-231

Q 怎样还原渲染参数

　　演示视频019：怎样还原渲染参数

有时候设置的渲染参数很乱，造成场景不能渲染或渲染卡顿，需要将其还原为初始状态后重新设置。

第1步：打开"渲染设置"面板，然后在"渲染器"下拉列表中将V-Ray渲染器替换为"默认扫描线渲染器"，如图9-232所示。当然，也可以替换为其他任意一种渲染器。

第2步：在"渲染器"下拉列表中将 "默认扫描线渲染器"再次替换为V-Ray渲染器，如图9-233所示。此时V-Ray渲染器的参数就还原为了默认参数，可以进行设置。

图9-232

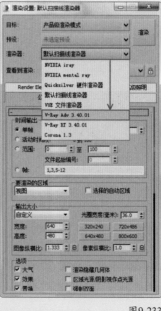

图9-233

Q 为什么渲染的场景为一片黑色

演示视频020：为什么渲染的场景为一片黑色

遇到这种情况有两种可能性。

第1种：检查"渲染设置"面板中是否指定了摄影机视图为渲染视口，如图9-234所示。如果渲染到其他视口就会出现问题。

图9-234

第2种：在"V-Ray"选项卡的"全局开关"卷展栏中勾选了"不渲染最终的图像"选项，如图9-235所示。这种情况多出现于渲染完光子文件后渲染最终效果图时。

图9-235

3DS MAX
INSTANCE

技术专题

疑难问答

技巧与提示

Learning Objectives
学习要点 ❯

224页
Corona渲染器

231页
Corona材质与贴图

233页
Corona灯光

Employment Direction
从业方向 ❯

家具造型师　　建筑设计表现师

工业设计师　　室内设计表现师

第10章 Corona渲染器

Corona渲染器是一款基于超写实照片效果的CPU渲染器，它可以通过插件的形式完整地集成在3ds Max中，从2009年开始由Ondra Karlík 开发，从V4到1.6版本也经历了无数次的历练。柔和的光线、较快的渲染速度、高质量的图像都是这款渲染器吸引人的魅力，同时也被业界誉为黑马渲染器、V-Ray渲染器的劲敌等。本书使用Corona 1.3版本渲染器进行讲解，面板如图10-1所示。

图10-1

实例117　加载Corona渲染器

场景位置	无
实例位置	无
学习目标	掌握加载Corona渲染器的方法

01 打开3ds Max操作界面，然后按F10键打开"渲染设置"面板，默认使用默认扫描线渲染器，如图10-2所示。

02 安装完Corona 1.3渲染器后，单击"渲染设置"面板中的"渲染器"下拉列表，便会发现下拉列表中增加了该渲染器的选项，如图10-3所示。

图10-2

图10-3

03 单击"Corona 1.3"选项，此时切换为了Corona 1.3渲染器界面，如图10-4所示。

04 除了固定的"公用"选项卡和"Render Elements"选项卡外，Corona渲染器独有的3个选项卡分别是"场景""性能"和"系统"，如图10-5~图10-7所示。

图10-4

图10-5

图10-6

图10-7

05 按F9键弹出Corona帧缓存窗口，如图10-8所示。Corona 1.3渲染器的帧缓存窗口中独有的"工具"选项卡功能非常强大，可以在渲染的效果图中单独修改效果，不需要返回场景中修改参数，大大提高了工作效率。

图10-8

技巧与提示 ✅

Corona 1.6渲染器的功能更加强大，甚至可以在渲染图中改变灯光颜色、强度，可以使修改后的效果与原场景中打光的效果完全不一致。

技术专题 💡 Corona渲染器详解

相比于参数复杂的V-Ray渲染器，Corona渲染器更适合新手使用。Corona渲染器不需要去死记硬背各项参数的含义，只需要单击"渲染"按钮渲染图像即可呈现高质量的效果图。

Corona渲染器的渲染引擎为"渐进"，因此会根据像素逐渐变得清晰，这与V-Ray渲染器常用的"渲染块"不一样。但使用"渐进"引擎时需要设定"过程限制"的数量或渲染时间，否则渲染器会一直不停渲染，如图10-9所示。只要在渲染器中设置好这个参数和渲染尺寸，单击"渲染"按钮就可以得到精美的渲染成图。相信对于新手读者来说，这个渲染器很具有诱惑力。

图10-9

Corona渲染器还有一个强大的功能，就是交互式渲染。所谓交互式渲染，即在场景中修改材质、灯光、摄影机等参数时，帧缓存中会同时出现渲染效果。这对于用户来说十分友好，不用修改完一次参数，然后渲染效果并查看，不合适的再修改，再渲染。帧缓存窗口会一直出现在界面的最前端，不会因场景操作而最小化。如果用户的显示器分辨率很大或是双屏，会极大地提升工作效率。

交互式渲染还有一个好处，就是方便与客户进行交流。当客户提出意见后，当场修改，同步出现效果，不会因沟通不善而反复修改，可以快速确定最终方案。

实例118 Corona材质

场景位置	场景文件>CH10>01.max
实例位置	实例文件>CH10> Corona材质.max
学习目标	掌握Corona材质的使用方法

Corona材质是Corona渲染器常用的材质之一，类似于VRayMtl

材质，可以模拟绝大多数的材质效果，如图10-10所示。

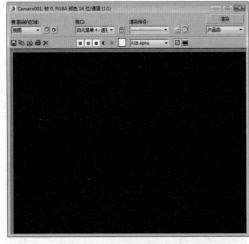

图10-10

◇ 材质创建

01 打开本书学习资源中的"场景文件>CH10>01.max"文件，如图10-11所示。

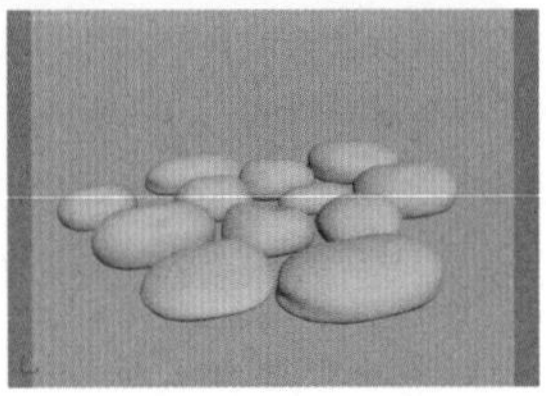

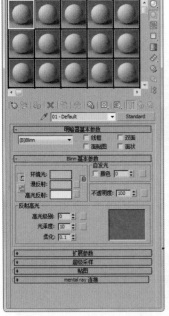

图10-11

02 加载Corona渲染器后，按M键打开"材质编辑器"面板，材质球面板如图10-12所示。可以观察到材质球预览效果变成了立体的球体。

03 选择一个空白材质球，然后在"材质/贴图浏览器"面板中选择"C-材质"选项，如图10-13所示。

图10-12

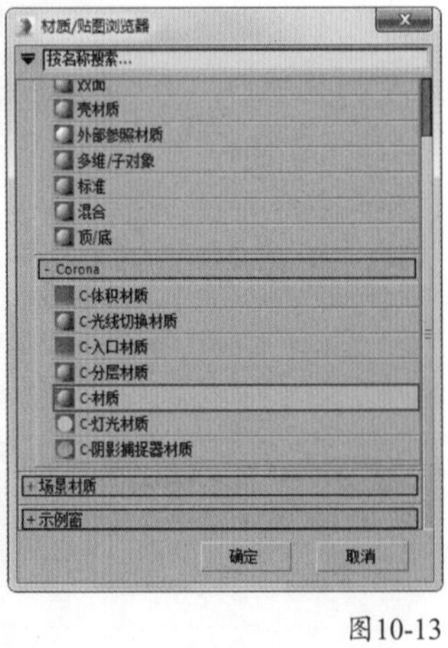

图10-13

04 在"漫反射"通道中加载学习资源中的"实例文件>CH10>Corona材质>石材01.jpg"文件，如图10-14所示。

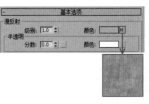

图10-14

05 在"反射"选项组中设置"级别"为0.4，"光泽度"为0.6，如图10-15所示。

06 展开"贴图"卷展栏，然后将"漫反射"中的贴图向下复制到"凹凸"通道中，接着设置"凹凸"强度为2，如图10-16所示。

图10-15

图10-16

07 随机选中几个石头模型，然后赋予该材质，效果如图10-17所示。

08 依照上面的方法制作出另外两种石头材质，并随机赋予石头模型，效果如图10-18所示。

图10-17

图10-18

09 打开"渲染设置"面板，然后在"场景"选项卡中将"过程限制"设置为20，如图10-19所示。

10 按F9键渲染当前场景，效果如图10-20所示。

图10-19

图10-20

↻ 技术回顾

◎ 工具： C-材质 视频：060-C-材质

◎ 位置：材质编辑器>材质>Corona

◎ 用途：是使用频率最高的材质之一，也是使用范围最广的一种材质，常用于制作室内外效果图。

01 打开本书学习资源中的"场景文件>演示模型>03.max"文件，这是一个异形雕塑模型，如图10-21所示。

02 按M键打开"材质编辑器"面板，然后选中一个空白材质球并将其转换为"C-材质"材质球，接着赋予模型，最后按F9键渲染，效果如图10-22所示。

图10-21　　　　　　　　　　　　图10-22

03 选中材质球，然后展开"基本参数"卷展栏，设置"漫反射"的"颜色"为蓝色（红:131，绿:175，蓝:255），按F9键渲染，效果如图10-23所示。可以观察到"漫反射"的"颜色"控制模型的颜色。

04 设置"漫反射"的"级别"为0.5，然后按F9键渲染，效果如图10-24所示。可以观察到模型颜色变深了，该数值越小，模型颜色中混入的灰色越多。

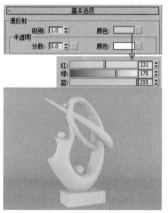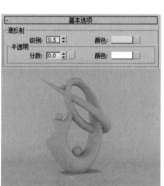

图10-23　　　　　　　　　　　　图10-24

05 设置"半透明"的"分数"为0.8，然后按F9键渲染，效果如图10-25所示。该数值控制模型的半透明程度，数值为1时是全透明状态。

06 分别设置"反射"的"级别"为0、0.5和1，按F9键渲染，效果如图10-26~图10-28所示。该数值控制材质的高光点大小，数值越大高光点越明显，反射效果也越强。

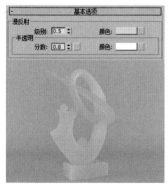

图10-25　　　　　　　　　　　　图10-26

图10-27　　　　　　　　　　　　图10-28

07 设置"反射"的"颜色"为黄色（红:255，绿:149，蓝:64），然后按F9键渲染，效果如图10-29所示。可以观察到反射的颜色变成了黄色。

08 分别设置"菲涅耳折射率"为1.52、3和999，然后按F9键渲染，效果如图10-30~图10-32所示。该数值控制菲涅耳折射的效果，数值为999时为纯镜面效果。

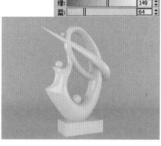

图10-29　　　　　　　　　　　　图10-30

图10-31　　　　　　　　　　　　图10-32

09 分别设置"光泽度"数值为0、0.5和1，然后按F9键渲染，效果如图10-33~图10-35所示。该数值控制材质的模糊程度，数值越小，模糊程度越高。

10 分别设置"折射"的"级别"分别为0、0.5和1，然后按F9键渲染，效果如图10-36~图10-38所示。该数值控制物体折射的强度，数值越大，物体越透明。

图10-33　　　　　　　　　　　　图10-34

图10-35　　　　　　　　　　　　　光泽度：1

　　　　　　　　　　　　　　　　级别：0

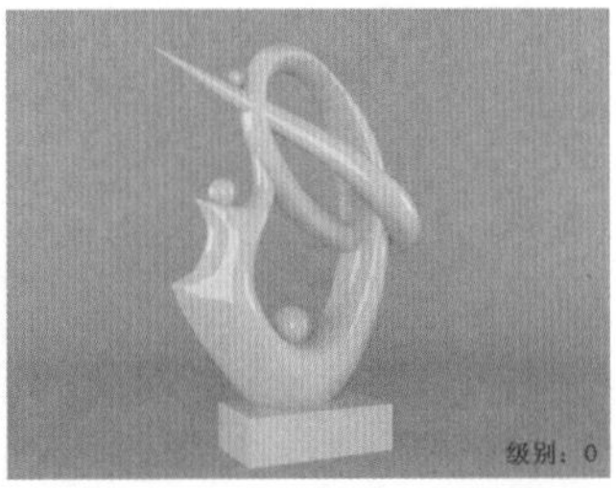

图10-36

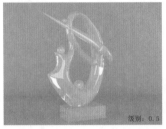

图10-37　　　　　　　　　　　　　级别：0.5

图10-38　　　　　　　　　　　　　级别：1

11 分别设置"折射"的"折射率（IOR）"为1.33、1.5和2.2，然后按F9键渲染场景，效果如图10-39~图10-41所示。

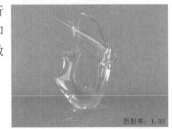

折射率：1.33

图10-39

图10-40　　　　　　　　　　　　　折射率：1.5

图10-41　　　　　　　　　　　　　折射率：2.2

技巧与提示 ✍

　　该折射率与V-Ray材质中的折射率含义一致。

12 分别设置"折射"的"光泽度"为0.5和1，然后按F9键渲染，效果如图10-42和图10-43所示。该参数控制折射的模糊程度，数值越小，模糊度越高。

图10-42　　　　　　　　　　　　　光泽度：0.5

图10-43　　　　　　　　　　　　　光泽度：1

13 在"折射"中勾选"焦散"选项后，半透明物体自带焦散效果，如图10-44所示。

14 分别设置"不透明度"的"级别"为0.5和1，然后按F9键渲染，效果如图10-45和图10-46所示。

图10-44

图10-45　　　　　　　　　　　　　级别：0.5

图10-46　　　　　　　　　　　　　级别：1

技巧与提示 ✍

　　其余参数与VRayMtl材质的参数用法类似，只是名称上有差别。两种材质可以相互比较着学习。

实例119　C-灯光材质

场景位置	场景文件>CH10>02.max
实例位置	实例文件>CH10> C-灯光材质.max
学习目标	掌握C-灯光材质的使用方法

　　C-灯光材质是一种自发光材质，类似于VR-灯光材质。案例效果如图10-47所示。

图10-47

◈ 材质创建

01 打开本书学习资源中的"场景文件>CH10>02.max"文件，如图10-48所示。

02 按M键打开"材质编辑器"面板，然后选中一个空白材质球并转换为"C-灯光材质"，如图10-49所示。

图10-48

图10-49

03 设置"强度"为5，其余参数不变，如图10-50所示。然后选中需赋予材质的模型部分并赋予该材质，如图10-51所示。

04 按C键切换到摄影机视图，然后按F9键渲染场景，效果如图10-52所示。

图10-50

图10-51 　　　　　　　　　　　图10-52

技术回顾

◎ 工具：**C-灯光材质** 视频：061- C-灯光材质
◎ 位置：材质编辑器>材质>Corona
◎ 用途：可以产生自发光的材质，常用于模拟发光类物体。

01 打开本书学习资源中的"场景文件>演示模型>03.max"文件，这是一个异形雕塑模型，如图10-53所示。

02 按M键打开"材质编辑器"面板，然后选中一个空白材质球并将其转换为"C-灯光材质"材质球，接着赋予模型，最后按F9键渲染，效果如图10-54所示。

图10-53

03 设置"强度"为5，效果如图10-55所示。可以观察到该数值控制自发光的强度。

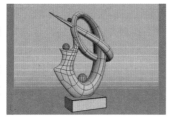

图10-54 　　　　　　　　　　　图10-55

04 设置"颜色"为红色（红:255，绿:0，蓝:0），如图10-56所示。按F9键渲染场景，效果如图10-57所示。

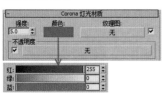

图10-56 　　　　　　　　　　　图10-57

05 在"纹理图"通道中加载"棋盘格"贴图，如图10-58所示。按F9键渲染场景，效果如图10-59所示。可以观察到该通道控制模型显示的贴图效果。

图10-58 　　　　　　　　　　　图10-59

06 在"不透明度"贴图通道中加载"棋盘格"贴图，如图10-60所示。按F9键渲染效果，如图10-61所示。可以观察到该通道控制模型的半透明效果，遵循"黑透白不透"的原理，所有黑色部分全部镂空。

图10-60 　　　　　　　　　　　图10-61

07 默认情况下会勾选"发光"选项，效果如图10-62所示。取消勾选该选项，效果如图10-63所示。可以观察到，勾选该选项时，灯光会对周围的物体产生影响。

勾选 　　　　　　　　　　　取消勾选

图10-62 　　　　　　　　　　　图10-63

实例120 C- AO贴图

场景位置	场景文件>CH10>03.max
实例位置	实例文件>CH10> C- AO贴图.max
学习目标	掌握C- AO贴图的使用方法

　　C- AO贴图类似于"VR-污垢"贴图，可以增加贴图的阴影细节，案例效果如图10-64所示。

图10-64

◇ 材质创建

01 打开本书学习资源中的"场景文件>CH10>03.max"文件，如图10-65所示。

02 按M键打开"材质编辑器"面板，然后选中一个空白材质球并转换为"C-材质"，接着赋予飞机模型，如图10-66所示。

图10-65　　　　　　　　　　　图10-66

03 单击"漫反射"的"颜色"通道，然后在弹出的"材质/贴图浏览器"中选择"C-AO"选项，如图10-67所示。

图10-67

04 单击"未阻挡颜色"后的贴图通道按钮，然后在弹出的"材质/贴图浏览器"面板中选择"C-位图"选项，如图10-68所示。

图10-68

05 在"Corona位图"卷展栏中单击"加载贴图"按钮，然后加载学习资源中的"实例文件>CH10> Corona AO贴图>木纹.jpg"文件，如图10-69所示。可以看到下方会显示加载文件的路径、文件名和分辨率。

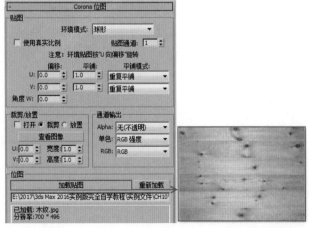

图10-69

06 返回"C-材质"面板，然后设置"反射"的"级别"为0.3，"光泽度"为0.6，如图10-70所示。

07 按F9键渲染场景，其效果如图10-71所示。

图10-70　　　　　　　　　　　图10-71

🔄 技术回顾

◎ 工具：🔲 C-AO　视频：062- C-AO贴图

◎ 位置：材质编辑器>贴图>Corona

◎ 用途：类似于"VR-污垢"贴图，增加模型的阴影细节。

01 打开本书学习资源中的"场景文件>演示模型>03.max"文件，这是一个异形雕塑模型，如图10-72所示。

02 按M键打开"材质编辑器"面板，然后选中一个空白材质球并将其转换为"C-材质"材质球，接着赋予模型，最后按F9键渲染，其效果如图10-73所示。

图10-72　　　　　　　　　　　图10-73

03 在"漫反射"的"颜色"通道中加载一张C-AO贴图，如图10-74所示。此时效果如图10-75所示。

图10-74　　　　　　　　　　　图10-75

> 技巧与提示 ✎
>
> 　"阻挡颜色"和"未阻挡颜色"的参数含义与"VR-污垢"贴图的相同，读者可以结合"VR-污垢"贴图进行学习。

04 设置"最大距离"为200mm，如图10-76所示。效果如图10-77所示。可以观察到阴影部分范围加大了。

05 分别设置"最大采样"数值为6和16，效果如图10-78和图10-79所示。可以观察到采样数值越大，画面越干净。

图10-76

图10-77

最大采样: 6

图10-78

最大采样: 16

图10-79

实例121 C-天空贴图

场景位置　场景文件>CH10>04.max
实例位置　实例文件>CH10>C-天空贴图.max
学习目标　掌握C-天空贴图的使用方法

C-天空贴图类似于VR-天空贴图，是一种可以作为环境光的发光贴图。可以关联灯光，也可以单独使用。案例效果如图10-80所示。

图10-80

材质创建

01 打开本书学习资源中的"场景文件>CH10>04.max"文件，如图10-81所示。

02 按8键打开"环境和效果"面板，然后单击"环境"通道，接着在"材质/贴图浏览器"面板中选择"C-天空"选项，如图10-82所示。

图10-81

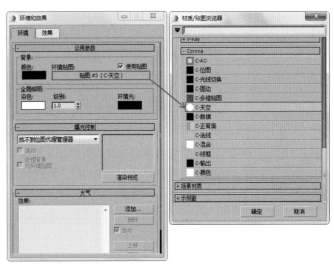

图10-82

03 按M键打开"材质编辑器"面板，然后将上一步加载的"C-天空"贴图以"实例"形式复制到空白材质球上，如图10-83所示。

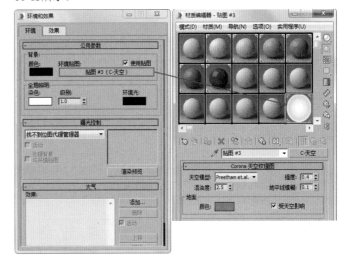

图10-83

04 设置"天空模型"为"Preetham el.al."，然后设置"强度"为0.4，如图10-84所示。

05 按F9键渲染场景，其效果如图10-85所示。

图10-84

图10-85

技术回顾

工具：C-天空　视频：063- C-天空贴图

位置：材质编辑器>贴图>Corona

用途：类似于"VR-天空"贴图，模拟环境照明。

01 打开本书学习资源中的"场景文件>演示模型>03.max"文件，这是一个异形雕塑模型，如图10-86所示。

图10-86

02 按8键在"环境和效果"面板的"环境"通道中加载一张"C-天空"贴图，如图10-87所示。

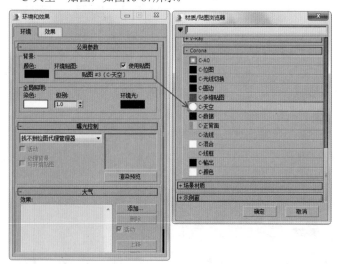

图10-87

03 将该贴图以"实例"的形式复制到空白材质球上，如图10-88所示。

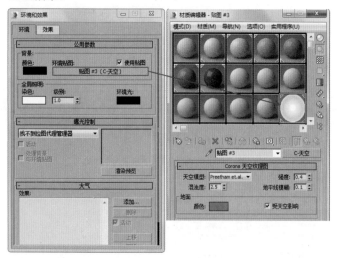

图10-88

04 展开"Corona天空纹理图"卷展栏，然后设置"强度"为0.3，如图10-89所示。

05 按F9键渲染当前场景，效果如图10-90所示。此时的"天空模型"是默认的"Hosek&Wilkie"。

图10-89   图10-90

06 设置"天空模型"为"Preetham el.al."，此时场景效果如图10-91所示。

07 设置"天空模型"为"Rawa-fake"，此时场景效果如图10-92所示。

图10-91   图10-92

技巧与提示 ✓

在工作中可以根据场景需要选择合适的天空模型。"Preetham el.al."是使用较多的天空模型。

08 分别设置"混浊度"为2和4，效果分别如图10-93和图10-94所示。可以观察到数值越大，天空越混浊。

图10-93   图10-94

技术专题 ⑩ Corona材质与贴图

Corona的材质与贴图的列表如图10-95和图10-96所示。

图10-95   图10-96

通过名称就可以发现，Corona的材质贴图与V-Ray有很多相似之处。例如，"C-材质"类似于VRayMtl材质，"C-分层材质"类似于"VR-混合"材质。读者可以逐一单击各个选项进行查看。

在第5章中，我们对V-Ray的材质和贴图进行了详细的讲解，这里仅对具有代表性的Corona材质贴图进行讲解，让读者熟悉该类材质贴图的操作方法，比照V-Ray材质贴图自学未讲解的Corona材质贴图。

实例122 用C-灯光制作地灯灯光

场景位置　场景文件>CH10>05.max
实例位置　实例文件>CH10>用C-灯光制作地灯灯光.max
学习目标　掌握C-灯光的使用方法

Corona灯光只有"C-灯光"和"C-太阳"这两种。本案例是用"C-灯光"进行制作，效果如图10-97所示。

图10-97

● 灯光创建

01 打开本书学习资源中的"场景文件>CH10>05.max"文件，如图10-98所示。

图10-98

02 在"创建"面板中单击"灯光"按钮，然后切换到"Corona"选项，再单击"C-灯光"按钮，最后在场景中拖曳出一盏C-灯光，位置如图10-99所示。

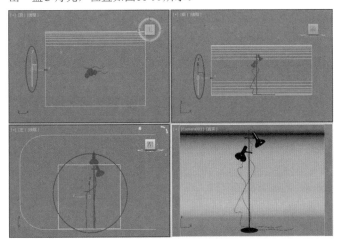

图10-99

03 选择上一步创建的C-灯光，然后进入"修改"面板，具体参数设置如图10-100所示。

设置步骤：

① 在"强度"选项组下设置"强度"为1；

② 在"颜色"选项组下设置"直接输入"为纯白色；

③ 在"图形"选项组下设置类型为"矩形"，然后设置"宽度/半径"为1 221.56mm，"高度"为1 221.56mm。

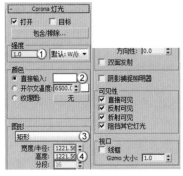

图10-100

04 将修改好的C-灯光以"实例"的形式复制两盏，位置如图10-101所示。

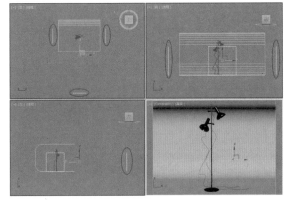

图10-101

05 在摄影机视图中渲染效果，如图10-102所示。

图10-102

06 使用C-灯光在灯罩内创建一盏灯光，并"实例"复制到另一个灯罩内，位置如图10-103所示。

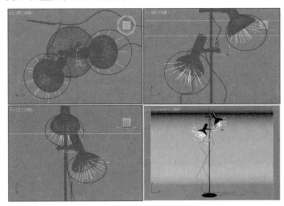

图10-103

07 选择上一步创建的 C - 灯光，然后进入"修改"面板，具体参数如图10-104所示。

设置步骤：

① 在"强度"选项组下设置"强度"为300；

② 在"颜色"选项组下设置"直接输入"为黄色（红:255，绿:167，蓝:119）；

③ 在"图形"选项组下设置类型为"圆盘"，然后设置"宽度/半径"为83.962mm，接着勾选"双面发射"选项；

④ 在"可见性"选项组中取消勾选"直接可见"选项。

图10-104

08 在摄影机视图中按F9键渲染场景，最终效果如图10-105所示。

图10-105

🔁 技术回顾

◎ 工具：C-灯光　　视频：064- C–灯光

◎ 位置：灯光>Corona

◎ 用途：用于模拟各种类型灯光，是使用最频繁的灯光之一。

01 打开本书学习资源中的"场景文件>演示模型>03.max"文件，这是一个异形雕塑模型，如图10-106所示。

02 在"创建"面板单击"灯光"按钮，然后切换到"Corona"选项，接着单击"C-灯光"按钮，如图10-107所示。

图10-106　　图10-107

03 在场景中拖曳出一盏C-灯光，其位置如图10-108所示。

图10-108

04 选中上一步创建的C-灯光，然后切换到修改面板，接着勾选"目标"选项，如图10-109所示。可以观察到此时灯光出现了一个目标点，如图10-110所示。

图10-109　　图10-110

05 这时的灯光可以作为"目标"灯光使用，在"IES"卷展栏中可以添加IES文件，如图10-111所示。

06 单击"包含/排除"按钮，系统会弹出"排除/包含"对话框，如图10-112所示。前面的章节提到过，这个对话框可以控制哪些物体不接受灯光的照射。

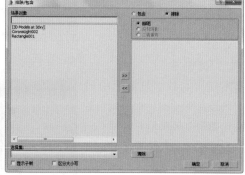

图10-111　　图10-112

07 展开"强度"参数后的单位下拉列表，如图10-113所示。C-灯光提供了4种单位，分别是"默认：W/（sr.m ^2）""烛光[坎德拉]（cd）""流明（lm）""勒克斯（lx）"。

图10-113

08 在相同强度下，不同单位照射的效果如图10-114~图10-117所示。可以观察到只有"默认"单位的灯片是亮的，其余3种单位下灯片都为黑色。这3种单位的照度很小，一般使用得不多。

图10-114　　图10-115

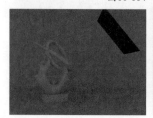

图10-116　　图10-117

09 在"颜色"选项组下有3种方式可以设定灯光的颜色。"直接输入"是通过"颜色选择器"设置灯光颜色，也是最常用的方法，如图10-118所示。

图10-118

10 "开尔文温度"是用数值设置灯光的色温进而设定灯光颜色。分别设置"开尔文温度"为3 000和6 500，灯光效果如图10-119和图10-120所示。

图10-119　　　　　　　　　　　　图10-120

11 "纹理图"则是通过加载贴图控制灯光的颜色。在"纹理图"通道中加载一张"棋盘格"贴图，此时灯光效果如图10-121所示。

图10-121

12 展开"图形"选项组下的下拉列表，Corona提供了4种形态的灯光，分别是"球体""矩形""圆盘""圆柱体"，如图10-122所示。

图10-122

13 依次选择这4种灯光类型，效果如图10-123~图10-126所示。

图10-123　　　　　　　　　　　　图10-124

 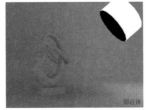

图10-125　　　　　　　　　　　　图10-126

14 当灯光类型选择"矩形"和"圆柱体"时，"宽度/半径"和"高度"值会被激活使用，如图10-127所示；当灯光类型选择"球体"和"圆盘"时，只有"宽度/半径"这一个值会被激活使用，如图10-128所示。

图10-127

图10-128

15 增大灯光的"强度"数值，此时可以观察到灯光面片上会有代表灯光方向的线条，如图10-129所示。

16 分别设置灯光的"方向性"为0、0.5和1，此时灯光效果如图10-130~图10-132所示。可以观察到该数值越大，灯光越呈现聚光灯的效果。

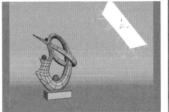 

图10-129　　　　　　　　　　　　图10-130

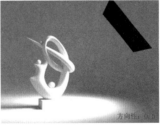 

图10-131　　　　　　　　　　　　图10-132

17 勾选"双面反射"选项，效果如图10-133所示。此时灯光的两面都会发光。

18 在"可见性"选项组中取消勾选"直接可见"选项，效果如图10-134所示。可以观察到此时灯片渲染不出来，但灯光依旧可见。

图10-133　　　　　　　　　　　　图10-134

实例123 用C-太阳制作餐厅阳光

场景位置　　场景文件>CH10>06.max
实例位置　　实例文件>CH10>用C-太阳制作餐厅阳光.max
学习目标　　掌握C-太阳的使用方法

Corona灯光的另一种类型就是"C-太阳"，是用来模拟太阳光的工具，案例效果如图10-135所示。

图10-135

🗨 灯光创建

01 打开本书学习资源中的"场景文件>CH10>06.max"文件，如图10-136所示。

图10-136

02 在"创建"面板中单击"灯光"按钮，然后切换到"Corona"选项，再单击"C-太阳"按钮，最后在场景中拖曳出一盏"C-太阳"灯光，位置如图10-137所示。

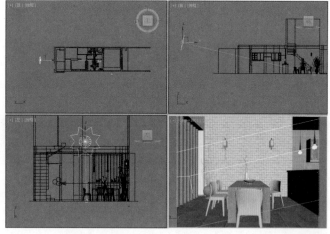

图10-137

03 选中上一步创建的"C-太阳"灯光，然后切换到"修改"面板，接着单击"添加'C-天空'环境"按钮，添加一张天空贴图，再设置"强度"为1，"大小"为5，如图10-138所示。

图10-138

04 按F9键渲染当前场景，效果如图10-139所示。

图10-139

> **技巧与提示** ✔
>
> 灯光与地面的夹角较小，因此画面灯光呈现夕阳的效果。这与"VR-太阳"的使用方法一致。

05 使用"C-灯光"工具在壁灯内创建一盏球体灯光，然后以"实例"形式复制到另一盏壁灯内，位置如图10-140所示。

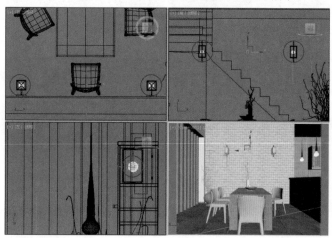

图10-140

06 选择上一步创建的C-灯光，然后进入"修改"面板，具体参数设置如图10-141所示。

设置步骤：

① 在"强度"选项组下设置"强度"为50；

② 在"颜色"选项组下设置"直接输入"为黄色（红:255，绿:172，蓝:104）；

③ 在"图形"选项组下设置类型为"球体"，然后设置"宽度/半径"为35mm；

④ 在"可见性"选项组中取消勾选"直接可见"选项。

图10-141

07 按F9键渲染场景，最终效果如图10-142所示。

图10-142

⟳ **技术回顾**

◎ 工具：**C-太阳** 视频：065– C–太阳

◎ 位置：灯光>Corona

◎ 用途：用于模拟各种类型的灯光，是使用较频繁的灯光之一。

01 打开本书学习资源中的"场景文件>演示模型>03.max"文件，这是一个异形雕塑模型，如图10-143所示。

图10-143

02 在"创建"面板中单击"灯光"按钮，然后切换到"Corona"选项，再单击"C-太阳"按钮，最后在场景中拖曳出一盏"C-太阳"灯光，位置如图10-144所示。

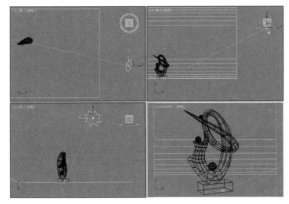

图10-144

> **技巧与提示** ✐
>
> 不同于"VR-太阳"工具，"C-太阳"在拖曳时需要拖曳两次，第一次是拖曳出灯光的位置，第二次是拖曳出灯光的大小。

03 切换到"修改"面板，然后设置"强度"为0.1，此时效果如图10-145所示。此时的场景没有添加"C-天空"贴图的效果。

图10-145

04 单击"添加'C-天空'环境"按钮 **添加"C-天空"环境**，系统会自动添加"C-天空"贴图，如图10-146所示。此时场景的渲染效果如图10-147所示。

05 默认"大小"为1，这是模拟真实太阳或月亮的参数。设置"大小"为5，此时发光的圆盘会变大，渲染效果如图10-148所示。可以观察到，该数值越大，阴影边缘越柔和。

图10-146

图10-147　　　　　　　　图10-148

06 在"颜色"选项组中默认选择是"现实"选项，即灯光的颜色根据灯光与地面的夹角大小确定，如图10-149所示。这个操作与"VR-太阳"一致。

07 选择"直接输入"选项，可以通过设定的颜色表现灯光照射效果。设置"直接输入"的颜色为蓝色，如图10-150所示。此时效果如图10-151所示。

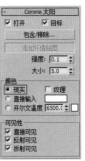

图10-149　　　　图10-150　　　　　图10-151

08 选择"开尔文温度"选项，然后设置"开尔文温度"为3 500，如图10-152所示。此时效果如图10-153所示。

图10-152　　　　　　　　图10-153

> **技巧与提示** ✐
>
> 其余参数与"C-灯光"相同，这里不再赘述。

场景位置	场景文件>CH10>07.max
实例位置	实例文件>CH10>家装客厅日光场景.max
学习目标	掌握Corona渲染器制作场景的整体流程

本例将使用Corona的材质、灯光和渲染器制作一个场景。读者通过这个实例，可以全面地了解Corona制作场景的流程。案例效果如图10-154所示。

图10-154

☛ 材质创建--------

打开本书学习资源中的"场景文件>CH10>07.max"文件，如图10-155所示。场景中已经建立好了摄影机。

图10-155

技巧与提示 ✅

Corona渲染器没有自带的摄影机工具，只能用3ds Max自带的摄影机工具。V-Ray的摄影机不能在场景中渲染。

❖ 1.屋顶

选择一个空白材质球，然后设置材质类型为C-材质，再设置"漫反射"颜色为灰色（红:160，绿:160，蓝:160），如图10-156所示。制作好的材质球如图10-157所示。

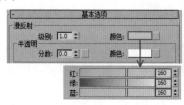

图10-156　　　　　　图10-157

❖ 2.墙面

选择一个空白材质球，然后设置材质类型为C-材质，再设置"漫反射"颜色为咖啡色（红:100，绿:95，蓝:88），如图10-158所示。制作好的材质球如图10-159所示。

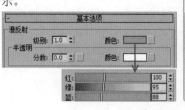

图10-158　　　　　　图10-159

❖ 3.地板

选择一个空白材质球，然后设置材质类型为C-材质，其参数设置如图10-160所示。制作好的材质球如图10-161所示。

设置步骤：

① 在"漫反射"通道中加载学习资源中的"实例文件>CH10>家装客厅日光场景>地板.jpg"文件；

② 设置"反射"的"级别"为0.45，"菲涅耳折射率"为1.7，然后在"光泽度"通道中加载学习资源中的"实例文件>CH10>家装客厅日光场景>地板spec.jpg"文件。

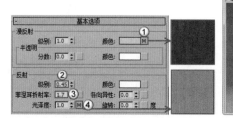

图10-160　　　　　　图10-161

❖ 4.白色墙面

选择一个空白材质球，然后设置材质类型为C-材质，再设置"漫反射"颜色为咖啡色（红:179，绿:179，蓝:179），如图10-162所示。制作好的材质球如图10-163所示。

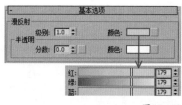

图10-162　　　　　　图10-163

❖ 5.木纹

选择一个空白材质球，然后设置材质类型为C-材质，其参数设置如图10-164所示。制作好的材质球如图10-165所示。

设置步骤：

① 在"漫反射"通道中加载学习资源中的"实例文件>CH10>家装客厅日光场景>木纹.jpg"文件；

② 设置"反射"的"级别"为0.35，"菲涅耳折射率"为1.8，然后在"光泽度"通道中加载学习资源中的"实例文件>CH10>家装客厅日光场景>木纹spec.jpg"文件。

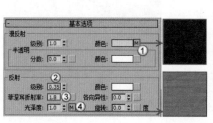

图10-164　　　　　　图10-165

❖ 6.沙发

选择一个空白材质球，然后设置材质类型为C-材质，其参数设置如图10-166所示。制作好的材质球如图10-167所示。

设置步骤：

① 在"漫反射"通道中加载学习资源中的"实例文件>CH10>家装客厅日光场景>布纹.jpg"文件；

② 在"凹凸"通道中加载学习资源中的"实例文件>CH10>家装客厅日光场景>布纹Bump.jpg"文件。

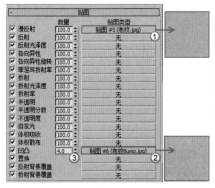

图10-166　　　　　　　　　　图10-167

❖ 7.地毯

选择一个空白材质球，然后设置材质类型为C-材质，其参数设置如图10-168所示。制作好的材质球如图10-169所示。

设置步骤：

① 在"漫反射"通道中加载学习资源中的"实例文件>CH10>家装客厅日光场景>地毯.jpg"文件；

② 在"凹凸"通道中加载学习资源中的"实例文件>CH10>家装客厅日光场景>地毯bump.jpg"文件。

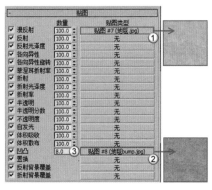

图10-168　　　　　　　　　　图10-169

❖ 8.窗帘

选择一个空白材质球，然后设置材质类型为C-材质，其参数设置如图10-170所示。制作好的材质球如图10-171所示。

设置步骤：

① 设置"漫反射"颜色为灰色（红:32，绿:32，蓝:32）；

② 在"半透明"的"颜色"通道中加载学习资源中的"实例文件>CH10>家装客厅日光场景>窗帘bump.jpg"文件，然后设置"分数"为0.2。

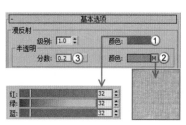

图10-170　　　　　　　　　　图10-171

☞ 灯光设置---

本案例的场景是一个日光场景，只需要创建太阳光和屋内落地灯的灯光即可。

❖ 1.创建太阳光

01 设置灯光类型为Corona，然后在场景中创建一盏"C-太阳"灯光，其位置如图10-172所示。

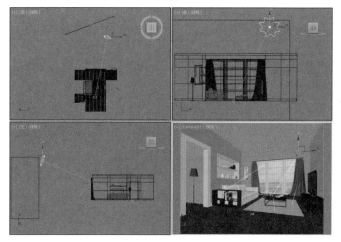

图10-172

02 选中上一步创建的"C-太阳"灯光，然后切换到"修改"面板，单击"添加'C-天空'环境"按钮 添加C-天空环境 添加天空贴图，接着设置"强度"为0.3，如图10-173所示。

03 按F9键渲染场景，效果如图10-174所示。

图10-173　　　　　　　　　　图10-174

❖ 2.创建落地灯

01 在落地灯的灯罩内创建一盏"C-灯光"作为其灯光，位置如图10-175所示。

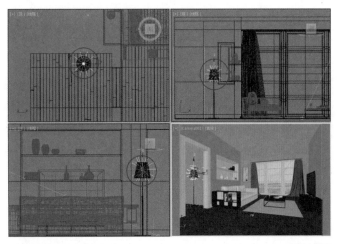

图10-175

02 选中上一步创建的灯光，然后切换到"修改"面板，其参数设置如图10-176所示。

03 按F9键渲染场景，效果如图10-177所示。

图10-176

图10-177

📌 渲染成图

Corona渲染器比起V-Ray渲染器要简单得多，不需要操作很多复杂的参数。

01 按F10键打开"渲染设置"面板，然后在"公用"选项卡中设置"宽度"为1 500，"高度"为1 125，如图10-178所示。

02 在"场景"选项卡中设置"过程限制"为50，如图10-179所示。这样图像会渲染50次之后自动停止。当然也可以在右侧设定渲染成图的时间。

图10-178

图10-179

✏️ 技巧与提示

渲染的次数越多，渲染的效果越精致。当然，所需要消耗的时间也越多。

03 按F9键渲染场景，最终效果如图10-180所示。

图10-180

技术专题 🔧 Corona与V-Ray互相转换

市面上大多数分享的素材资源都是V-Ray的，而V-Ray与Corona之间不能通用。如果场景中有V-Ray的灯光、材质、摄影机或代理模型之类的元素，都不能在Corona渲染器中进行渲染，会出现红色的报错部分。

好在Corona贴心地为用户提供了一个转换V-Ray资源的工具，使得所有V-Ray素材可以在场景中转换为对应的Corona素材。

Corona材质转换器是一个需要单独下载安装的插件，在网络上搜索即可下载，界面如图10-181所示。

图10-181

Q Corona渲染器是否可以和V-Ray渲染器同时安装

这两种渲染器是可以同时安装的。由于Corona渲染器的资源很少，都是通过V-Ray渲染器的资源进行转换的。

Q Corona渲染器与V-Ray渲染器资源转换时不成功

虽然Corona渲染器可以与V-Ray渲染器进行资源转换，但是也是有严格的条件限制的。Corona渲染器目前仅支持转换V-Ray渲染器的材质、灯光和代理文件等资源，但是V-Ray渲染器必须用英文原版的，而且Corona渲染器也不建议使用中文版本的。本书用中文版本是为了方便读者更好地学习这款新渲染器的用法，有兴趣的读者可以下载英文版进行操作。

Q 安装Corona渲染器不成功怎么办

Corona渲染器仅支持64位系统，而且系统必须要升级到SP1系统才可以，个人建议使用Win7系统。Win7系统更加稳定，且不容易出现一些奇怪的问题。

Q Corona渲染器怎样进行交互式渲染

📹演示视频021：Corona渲染器怎样进行交互式渲染

Corona渲染器的一个很大的优势就是可以进行交互式渲染。所谓交互式渲染，就是在操作场景的同时渲染帧窗口中出现场景的效果。

有的读者会担心这样操作是否会让系统卡顿进而造成死机？毕竟在用V-Ray渲染器渲染图像时，必须要在资源管理器中释放3ds Max的一个进程才不会轻易造成系统的卡顿。如果没有释放进程，那么系统很快就会出现"未响应"状态，甚至直接退出。

Corona渲染器完全不会出现这种情况，哪怕是在正常的渲染中，也可以打开其他的窗口自由操作。交互式渲染十分适合我们平时进行测试渲染的阶段。

按F10键打开"渲染设置"面板，然后切换到"场景"选项卡，接着单击"开始交互"按钮，如图10-182所示。

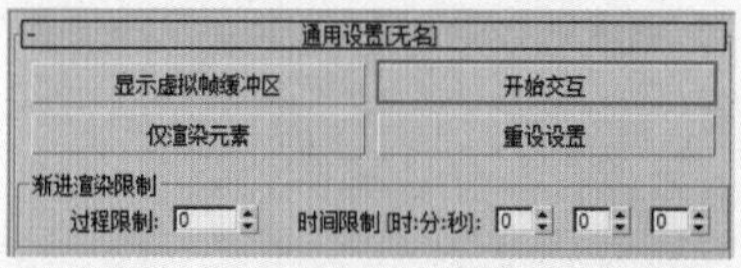

图10-182

此时会弹出渲染帧窗口，自动开始渲染选中的窗口，如图10-183所示。渲染会不停止，会一直持续到有下一步修改为止。

移动模型的位置，渲染帧窗口会开始渲染新的画面，如图10-184所示。

图10-183

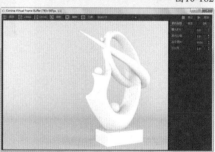

图10-184

改变灯光的颜色，渲染帧窗口也会自动进行渲染，如图10-185所示。

如果调整到了满意的效果，只需要单击渲染帧窗口右上角的"停止"按钮即可，如图10-186所示。

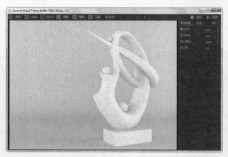

图10-185

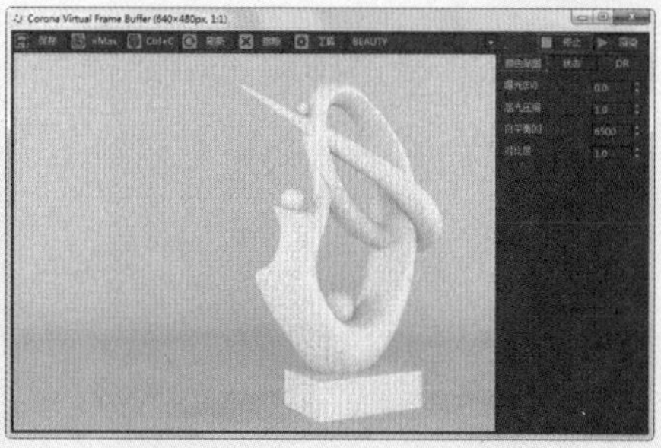

图10-186

Learning Objectives
学习要点 ❥

243页
粒子系统

251页
空间扭曲

第11章　粒子与空间扭曲

　　从本章开始，将为读者介绍3ds Max 2016一些较为复杂的功能。本章将介绍粒子系统与空间扭曲，其中重点讲解粒子系统。在内容方面，读者需要重点掌握粒子流源、"喷射"粒子、"雪"粒子和"超级喷射"粒子的用法。关于空间扭曲，读者只需要了解其作用即可。

　　3ds Max 2016的粒子系统是一种很强大的动画制作工具，可以通过设置粒子系统来控制密集对象群的运动效果。粒子系统通常用于制作云、雨、风、火、烟雾、暴风雪以及爆炸等动画效果，如图11-1所示。

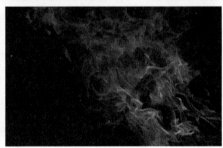

图11-1

　　粒子系统作为单一的实体来管理特定的成组对象，通过将所有粒子对象组合成单一的可控系统，可以很容易地使用一个参数来修改所有对象，而且拥有良好的"可控性"和"随机性"。在创建粒子时会占用很大的内存资源，而且渲染速度相当慢。

　　3ds Max 2016包含7种粒子，分别是"粒子流源""喷射""雪""超级喷射""暴风雪""粒子阵列""粒子云"，如图11-2所示。这7种粒子在顶视图中的显示效果如图11-3所示。

图11-2　　　　　　　　　　　　　　　　　　　　　　　　图11-3

"空间扭曲"从字面意思来看比较难懂，可以将其比喻为一种控制场景对象运动的无形力量，如重力、风力和推力等。使用"空间扭曲"可以模拟真实世界中存在的"力"效果，当然"空间扭曲"需要与"粒子系统"一起配合使用才能制作出动画效果。

"空间扭曲"包括5种类型，分别是"力""导向器""几何/可变形""基于修改器""粒子和动力学"，如图11-4所示。

图11-4

实例125 制作粒子流源动画

场景位置	场景文件>CH11>01.max
实例位置	实例文件>CH11>制作粒子流源动画.max
学习目标	掌握制作粒子流源动画的方法

动画效果如图11-5所示。

图11-5

✿ 动画制作

01 打开本书学习资源中的"场景文件>CH11>01.max"文件，如图11-6所示。

图11-6

02 在"创建"面板中单击"几何体"按钮 ○ ，设置几何体类型为"粒子系统"，然后单击"粒子流源"按钮 粒子流源 ，如图11-7所示，接着在前视图中拖曳鼠标创建一个粒子流源，如图11-8所示。

图11-7　　　　　　　　　　　　　　　　图11-8

💡 技巧与提示

"粒子流源"的发射器可以放在任意位置，只要箭头方向朝上即可。

03 进入"修改"面板，在"设置"卷展栏下单击"粒子视图"按钮 粒子视图 ，如图11-9所示。打开"粒子视图"对话框，然后单击"出生 001"操作符，接着在"出生 001"卷展栏下设置"发射停止"为50，"数量"为500，如图11-10所示。

图11-9　　　　　　　　　　　　　　　　图11-10

04 单击"速度001"操作符，然后在"速度001"卷展栏下设置"速度"为2 000mm，如图11-11所示。

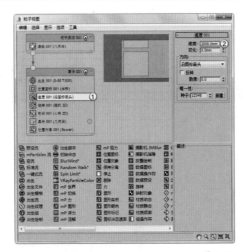

图11-11

05 单击"形状001"操作符，然后在"形状001"卷展栏下设置类型为"2D"中的"心形"，"大小"为40.64mm，如图11-12所示。

图11-12

06 单击"显示001"操作符，然后在"显示001"卷展栏下设置"类型"为"几何体"，接着设置显示颜色为粉色（红:255，绿:89，蓝:151），如图11-13所示。

图11-13

07 在下面的操作符列表中选择"位置对象"操作符，然后使用鼠标左键将其拖曳到"显示001"操作符的下面，如图11-14所示。

图11-14

08 单击"位置对象001"操作符，然后在"位置对象001"卷展栏下单击"添加"按钮 添加，接着在视图中拾取花瓶模型，如图11-15所示。

图11-15

09 选择动画效果最明显的一些帧，然后单独渲染出这些单帧动画，最终效果如图11-16所示。

图11-16

↻ 技术回顾

◎ 工具：粒子流源 视频：066-粒子流源

◎ 位置：创建>粒子系统

◎ 用途：粒子流源是每个粒子流的视口图标，用于创建粒子效果，同时也可以作为默认的发射器。

01 新建一个空白场景，然后在"创建"面板中单击"几何体"按钮○，设置几何体类型为"粒子系统"，接着单击"粒子流源"按钮 粒子流源 ，如图11-17所示，再在前视图中拖曳鼠标创建一个粒子流源，如图11-18所示。

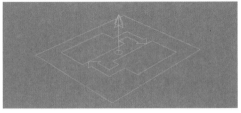

图11-17　　　　　　　　　　　　图11-18

02 切换到"修改"面板，在"发射"卷展栏内可以看到发射器的参数，一般不用这些参数，读者了解即可，如图11-19所示。

03 单击"粒子视图"按钮，如图11-20所示。会弹出"粒子视图"面板，这里就是设置粒子参数的位置，如图11-21所示。

图11-19　　　　　　图11-20

图11-21

04 面板中"粒子流源001"选项就是发射器，单击该选项后就可以在右侧看到发射器的相关参数，如图11-22所示。

图11-22

05 "粒子流源001"选项下方的"渲染001（几何体）"用来设置渲染粒子的效果，默认为"几何体"，保持不变，如图11-23所示。

图11-23

06 "渲染001（几何体）"选项下方箭头连接的选项卡中是粒子的各项属性，如图11-24所示。

图11-24

07 "出生001"选项控制粒子的存在时间。单击该选项，右侧的属性栏如图11-25所示。"发射开始"选项控制粒子开始出现的帧数，这里的"0"是指第0帧；"发射停止"选项控制粒子消失的帧数，这里的"30"是指第30帧。"数量"选项控制总共发出的粒子数量，数值越大画面中出现的粒子数目越多，效果如图11-26和图11-27所示。

图11-25

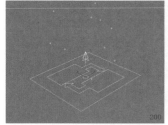

图11-26

图11-27

08 "速度001"选项控制粒子发射速度。单击该选项，右侧的属性栏如图11-28所示。"速度"选项控制粒子的发射速度，效果如图11-29和图11-30所示。

图11-28

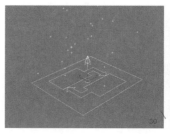

图11-29

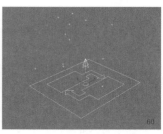

图11-30

09 "速度001"选项中的"变化"选项控制粒子间的速度差异，形成速度不一致的效果。"方向"选项组中提供了如图11-31所示的6种方向。效果如图11-32所示。

图11-31

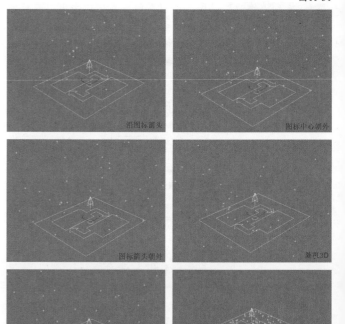

图11-32

10 "形状001"选项控制粒子渲染效果。单击该选项，右侧的属性栏如图11-33所示。

11 "2D"和"3D"控制粒子渲染的样式。2D就是上面实例中显示的平面效果，其类型如图11-34所示。3D是显示立体效果，其类型如图11-35所示。

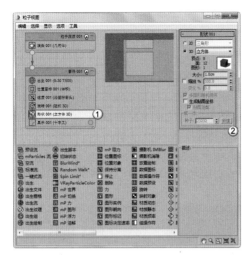

图11-33

图11-38

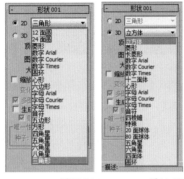

图11-34　　　　　图11-35

任意选择3个2D的效果渲染，如图11-36所示。任意选择3个3D的效果渲染，如图11-37所示。

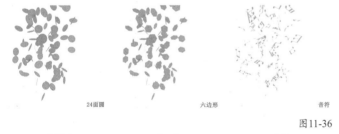

24面圆　　　　　　　六边形　　　　　　　音符

图11-36

立方体　　　　　　四棱锥　　　　　　五角星

图11-37

"显示001"选项控制粒子显示效果。单击该选项，右侧的属性栏如图11-38所示。

"类型"选项控制场景中粒子的样式，与渲染的样式无关，默认为"十字叉"，保持不变，如图11-39所示。"颜色"控制粒子渲染的颜色，如图11-40所示。

图11-39　　　　　图11-40

在下方的命令面板中选择"位置对象"选项，然后单击该命令后拖曳鼠标放置于"显示001"选项下方，如图11-41所示。这个命令可以将发射器与选中的对象绑定，从而使选中的对象发射粒子效果。

图11-41

技巧与提示

动画效果通过文字描述不是很直观，读者可以查看教学视频进行学习理解。

技术专题　粒子视图常用命令

在实例和技术回顾中，我们讲解了常用的粒子视图命令。这里再讲解几个运用概率较高的命令。

图形实例：将特定的模型赋予粒子，使粒子渲染出模型的效果，且粒子会继承模型的材质与贴图效果。在实例中可以为粒子添加该命令，然后链接花瓣的模型，使粒子渲染出花瓣的效果。

材质静态：为场景中的粒子赋予材质。这样材质就不会只表现出简单的颜色效果。

贴图：为粒子指定统一贴图坐标。

这些命令都可以链接在"显示"选项之后。

实例126 制作下雨动画

场景位置　　场景文件>CH11>02.max
实例位置　　实例文件>CH11>制作下雨动画.max
学习目标　　掌握喷射粒子的用法

动画效果如图11-42所示。

图11-42

🎬 动画制作

01 打开本书学习资源中的
"场景文件>CH11>02.max"文
件，已经在场景的"环境"通
道中加载了一张环境贴图。渲
染效果，如图11-43所示。

图11-43

02 在"创建"面板中单击"几何体"按钮 ◯ ，设置几何体类型为
"粒子系统"，然后单击"喷射"按钮 ▢喷射▢ ，如图11-44所示，接
着在顶视图中创建一个喷射粒子，如图11-45所示。

图11-44　　　　　　　　　　　图11-45

03 选中上一步创建的发射器，然后切换到"修改"面板，接
着设置"视口计数"和"渲染计数"都为600，"水滴大小"
为1.2cm，"速度"为8，"变化"为0.56，再设置"开始"为
－50，"寿命"为60，如图11-46所示。

04 将视口移动到合适的位
置，然后渲染场景，效果如图
11-47所示。可以观察到画面
中雨滴的效果已经出来了，但
材质质感却不是水滴的效果。

05 按M键打开"材质编辑
器"面板，将提前设置好的
雨滴材质赋予粒子，如图
11-48所示。

图11-46

图11-47　　　　　　　　图11-48

06 选择动画效果最明显的一些帧，然后单独渲染出这些单帧
动画，最终效果如图11-49所示。

图11-49

🔄 技术回顾

◎ 工具：喷射　视频：067-喷射

◎ 位置：创建>粒子系统

◎ 用途："喷射"粒子常用来模拟雨和喷泉等效果。

01 新建一个空白场景，然后在"创建"面
板中单击"几何体"按钮 ◯ ，设置几何体类
型为"粒子系统"，接着单击"喷射"按钮
▢喷射▢ ，如图11-50所示。

图11-50

248

02 在场景中拖曳出一个发射器，效果如图11-51所示。发射器的竖线朝下，表示喷射的粒子方向朝下。

03 拖动时间滑块，可以观察到粒子以类似下雨的形式向下喷射，如图11-52所示。

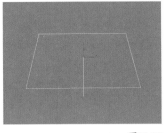

图11-51　　　　　　　　　　图11-52

04 切换到"修改"面板，在"粒子"选项组中，"视口计数"选项可以控制发射器中喷射粒子的数量，数值越大，粒子密度也越大，效果如图11-53和图11-54所示。

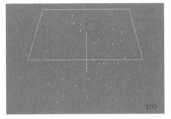

图11-53　　　　　　　　　　图11-54

> **技巧与提示** ✍
>
> "渲染计数"选项控制渲染图中粒子出现的数量，场景中粒子越多，越消耗内存。对于一些粒子需要较多的场景，会减小"视口计数"的数值，从而保证可以预览粒子大致效果，而"渲染计数"数值则设置得较大，从而保证渲染出预想的效果。

05 "水滴大小"控制粒子的大小，如图11-55和图11-56所示。

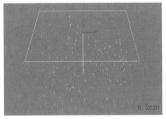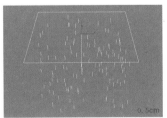

图11-55　　　　　　　　　　图11-56

06 "速度"选项用来设置粒子的速度，速度越大粒子越长，如图11-57和图11-58所示。

图11-57　　　　　　　　　　图11-58

07 "变化"选项控制粒子间的差异效果，数值越大，差异越大，如图11-59和图11-60所示。默认数值0是无差异。

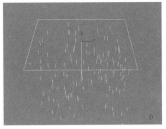

图11-59　　　　　　　　　　图11-60

08 系统提供了3种粒子的形态，分别是"水滴""圆点""十字叉"，如图11-61~图11-63所示。

图11-61

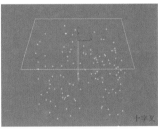

图11-62　　　　　　　　　　图11-63

09 系统提供了两种渲染效果，分别是"四面体"和"面"，如图11-64和图11-65所示。

四面体　　　　　　　　　　　面

图11-64　　　　　　　　　　图11-65

> **技巧与提示** ✍
>
> "开始"与"寿命"控制粒子产生的帧数和持续的帧数。用法与粒子流源一致。

实例127 制作下雪动画

场景位置	场景文件>CH11>03.max
实例位置	实例文件>CH11>制作下雪动画.max
学习目标	掌握雪粒子的用法

动画效果如图11-66所示。

图11-66

☆ 动画制作

01 打开本书学习资源中的
"场景文件>CH11>03.max"文
件,已经在场景的"环境"通
道中加载了一张环境贴图。渲
染效果,如图11-67所示。

图11-67

02 在"创建"面板中单击"几何体"按钮 ◎,设置几何体类
型为"粒子系统",然后单击"雪"按钮 ▢雪▢ ,如图11-68
所示,接着在顶视图中创建一个雪粒子,如图11-69所示。

图11-68   图11-69

03 选中上一步创建的发射器,然后切换到"修改"面板,接
着设置"视口计数"为400,
"渲染计数"为400,"雪花
大小"为0.8mm,"速度"为
10,"变化"为10,接着在
"计时"选项组下设置"开
始"为-30,"寿命"为50,
如图11-70所示。

图11-70

04 将视口移动到合适的位置,然后渲染场景,效果如图
11-71所示。可以观察到画面中雪花的效果已经出来了,但材
质质感却不是。

05 按M键打开"材质编辑器"面板,将提前设置好的雪花材
质赋予粒子,如图11-72所示。

 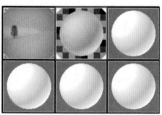

图11-71   图11-72

06 选择动画效果最明显的一些帧,然后单独渲染出这些单帧
动画,最终效果如图11-73所示。

图11-73

↻ 技术回顾

◎ 工具:雪 视频:068- 雪

◎ 位置:创建>粒子系统

◎ 用途:"雪"粒子主要用来模拟飘落的雪花或洒落的纸屑等动画
效果。

01 在"创建"面板中单击"几何体"按钮 ◎,设置几何体类型为
"粒子系统",然后单击"雪"按钮 ▢雪▢ ,如图11-74所示。

02 在场景中拖曳出一个发射器,效果如图11-75所示。发射器
的竖线朝下,表示发射的粒子方向朝下。

 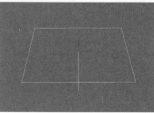

图11-74   图11-75

03▸ 拖动时间滑块，可以观察到粒子以类似下雪的形式向下发射，如图11-76所示。

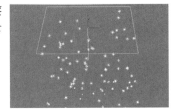

图11-76

04▸ "雪"粒子与"喷射"粒子功能大致相同，这里讲解一下不同的部分。"翻滚"选项控制雪花在下落时是否滚动，数值为0时不滚动，数值为1时滚动。设置"滚动"为1，随便截取3帧，效果如图11-77所示。"翻滚速率"控制翻滚的速度。

图11-77

> 技巧与提示
>
> 观看教学视频会更加直观。

05▸ 系统提供了3种粒子形态，分别是"雪花""圆点""十字叉"，如图11-78~图11-80所示。

06▸ 系统提供3种渲染效果，分别是"六角形""三角形""面"，效果如图11-81~图11-83所示。

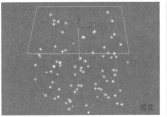

图11-78

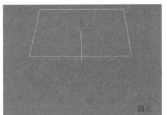

图11-79

图11-80

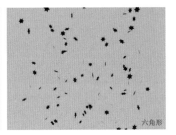

图11-81

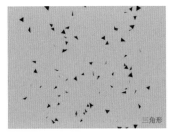

图11-82

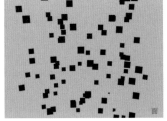

图11-83

实例128 彩色烟雾喷射动画

场景位置	场景文件>CH11>04.max
实例位置	实例文件>CH11>彩色烟雾喷射动画.max
学习目标	掌握超级喷射粒子的用法

案例效果如图11-84所示。

图11-84

动画制作

01▸ 打开本书学习资源中的"场景文件>CH11>04.max"文件，如图11-85所示。

图11-85

> 技巧与提示
>
> 本场景已经设置好了一段飞行动画，用户可以拖曳时间滑块来观察动画效果。

02▸ 使用"超级喷射"工具 **超级喷射** 在顶视图中创建一个超级喷射粒子，然后旋转，使其向后，如图11-86所示。

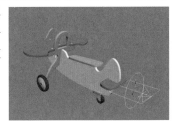

图11-86

03▸ 选择超级喷射粒子，具体参数设置如图11-87所示。

设置步骤：

① 展开"基本参数"卷展栏，然后在"粒子分布"选项组下设置"轴偏离"为5°，"扩散"为5°，"平面偏离"为51°，"扩散"为50°，接着在"视口显示"选项组下选中"网格"选项，并设置"粒子数百分比"为100%；

② 展开"粒子生成"卷展栏，然后在"粒子数量"选项组下设置"使用速率"为600，粒子运动"速度"为10，"变化"为20，接着在"粒子计时"选项组下设置"发射停止"为200，"显示时限"为100，"寿命"为20，最后在"粒子大小"选项组下设置"大小"为1.5mm，"变化"为10%；

③ 展开"粒子类型"卷展栏，然后设置"标准粒子"为"面"。

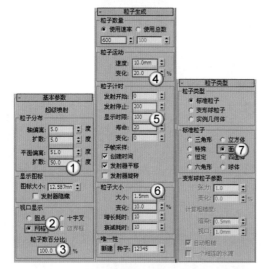

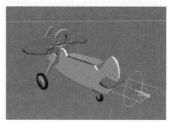

图11-87

04 在主工具栏中单击"选择并链接"按钮，然后使用鼠标左键将超级喷射粒子链接到飞机模型上，如图11-88所示。

图11-88

技巧与提示 ✐

将粒子发射器与飞机链接在一起后，粒子就会跟随飞机一起运动。
---

05 选择动画效果最明显的一些帧，然后单独渲染出这些单帧动画，最终效果如图11-89所示。

图11-89

↻ **技术回顾**

◎ 工具：超级喷射　视频：069–超级喷射

◎ 位置：创建>粒子系统

◎ 用途："超级喷射"粒子可以用来制作暴雨和喷泉等效果，若将其绑定到"路径跟随"空间扭曲上，还可以生成瀑布效果。

01 在"创建"面板中单击"几何体"按钮，设置几何体类型为"粒子系统"，然后单击"超级喷射"按钮 超级喷射 ，如图11-90所示。

图11-90

02 在场景中拖曳出一个发射器，如图11-91所示。箭头所指的方向即为粒子喷射的方向。

03 拖动时间滑块，可以观察到粒子向下喷射，如图11-92所示。

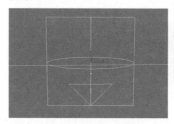
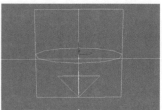

图11-91　　　　　　　　　　　　图11-92

04 "超级喷射"粒子较为复杂，参数更多。切换到"修改"面板，展开"基本参数"卷展栏，"轴偏离"控制粒子偏移的方向，效果如图11-93和图11-94所示。

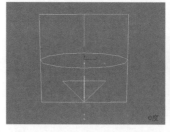
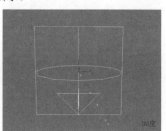

图11-93　　　　　　　　　　　　图11-94

05 "扩散"控制粒子分散的角度，如图11-95和图11-96所示。

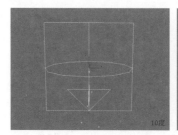
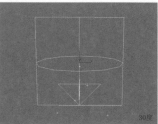

图11-95　　　　　　　　　　　　图11-96

06 "平面偏移"控制粒子在平面上旋转的角度，如图11-97和图11-98所示。

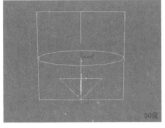

图11-97　　　　　　　　　　　图11-98

07 展开"粒子生成"卷展栏，"使用速率"数值控制粒子的数量，如图11-99和图11-100所示。

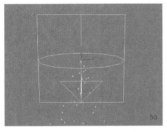
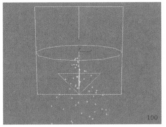

图11-99　　　　　　　　　　　图11-100

08 "速度"选项控制粒子的发射速度，这与前面讲过的粒子一致。"变化"控制粒子速度差异，使粒子速度不均匀，如图11-101和图11-102所示。

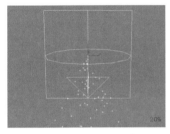
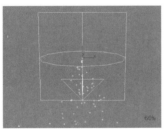

图11-101　　　　　　　　　　　图11-102

09 粒子的"发射开始"和"发射停止"控制粒子发射与停止发射的帧数。"显示时限"控制粒子总共显示的帧数。"寿命"控制粒子存在的时间。"变化"控制粒子存在时间的差异性。设置"显示时限"为10，第10帧效果如图11-103所示，第11帧效果如图11-104所示。

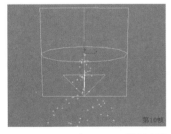
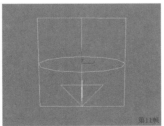

图11-103　　　　　　　　　　　图11-104

> **技巧与提示** ✍
> "超级喷射"粒子的其余参数请读者观看教学视频，更方便理解。

实例129 制作烟火动画

场景位置	场景文件>CH11>05.max
实例位置	实例文件>CH11>制作烟火动画.max
学习目标	练习使用粒子流源，了解导向板

案例效果如图11-105所示。

图11-105

01 打开本书学习资源中的"场景文件>CH11>05.max"文件，场景中建立好了摄影机和背景图片，效果如图11-106所示。

图11-106

02 使用"粒子流源"工具在顶视图中创建一个发射器且使其方向朝上，如图11-107所示。

03 使用"球体"工具 **球体** 在场景中创建一个球体，然后放置于发射器上方，如图11-108所示。

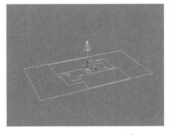

图11-107　　　　　　　　　　　图11-108

> **技巧与提示** ✍
> 球体的半径不需要做硬性规定，只要不是过于大即可。

04 在"创建"面板中单击"空间扭曲"按钮，然后选择"导向器"选项，接着单击"导向板"按钮，如图11-109所示。在场景中拖曳出一个导向板，大小与发射器相同即可，位置如图11-110所示。

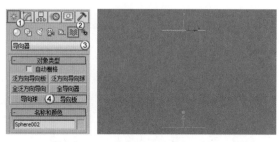

图11-109 图11-110

技巧与提示 ✐

导向板的高度决定烟花炸开的位置。

05 选中发射器，然后在"修改"面板中单击"粒子视图"按钮，打开"粒子视图"面板，如图11-111所示。

图11-111

06 选中"出生001"选项，然后设置"发射开始"为0，"发射停止"为0，"数量"为2 000，如图11-112所示。

图11-112

07 选中"速度001"选项，然后设置"速度"为300mm，如图11-113所示。

图11-113

08 选中"形状001"选项，然后选择"3D"中的"80面球体"选项，如图11-114所示。

图11-114

09 选中"显示001"选项，然后设置"类型"为"点"，如图11-115所示。

图11-115

10 分别添加"位置对象"和"碰撞"选项到"显示001"选项下方，如图11-116所示。

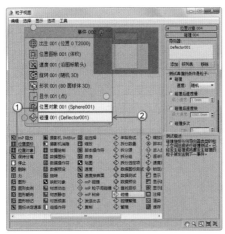

图11-116

11 选中"位置对象001"选项，然后单击"添加"按钮，选中场景中的球体模型，如图11-117所示。此时发射器与球体绑定在了一起。

图11-117

12 选中"碰撞001"选项，然后单击"添加"按钮，选中场景中的导向板，如图11-118所示。此时发射器与导向板绑定在了一起。

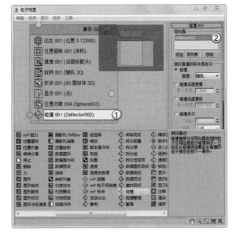

图11-118

13 拖动时间滑块，查看粒子的效果，如图11-119所示。

图11-119

14 依照上述方法，再做出一两个烟火。选择动画效果最明显的一些帧，然后单独渲染出这些单帧动画，最终效果如图11-120所示。

图11-120

技术专题 ⑩ 导向器

"导向器"可以为粒子系统提供导向功能，共有6种类型，分别是"泛方向导向板""泛方向导向球""全泛方向导向""全导向器""导向球""导向板"，如图11-121所示。

图11-121

泛方向导向板 **泛方向导向板**：这是空间扭曲的一种平面泛方向导向器。它能提供比原始导向器空间扭曲更强大的功能，包括折射和繁殖能力。

泛方向导向球 **泛方向导向球**：这是空间扭曲的一种球形泛方向导向器。它提供的选项比原始的导向球更多。

全泛方向导向 **全泛方向导向**：这个导向器比原始的"全导向器"更强大，可以使用任意几何对象作为粒子导向器。

全导向器 **全导向器**：这是一种可以使用任意对象作为粒子导向器的全导向器。

导向球 **导向球**：这个空间扭曲起着球形粒子导向器的作用。

导向板 **导向板**：这是一种平面上的导向器，是一种特殊类型的空间扭曲，它能让粒子影响动力学状态下的对象。

» 行业问答

Q 怎样为粒子流源发射的粒子赋予材质

🎬 演示视频022：怎样为粒子流源发射的粒子赋予材质

在实例125中粒子只有简单的颜色，若要为粒子添加不同的材质效果，就需要在为其添加一个"材质静态"选项。

我们以实例125的花瓶为例扩展讲解粒子材质的添加方法。

第1步：打开"粒子视图"面板，然后在下方选择"材质静态"选项，接着移动到"位置对象001"下方，如图11-122所示。

第2步：选中"材质静态001"选项，然后按M键打开"材质编辑器"面板，接着将花瓣的材质以"实例"的形式复制到"材质静态001"卷展栏中的"指定材质"通道中，如图11-123所示。

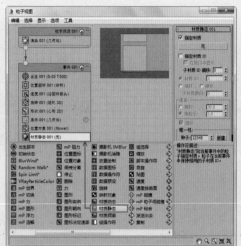

图11-122

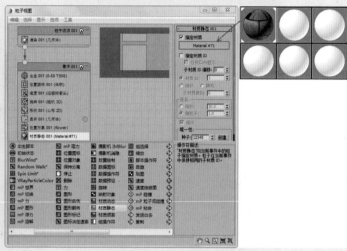

图11-123

第3步：任意选择一帧，渲染效果如图11-124所示。

图11-124

Q 怎样将粒子流源的粒子赋予特定模型

🎬 演示视频023：怎样将粒子流源的粒子赋予特定模型

在实例125中，发射的粒子是心形的。若想将粒子设置为花瓣的形状是否可行？答案是肯定的，这里需要添加"图形实例"选项。

我们以实例125的花瓶为例扩展讲解为粒子添加特定形态的方法。

第1步：打开"粒子视图"面板，然后在下方选择"图形实例"选项，接着移动到"材质静态001"下方，如图11-125所示。

第2步：选中"图形实例001"选项，然后单击"粒子几何对象"下方的按钮，接着单击场景中的花瓣"对象001"，如图11-126所示。

图11-125   图11-126

第3步：随机选择一帧，渲染效果如图11-127所示。可以观察到画面中既有飞舞的花瓣，也有原来心形的粒子。

第4步：删掉"形状001"选项，此时再渲染场景，效果如图11-128所示。

图11-127   图11-128

添加了"图形实例"选项的模型，粒子会自动继承模型的材质和贴图。因此不需要再添加"材质静态"选项。

Q 怎样改变粒子的方向

演示视频024：怎样改变粒子的方向

粒子从发射器中发出后会按照发射的方向继续移动，若想中途改变其飞行方向，就需要为其添加力。

这里以实例125为例，简单讲解一下使用"重力"工具的方法，读者只需了解即可。

第1步：在"创建"面板中单击"空间扭曲"按钮，接着选择"力"选项，再单击"重力"按钮，如图11-129所示。

图11-129

第2步：在场景中拖曳鼠标创建一个重力图标，如图11-130所示。

图11-130

第3步：打开"粒子视图"对话框，具体参数设置如图11-131所示。

图11-131

第4步：选中"力001"选项，然后在右侧单击"添加"按钮，选中场景中的"重力"图标，如图11-132所示。

第5步：选中"重力"图标，然后在"修改"面板中设置"强度"为3，如图11-133所示。

图11-132   图11-133

第6步：此时拖动时间滑块，可以看到向上飞出的花瓣飞到一定高度后受到重力的作用向下坠落，如图11-134所示。

图11-134

如果想更真实，可以在地面上加导向板，让花瓣在地面上有轻微反弹的效果。由于制作过于复杂，这里就不再讲解，有兴趣的读者可以尝试制作。

Employment Direction
从业方向 ≫

家具造型师　　建筑设计表现师

工业设计师　　室内设计表现师

第12章　动力学

本章将介绍3ds Max 2016的动力学技术，包含动力学MassFX和约束两大知识点，其中重点讲解动力学MassFX技术。在内容方面，读者需要重点掌握刚体动画的制作方法。对于约束，读者只需要了解其作用即可。

3ds Max 2016中的动力学系统非常强大，远远超越了之前的任何一个版本，可以快速地制作出物体与物体之间真实的物理作用效果，是制作动画必不可少的一部分。动力学可以用于定义物理属性和外力，当对象遵循物理定律相互作用时，可以让场景自动生成最终的动画关键帧。

在3ds Max 2016之前的版本中，动画设计师一直使用Reactor来制作动力学效果，但是Reactor动力学存在很多漏洞，如卡机、容易出错等。而在3ds Max 2016版本中，在尘封了多年的动力学Reactor之后，终于加入了新的刚体动力学——MassFX。这套刚体动力学系统可以配合多线程的Nvidia显示引擎来进行MAX视图里的实时运算，并能得到更为真实的动力学效果。MassFX的主要优势在于操作简单，可以实时运算，并解决了模型面数多而无法运算的问题，因此Autodesk公司对3ds Max 2016执行了"减法计划"，将没有多大用处的功能直接去掉，换上了更好的工具。但是习惯使用Reactor的老用户也不必担心，因为MassFX与Reactor在参数、操作等方面还是比较相近的。

动力学支持刚体和软体动力学、布料模拟和流体模拟，并且它拥有物理属性，如质量、摩擦力和弹力等，可用来模拟真实的碰撞、绳索、布料、马达和汽车运动等效果，图12-1所示是一些很优秀的动力学作品。

图12-1

在主工具栏的空白处单击鼠标右键，然后在弹出的菜单中选择"MassFX工具栏"命令，可以调出"MassFX工具栏"，如图12-2所示，调出的"MassFX工具栏"如图12-3所示。

图12-2　　　　　　　　　　　图12-3

3ds Max中的MassFX约束可以限制刚体在模拟过程中的移动。所有的预设约束可以创建具有相同设置的同一类型的辅助对象。约束辅助对象可以将两个刚体链接在一起，也可以将单个刚体锚定到全局空间的固定位置。约束组成了一个层次关系，子对象必须是动力学刚体，而父对象可以是动力学刚体、运动学刚体或为空（锚定到全局空间）。

在默认情况下，约束"不可断开"，无论对它应用了多强的作用力或使它违反其限制的程度多严重，它将保持效果并尝试将其刚体移回所需的范围。但是可以将约束设置为可使用独立作用力和扭矩限制来将其断开，超过该限制时约束将会被禁用且不再应用于模拟。

3ds Max中的约束分为"刚体"约束、"滑块"约束、"转枢"约束、"扭曲"约束、"通用"约束和"球和套管"约束6种，如图12-4所示。

图12-4

实例130　制作弹力小球动画

场景位置　　场景文件>CH12>01.max
实例位置　　实例文件>CH12>制作弹力小球动画.max
学习目标　　掌握动力学刚体动画的制作方法

动画效果如图12-5所示。

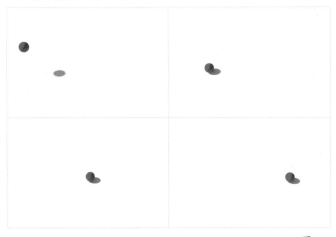

图12-5

动画制作

01▶ 打开本书学习资源中的"场景文件>CH12>01.max"文件，如图12-6所示。场景中建立好了摄影机、地面和小球。

02▶ 在主工具栏上单击鼠标右键，然后在弹出的菜单中选择"MassFX工具栏"选项，如图12-7所示，调出的"MassFX工具栏"如图12-8所示。

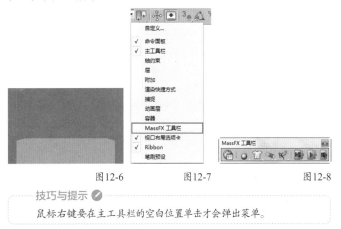

图12-6　　　　　图12-7　　　　　图12-8

技巧与提示

鼠标右键要在主工具栏的空白位置单击才会弹出菜单。

03▶ 选中场景中的小球，然后在"MassFX工具栏"中选择"将选定项设置为动力学刚体"选项，如图12-9所示。

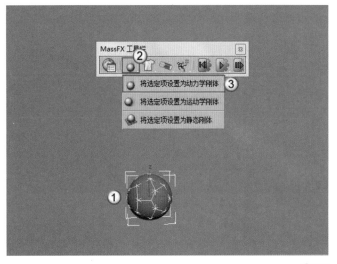

图12-9

04▶ 选中场景中的地面，然后在"MassFX工具栏"中选择"将选定项设置为静态刚体"选项，如图12-10所示。

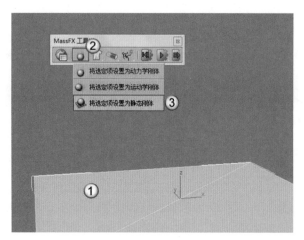

图12-10

疑难问答 ？

问：动力学刚体和静态刚体有何区别？

答：动力学刚体通俗来讲，是受力产生运动的刚体物体。刚体即没有明显形变的物体，如木头、石头等。动力学刚体没有初始速度和位移，完全受各种力影响产生运动。

静态刚体通俗来讲，是静止不动且被撞击的物体，如墙体、地面。静态物体没有速度和位移，是限制运动学刚体运动轨迹。

刚体里还有一种是运动学刚体，它与动力学刚体类似，唯一的区别是它有初始的速度和位移。

05 在"空间扭曲"中选择"力"选项，然后单击"重力"按钮在场景中拖曳出一个重力控制器，如图12-11所示。

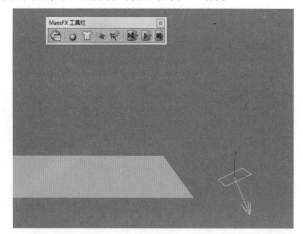

图12-11

技巧与提示 ✔

案例中使重力方向与地面形成一定夹角，这样小球就不会竖直下落。

06 打开"MassFX工具"面板，然后选择"强制对象的重力"选项，接着单击下方按钮，并选择场景中的重力控制器，如图12-12所示。

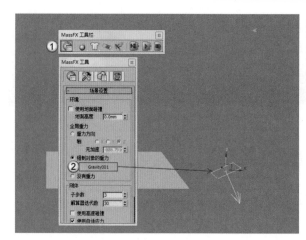

图12-12

07 单击"MassFX工具栏"上的"开始模拟"按钮，此时小球会按照重力的方向斜向下落到平面上，如图12-13所示。

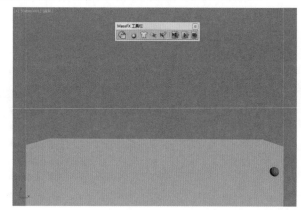

图12-13

08 确认小球动画无误后，打开"MassFX工具"面板，然后切换到"模拟工具"选项卡，接着单击"烘焙所有"按钮，如图12-14所示。系统将自动烘焙小球的运动轨迹到下方时间轴上，如图12-15所示。

图12-14

图12-15

09 拖动时间滑块，选择动画效果最明显的一些帧，然后单独渲染出这些单帧动画，最终效果如图12-16所示。

图12-16

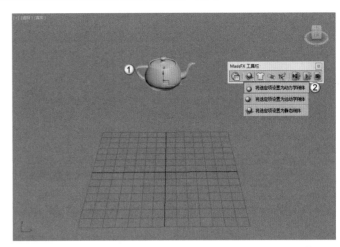

图12-19

技术回顾

⊙ 工具：动力学刚体 视频：070-动力学刚体

⊙ 位置：MassFX工具栏

⊙ 用途：创建刚体碰撞动画。

01 新建一个空白场景，在场景中使用"茶壶"工具 ▉茶壶▉ 创建一个茶壶模型，如图12-17所示。不要关闭下方的栅格，将其视为地面。

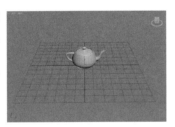

图12-17

02 将茶壶向上方移动一段距离，然后打开"MassFX工具栏"面板，如图12-18所示。

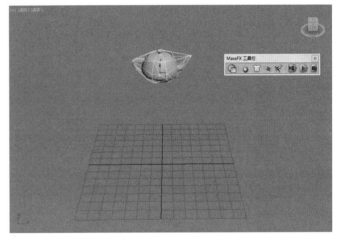

图12-20

04 打开"MassFX工具"面板，在"环境"选项组中默认勾选了"使用地面碰撞"选项，如图12-21所示。此时是按照地面高度，即以栅格的位置作为地面。

05 单击"开始模拟"按钮 ▶，可以观察到茶壶直接落在了栅格上并停止，如图12-22所示。

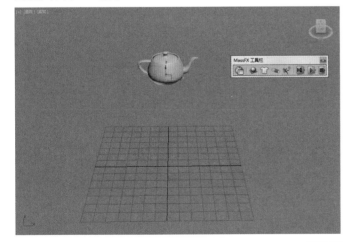

图12-18

03 选中茶壶模型，然后将其设置为"将选定项设置为动力学刚体"选项，如图12-19所示。此时茶壶就成为了一个动力学刚体模型，可以观察到模型周围有白色的网格包围，如图12-20所示。

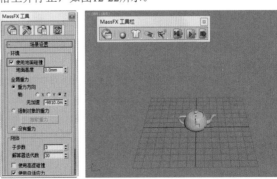

图12-21   图12-22

06 这时我们需要回到初始状态，单击"将模拟实体重置为其原始状态"按钮 ▣，茶壶又会回到上方，如图12-23所示。

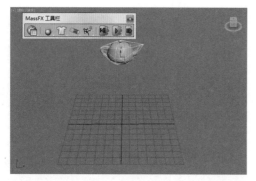

图12-23

07 使用"平面"工具在茶壶和栅格之间创建一个平面,如图12-24所示。

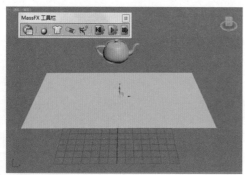

图12-24

08 选中平面模型,然后单击"将选定项设置为静态刚体"按钮,将平面转换为静态刚体,效果如图12-25所示。此时平面上会有一个白色网格,如图12-26所示。

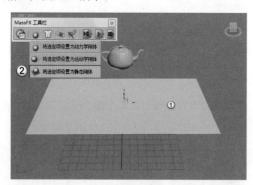

图12-25

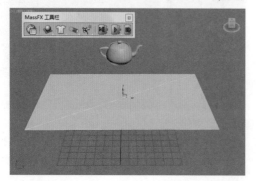

图12-26

09 模拟动画,这时茶壶坠落到了平面上,如图12-27所示。

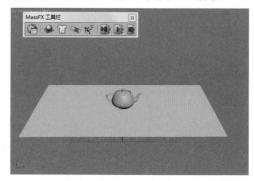

图12-27

10 若将平面放置于栅格之下再模拟动画,茶壶会落到栅格上,如图12-28所示。因为此时的栅格作为了地平线。

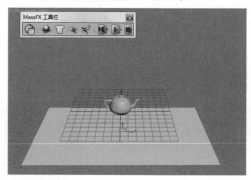

图12-28

11 在"MassFX工具"面板中取消勾选"使用地面碰撞"选项,栅格将不再作为地面存在,如图12-29所示。

12 再次模拟动画,茶壶穿过栅格落在了平面上,如图12-30所示。

图12-29

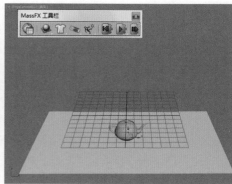

图12-30

13 系统默认的力是重力,只能在"MassFX工具"面板中简单设置力的轴向和大小,如图12-31所示。

14 在案例中,我们单独为其创建一个与地面有夹角的重力,就需要使用下方的"强制对象的重力"选项,如图12-32所示。

15 切换到"模拟工具"选项卡,其中"播放"选项组中的按钮与工具栏中的一致,如图12-33所示。

图12-31

图12-32

图12-33

16 "模拟烘焙"选项组用来将模拟好的动画效果烘焙为逐帧动画，并记录在时间轴上。这样可以将动画逐帧渲染出来并在后期软件中合成为一个动画视频，如图12-34所示。

图12-34

实例131 制作多米诺骨牌动画

场景位置　　场景文件>CH12>02.max
实例位置　　实例文件>CH12>制作多米诺骨牌动画.max
学习目标　　掌握动力学刚体动画的制作方法

动画效果如图12-35所示。

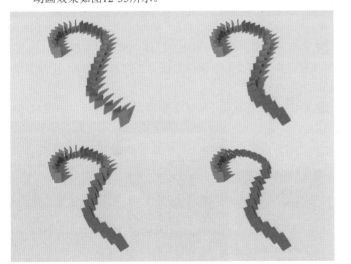

图12-35

01 打开本书学习资源中的"场景文件>CH12>02.max"文件，如图12-36所示。这是一副已经码放好的多米诺骨牌模型。

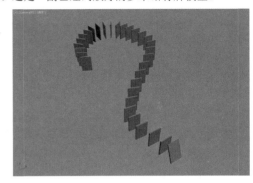

图12-36

02 打开"MassFX工具栏"面板，然后选中第一枚骨牌，将其设置为动力学刚体模型，如图12-37所示。

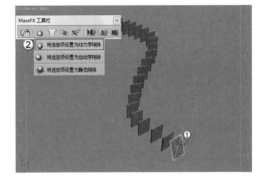

图12-37

03 单击"开始模拟"按钮模拟骨牌动画，如图12-38所示。

图12-38

04 打开"MassFX工具"面板，然后切换到"模拟工具"选项卡，接着单击"烘焙所有"按钮烘焙整个动画的关键帧，如图12-39所示。

图12-39

05 烘焙完成后，选择动画效果最明显的一些帧，然后单独渲染出这些单帧动画，最终效果如图12-40所示。

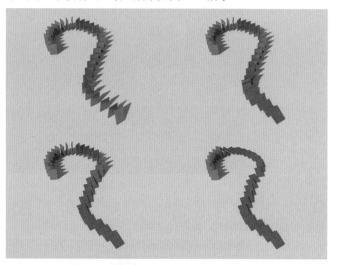

图12-40

实例132 制作保龄球动画

场景位置	场景文件>CH12>03.max
实例位置	实例文件>CH12>制作保龄球动画.max
学习目标	掌握运动学刚体动画的制作方法

动画效果如图12-41所示。

图12-41

♨ 动画制作

01 打开本书学习资源中的"场景文件>CH12>03.max"，如图12-42所示。已经为场景中的球制作了关键帧动画，下面直接进行运动学刚体动画制作。

图12-42

02 选中球体，然后在"MassFX工具栏"面板中设置为运动学刚体动画，如图12-43所示。此时球体的外围有一层白色网格。

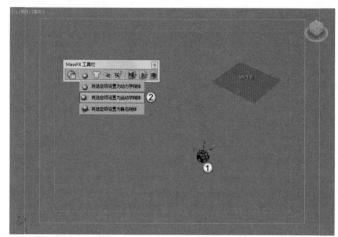

图12-43

03 选中所有的球瓶，然后也将其设置为运动学刚体，如图12-44所示。

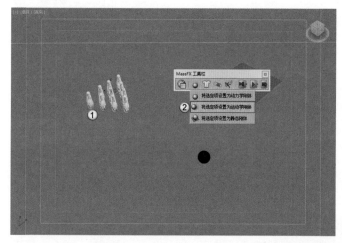

图12-44

04 拖动时间滑块，可以观察到球体在第10帧与球瓶相撞。选中球瓶后在"修改"面板中勾选"直到帧"选项，并设置为10，如图12-45所示。

05 单击"开始模拟"按钮，模拟出碰撞动画，如图12-46所示。

图12-45   图12-46

06 打开"MassFX工具"面板，然后切换到"模拟工具"选项卡，接着单击"烘焙所有"按钮烘焙整个动画的关键帧，如图12-47所示。

07 选择动画效果最明显的一些帧，然后单独渲染出这些单帧动画，最终效果如图12-48所示。

图12-47

图12-48

🔄 **技术回顾**

◎ 工具：运动学动画　视频：071– 运动学动画
◎ 位置：MassFX工具栏
◎ 用途：创建刚体碰撞动画。

01 新建一个空白场景，然后在场景中创建两个球体和一个平面，如图12-49所示。

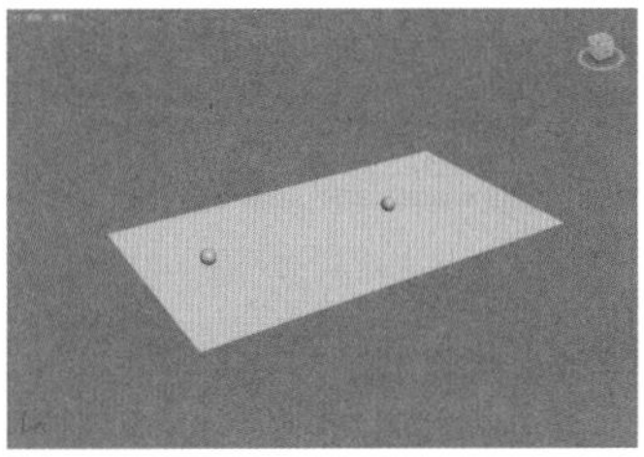

图12-49

02 为球体添加一个关键帧动画，使其在第2帧碰到另一个球体，如图12-50所示。

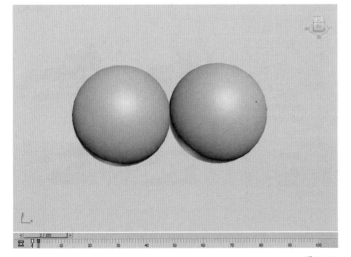

图12-50

03 将平面设置为静态刚体，将2个球体设置为运动学刚体，如图12-51所示。

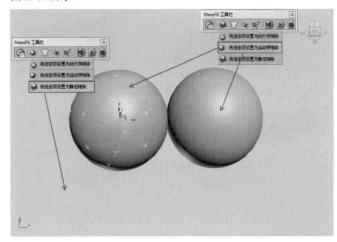

图12-51

04 选中被碰撞的球体，然后在"修改"面板中勾选"直到帧"选项，接着设置数值为2，如图12-52所示。

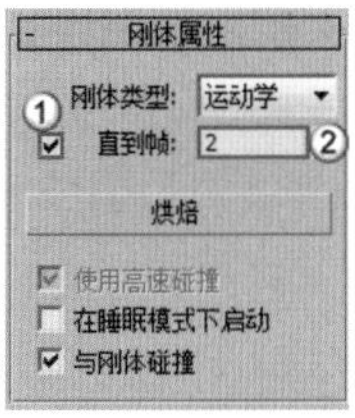

图12-52

05 进行动画模拟，效果如图12-53所示。

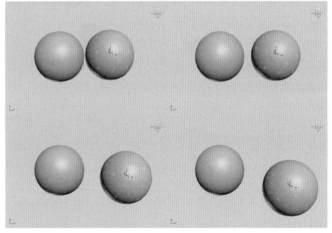

图12-53

实例133 制作玩具车碰撞动画

场景位置　　场景文件>CH12>04.max
实例位置　　实例文件>CH12>制作玩具车碰撞动画.max
学习目标　　掌握运动学刚体动画的制作方法

案例效果如图12-54所示。

图12-54

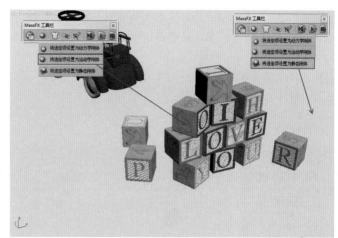

图12-58

01 打开本书学习资源中的"场景文件>CH12>04.max"文件，如图12-55所示。

图12-55

技巧与提示 ⊘

场景中有一个玩具车和一堆积木，需要用玩具车碰撞积木。

02 选中玩具车模型，然后单击"自动关键点"按钮 自动关键点，接着拖动时间滑块到第10帧，再将玩具车移动到积木后方，如图12-56所示。

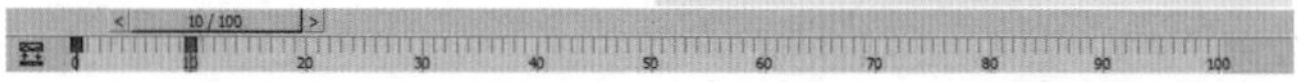

图12-56

知识链接 ↻

"自动关键点"动画会在"第13章 动画入门"中详细讲解。

03 拖动时间滑块，观察小车的动画是否流畅，然后确认玩具车与积木碰撞的时间是第6帧，如图12-57所示。

图12-57

04 选中玩具车模型和积木，然后将其设置为运动学刚体，接着选中地面模型，将其设置为静态刚体，如图12-58所示。

05 在"修改"面板中逐一设置积木的"直到帧"为6，如图12-59所示。

06 模拟碰撞动画，效果如图12-60所示。

图12-59

图12-60

07 确认动画无误后，打开"MassFX工具"面板，然后切换到"模拟工具"选项卡，接着单击"烘焙所有"按钮烘焙整个动画的关键帧，如图12-61所示。

08 选择动画效果最明显的一些帧，然后单独渲染出这些单帧动画，最终效果如图12-62所示。

图12-61

图12-62

» 行业问答

演示视频025：选中的模型无法转换为刚体模型怎么办

Q 选中的模型无法转换为刚体模型怎么办

遇到这种情况，先检查模型是否是成组状态。在成组状态下模型是无法转换为刚体的，如图12-63所示。

将模型分解成单独个体后，使用"塌陷"工具将其合并为一个整体模型，如图12-64所示。

合并为一个整体后，就可以将其转换为刚体了，如图12-65所示。

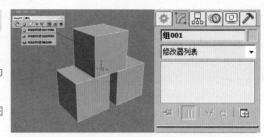

图12-63

图12-64

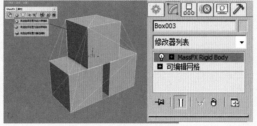

图12-65

Q 如何使用mCloth对象

演示视频026：如何使用mCloth对象

在"第8章 毛发与布料技术"中，我们讲了用Cloth修改器制作布料的方法。MassFX动力学也有一套制作布料的方法，即使用mCloth对象。下面简单讲解其使用方法。

第1步：用"长方体"工具在场景中创建3个立方体模型，如图12-66所示。

第2步：在立方体组合的上方使用"平面"工具创建一个平面，然后设置"长度分段"和"宽度分段"都为20，如图12-67所示。

> 技巧与提示 ✔
>
> 平面的分段数越多，计算出的布料效果越精确，效果也会越自然。

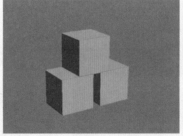

图12-66

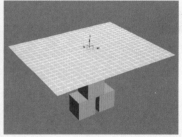

图12-67

第3步：选中平面，然后选择"将选定对象设置为mCloth对象"选项，接着选中立方体组合，再设置为静态刚体，如图12-68所示。

第4步：模拟动画，效果如图12-69所示。

第5步：将平面的分段都改为40，动画效果如图12-70所示。可以观察到布料更加柔软，整体效果更好。

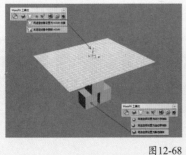

图12-68

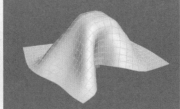

图12-69

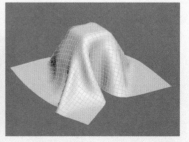

图12-70

使用Cloth修改器和使用mCloth对象这两种方法都可以制作布料效果，读者可以根据自身掌握情况进行选择。

3DS MAX INSTANCE

技术专题

疑难问答

技巧与提示

Learning Objectives
学习要点 ≫

 270页
关键帧动画

 274页
变形动画

277页
约束动画

Employment Direction
从业方向 ≫

家具造型师

建筑设计表现师

工业设计师

室内设计表现师

第13章 动画入门

本章将介绍3ds Max 2016的动画技术，包含关键帧动画、变形动画和约束动画，是入门级动画技术。

动画是一门综合艺术，是工业社会人类寻求精神解脱的产物，它是集绘画、漫画、电影、数字媒体、摄影、音乐、文学等众多艺术门类于一身的艺术表现形式，将多张连续的单帧画面连在一起就形成了动画，如图13-1所示。

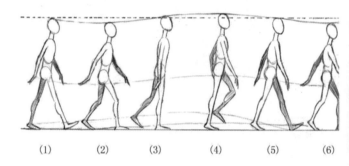

(1) (2) (3) (4) (5) (6)

图13-1

3ds Max 2016作为世界上最为优秀的三维软件之一，为用户提供了一套非常强大的动画系统，包括基本动画系统和骨骼动画系统。无论采用哪种方法制作动画，都需要动画师对角色或物体的运动有着细致的观察和深刻的体会，抓住了运动的"灵魂"才能制作出生动逼真的动画作品，图13-2所示是一些非常优秀的动画作品。

图13-2

实例134 制作风车动画

场景位置	场景文件>CH13>01.max
实例位置	实例文件>CH13>制作风车动画.max
学习目标	学习关键帧动画

动画效果如图13-3所示。

图13-3

⚒ 动画制作

01 打开本书学习资源中的"场景文件>CH13>01.max"文件，如图13-4所示。场景中已经建立好了摄影机和灯光。

图13-4

02 选中风车的风叶，然后单击"自动关键点"按钮 自动关键点，接着将时间滑块拖曳到第100帧，最后使用"选择并旋转"工具 ⟳ 沿 y 轴将风叶旋转 -2 000°，如图13-5所示。

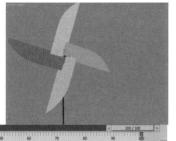

图13-5

技巧与提示 ✐

风叶旋转的方向要符合风叶的造型，不能违背物理规律。

03 打开"轨迹视图-曲线编辑器"面板，然后选中"Y轴旋转"选项，接着选中两个关键帧并单击"将切线设置为线性"按钮，将图13-6所示的线变成图13-7所示的效果。

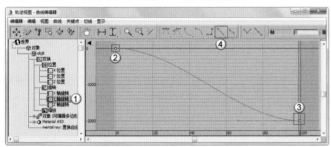

图13-6

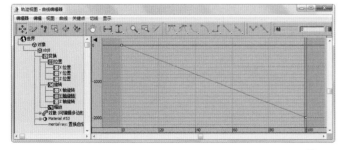

图13-7

04 拖动时间滑块，选择动画效果最明显的一些帧，然后单独渲染出这些单帧动画，最终效果如图13-8所示。

图13-8

⟳ 技术回顾

◎ 工具：自动关键点 视频：072-自动关键点
◎ 位置：时间控制按钮
◎ 用途：自动设定动画的关键帧。

01 打开本书学习资源中的"场景文件>演示模型>04.max"文件，这是一个小球模型，如图13-9所示。

图13-9

02 选中球体，然后将时间滑块移动到第100帧的位置，如图13-10所示。

图13-10

03 单击"自动关键点"按钮 自动关键点，此时按钮变成了红色，时间轴也变成了红色，如图13-11所示。

图13-11

04 使用"选择并旋转"工具 🔄 将球体沿着z轴在前视图中旋转 -1 000°，如图13-12所示。

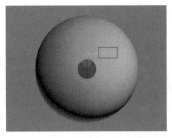

图13-12

05 此时时间轴的第100帧会自动记录关键帧，如图13-13所示。

图13-13

06 单击"自动关键点"按钮 自动关键点，完成关键帧设置，如图13-14所示。

图13-14

07 拖动时间滑块，球体顺时针自转，如图13-15所示。

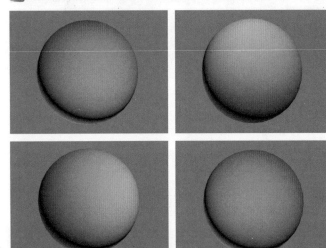

图13-15

08 单击"播放动画"按钮 ▶ 观看动画，会发现球体在最开始和结束时的速度并不是匀速。打开"轨迹视图-曲线编辑器"面板，可以看到在"Y轴旋转"选项中的曲线不是一条直线，而是一条抛物线，如图13-16所示。

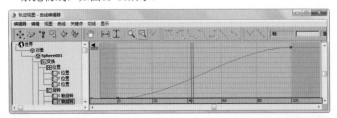

图13-16

技巧与提示

曲线编辑器的图表竖轴代表距离，横轴代表帧数，也就是时间。若表中的线条是一条直线，就表示物体做匀速运动；若表中的线条是抛物线，就表示物体做非匀速运动，有加速度。上图中的抛物线表示球体先加速运动，紧接着匀速运动，最后减速直到停止。

09 选中两个关键点，然后单击上方的"将切线设置为线性"按钮 🔲，如图13-17所示。抛物线会自动转换为一条直线，如图13-18所示。播放动画，小球匀速转动。

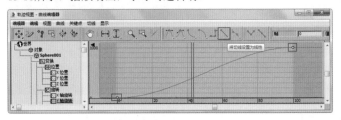

图13-17

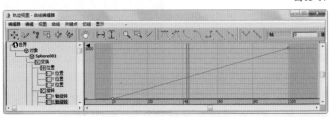

图13-18

10 将时间滑块移动到第100帧位置，然后单击"自动关键点"按钮 自动关键点，接着使用"选择并移动"工具 ✛ 将小球在左视图沿着x轴向右移动一段距离，如图13-19所示。

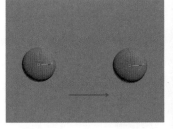

图13-19

11 以同样方法，将小球移动的曲线转换为直线，如图13-20所示。

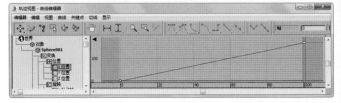

图13-20

12 播放动画，小球效果如图13-21所示。

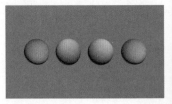

图13-21

需要注意小球移动的距离与旋转是否能很好地衔接，不要出现小球滑动而不是滚动的效果。

13° 回到第0帧，然后选中时间轴上的所有关键点，接着单击鼠标右键并在菜单中选中"删除选定关键点"选项，如图13-22所示。这样小球会回到原始状态，没有动画效果。

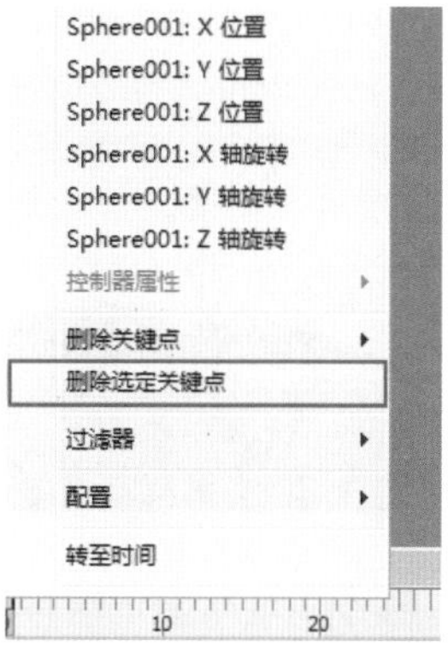

Sphere001: X 位置
Sphere001: Y 位置
Sphere001: Z 位置
Sphere001: X 轴旋转
Sphere001: Y 轴旋转
Sphere001: Z 轴旋转
控制器属性
删除关键点
删除选定关键点
过滤器
配置
转至时间

图13-22

图13-24

02° 选中整个车模型，然后将时间滑块移动到第100帧，接着单击"自动关键点"按钮，移动车的位置，如图13-25所示。

图13-25

技术专题 关键帧动画

制作关键帧动画时需要注意以下问题。

符合物理规律：动画制作虽然可以适度夸张，但一定要符合物理规律。例如，汽车移动的方向不应和车轮旋转的方向相反。

不用逐帧设置关键帧：关键帧动画最大的优势是在特定的时间内设定模型的变化，至于两个关键帧之间的变化，系统会自动计算出来。若系统计算的效果与预想结果有差异，可以在中间添加关键帧来进行调整。

实例135 制作汽车动画

场景位置 场景文件>CH13>02.max
实例位置 实例文件>CH13>制作汽车动画.max
学习目标 掌握关键帧动画的制作方法

动画效果如图13-23所示。

03° 选中前轮，然后沿着x轴方向在第100帧旋转1 500°，如图13-26所示。

图13-26

04° 拖动时间滑块，观察车轮旋转与车体移动是否和谐。确认无误后，以同样的方法设定后轮的动画，如图13-27所示。

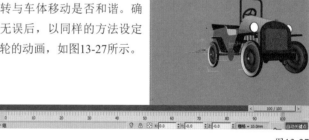

图13-27

05° 打开"轨迹视图-曲线编辑器"面板，然后将车辆移动曲线和车轮旋转曲线都设置为直线，如图13-28~图13-30所示。

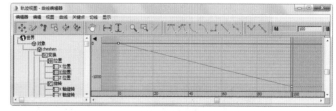

图13-28

图13-23

01° 打开本书学习资源中的"场景文件>CH13>02.max"文件，如图13-24所示。这是一个汽车模型。

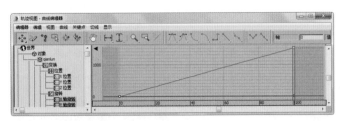

图13-29

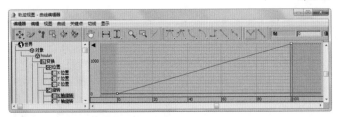

图13-30

06 选择动画效果最明显的一些帧,然后单独渲染出这些单帧动画,最终效果如图13-31所示。

图13-31

实例136 制作水滴动画

场景位置	场景文件>CH13>03.max
实例位置	实例文件>CH13>制作水滴动画.max
学习目标	掌握变形动画的制作方法

案例效果如图13-32所示。

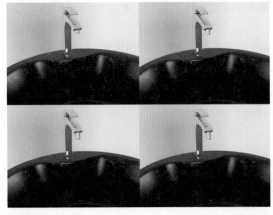

图13-32

⚓ 动画制作

01 打开本书学习资源中的"场景文件>CH13>03.max"文件,如图13-33所示。

02 使用"球体"工具在场景中创建一个球体,然后设置"半径"为6.2mm,接着放置于出水口处,如图13-34所示。

图13-33   图13-34

03 选择水龙头上的球体,然后按快捷键Alt+Q进入孤立选择模式,接着以"复制"的形式创建一个新的球体,如图13-35所示。

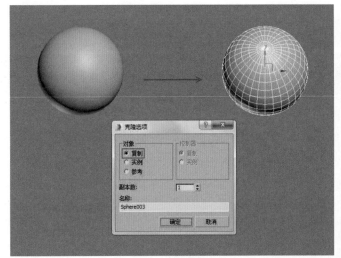

图13-35

04 给复制出的新球体加载一个FFD 4×4×4修改器,然后在"控制点"物体层级下将球体调整成如图13-36所示的效果。

图13-36

05 为原正常的球体加载一个"变形器"修改器,然后在"通道列表"卷展栏下的第1个"空"按钮 -空- 上单击鼠标右键,并在弹出的菜单中选择"从场景中拾取"命令,最后在场景中拾取已经调整好形状的球体模型,如图13-37所示。

06 单击"自动关键点"按钮 自动关键点 ,然后将时间滑块拖曳到第100帧,接着在"通道列表"卷展栏下设置变形值为100,如图13-38所示。

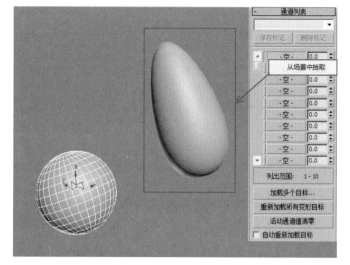

图13-37

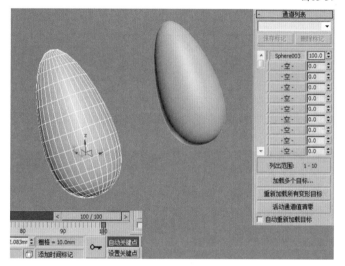

图13-38

07 拖动时间滑块，可以观察到原有的小球自动拉伸了。单击鼠标右键，然后选择"全部取消隐藏"选项，如图13-39所示，此时隐藏的水盆模型完全显示，接着隐藏复制出的小球，场景效果如图13-40所示。

图13-39   图13-40

技巧与提示 ✅

水滴模型穿过了水龙头，需要给其添加一个向下移动的动画。

08 将时间滑块移动到第100帧，然后单击"自动关键点"按钮，接着将水滴模型向下移动，效果如图13-41所示。

图13-41

09 选择动画效果最明显的一些帧，然后按F9键渲染出这些单帧动画，最终效果如图13-42所示。

图13-42

↻ **技术回顾**

◎ 工具：变形器　视频：073-变形器
◎ 位置：修改器堆栈
◎ 用途：使模型按照预定效果变形的动画。

01 打开本书学习资源中的"场景文件>演示模型>04.max"文件，这是一个小球模型，如图13-43所示。

图13-43

02 将小球向右复制一个，如图13-44所示。

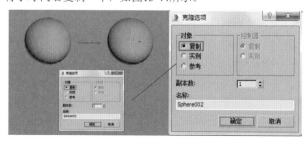

图13-44

复制球体时不要选择"实例"选项,否则添加变形的FFD修改器后,原有的小球也会跟着变形。

03▸ 给复制出的小球添加一个FFD 4×4×4修改器,然后使小球变形为图13-45所示的效果。

04▸ 选中原有的小球,为其加载一个"变形器"修改器,如图13-46所示。

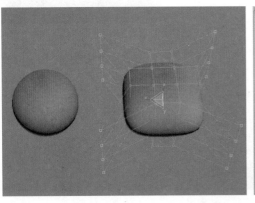

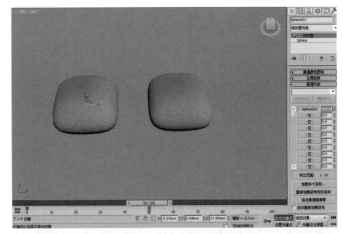

图13-48

图13-45　　　　图13-46

05▸ 在第1个"空"按钮上单击鼠标右键并选择"从场景中拾取"选项,或单击"从场景中拾取对象"按钮 从场景中拾取对象 ,然后单击变形后的小球模型,如图13-47所示。

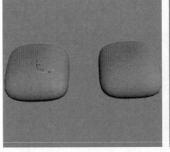
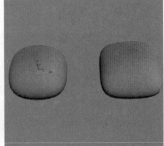

图13-49　　　　　　　　　　　　图13-50

09▸ 将复制的小球再复制一个到下方,然后变形,效果如图13-51所示。

10▸ 如果想让原有的小球从第50帧的效果在第100帧变成下方小球的效果,方法还是一样的。选中原有小球,然后在第2个"空"的按钮上添加下方的小球模型,如图13-52所示。

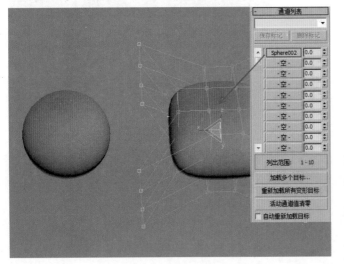

图13-47

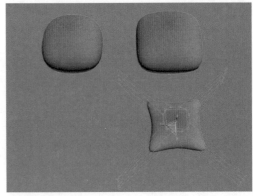

图13-51　　　　图13-52

06▸ 移动时间滑块到第50帧位置,然后打开"自动关键点",接着在通道后的框中输入"100",如图13-48所示。

07▸ 移动时间滑块,可以观察到原有的小球在第50帧位置变成了复制的小球的形状,如图13-49所示。

08▸ 若将通道后的数值设置为50,效果如图13-50所示。可以观察到,通道后的数值控制原有小球变化到复制的小球的程度。100表示完全一致,50表示只完成一半。

11▸ 单击"自动关键点"按钮 自动关键点 ,然后将时间滑块拖动到第100帧,接着设置第2个通道的数值为100,如图13-53所示。

12▸ 拖动时间滑块,可以看到原有小球的变化效果,如图13-54所示。以此类推,可以制作出许多变化效果。

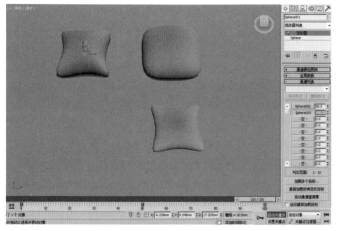

图13-53

图13-54

实例137 制作气球路径动画

场景位置 场景文件>CH13>04.max
实例位置 实例文件>CH13>制作气球路径动画.max
学习目标 掌握路径约束动画的制作方法

动画效果如图13-55所示。

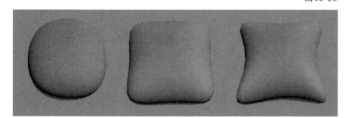

图13-55

🐾 动画制作

01 打开本书学习资源中的"场景文件>CH13>04.max"文件，效果如图13-56所示。场景中有一个气球模型，并建立了摄影机。

02 使用"线"工具 线 在场景中绘制出气球飞行的路径，如图13-57所示。

图13-56

图13-57

技巧与提示 ✅

样条线不需要绘制得一模一样，读者可以自行绘制效果。

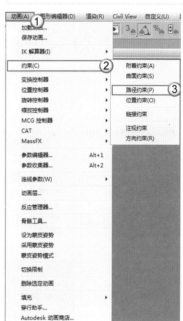

03 选择气球，然后执行"动画>约束>路径约束"菜单命令，如图13-58所示，接着将气球的约束虚线拖曳到样条线上，如图13-59所示。

图13-58   图13-59

04 单击"播放动画"按钮▶播放动画，然后选取效果明显的关键帧进行渲染，效果如图13-60所示。

图13-60

技术回顾

○ 工具：路径约束　视频：074–路径约束

○ 位置：动画>约束

○ 用途：使模型按照规定的路径运动。

01 打开本书学习资源中的"场景文件>演示模型>04.max"文件，这是一个小球模型，如图13-61所示。

02 使用"线"工具在场景中绘制一条路径，如图13-62所示。

图13-61　　　　　　　　图13-62

技巧与提示 ✅

路径的样条线可随意绘制。

03 选中小球，执行"动画>约束>路径约束"菜单命令，如图13-63所示。

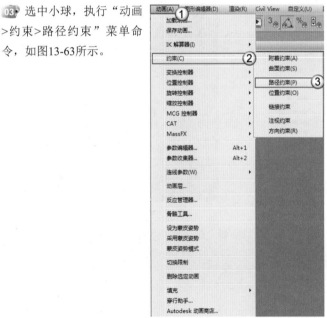

图13-63

04 此时小球上会出现一条虚线，如图13-64所示。

05 单击路径样条线，将小球与路径绑定，如图13-65所示。

图13-64　　　　　　　　图13-65

06 移动时间滑块，小球会沿着路径移动，如图13-66所示。

07 切换到"运动"面板 ◎，然后勾选"跟随"选项，并激活面板，如图13-67所示。

图13-66　　　　　　　　图13-67

08 轴向不同，小球的自身的位置也会不同，如图13-68所示。

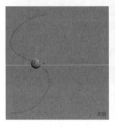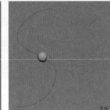

图13-68

09 小球现在是从上往下运动，若要改变运动方向，选中路径样条线，然后进入"顶点"层级，接着选中下方的点，如图13-69所示。

10 在"修改"面板中单击"设为首顶点"按钮 设为首顶点，此时小球会以选中的点为起始点，如图13-70所示。

图13-69　　　　　　　　图13-70

Q 如何缩放动画

演示视频027：如何缩放动画

第1步：选中小球，单击"自动关键点"按钮，在第20帧拉长小球，如图13-71所示。

第2步：在第30帧压缩小球，如图13-72所示。

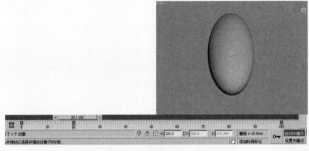

图13-71

图13-72

第3步：在第38帧拉伸小球到最大状态，如图13-73所示。

第4步：在第45帧压缩小球，如图13-74所示。

第5步：在第55帧将小球还原为初始状态，如图13-75所示。

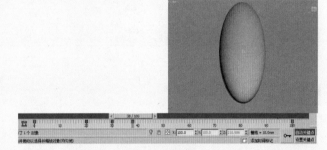

图13-73

图13-74

图13-75

单击"自动关键点"按钮后播放动画，小球呈现一种弹性状态。这种动画要相对复杂一些，需要良好的节奏感。小球的压缩还可以配上位移和旋转，制作出小球自行弹跳的效果，有兴趣的读者可以尝试制作。

Q 如何制作透明度动画

演示视频028：如何制作透明度动画

第1步：选中小球，单击鼠标右键并选择"对象属性"选项，打开"对象属性"面板，如图13-76所示。默认物体的"可见性"为1，即完全显示。

第2步：单击"自动关键点"按钮 自动关键点 ，然后移动到第20帧，接着设置"可见性"为0，如图13-77所示。可以观察到后方出现了红框，代表该操作被记录在了时间轴上。

第3步：单击"确定"按钮关闭"对象属性"面板，然后移动时间滑块，此时动画效果如图13-78所示。

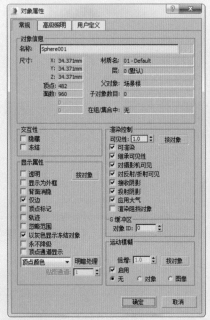

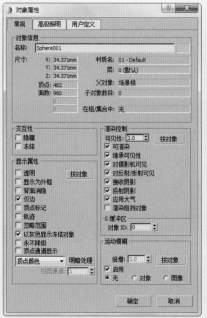

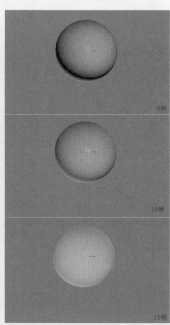

图13-76 　　　　　　　　　　　图13-77 　　　　　　　　　　　图13-78

Q 如何制作生长动画

演示视频029：如何制作生长动画

第1步：选中小球，然后在修改器堆栈中加载一个"切片"修改器，如图13-79所示。此时小球的中部出现了一个黄色线框平面。

第2步：选中下方的"移除顶部"选项，此时小球上半部分被切掉了，如图13-80所示。

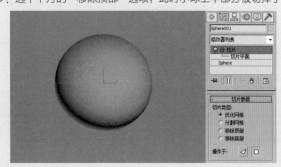

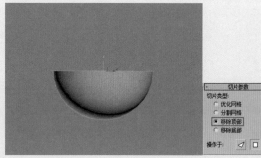

图13-79 　　　　　　　　　　　　　　　　　　　　图13-80

第3步：选中"切片"的子层级"切片平面"，此时黄色的线框转换为了浅黄色，如图13-81所示。

第4步：单击"自动关键点"按钮，然后在第0帧将平面移动到最下端，隐藏全部模型，如图13-82所示，接着在第20帧将平面移动到最上端，露出全部模型，如图13-83所示。

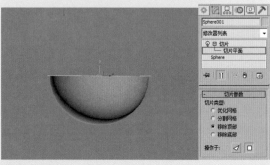

图13-81

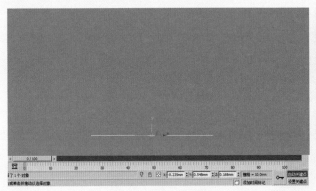
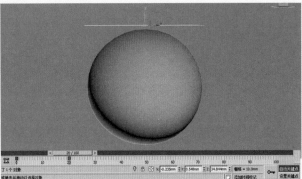

图13-82   图13-83

第5步：单击"自动关键点"按钮，播放动画。可以看到小球呈从下到上生长出现的效果。

不仅可以为模型制作动画效果，也可以为摄影机、灯光、材质制作动画效果。做法与模型类似，读者可以自行尝试制作。

Q 建立关键帧的位置不合适怎么办

演示视频030：建立关键帧的位置不合适怎么办

在自动记录关键帧时，往往控制不好时间，使做出的动画节奏感混乱。怎样可以调整关键帧的位置呢？

第1种：在原来记录的关键帧上单击鼠标右键，选择"删除选定关键点"选项，将其删除掉，如图13-84所示，然后在合适的位置重新记录关键帧。

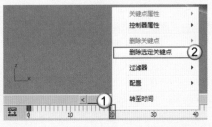

图13-84

第2种：选中不合适的关键帧，然后在时间轴上直接拖曳移动，如图13-85所示。但要注意的是，如果在一个关键点上记录了多种效果，就只能删除单独的帧重新记录。

图13-85

Q 怎样延长时间轴

演示视频031：怎样延长时间轴

默认的时间轴是100帧。制作的动画效果超过100帧该如何延长？

第1步：单击"时间配置"按钮，如图13-86所示。

图13-86

第2步：在弹出的"时间配置"对话框中找到"结束时间"，如图13-87所示。

第3步：在"结束时间"后输入的数值就是整个时间轴的长度，默认为100，如图13-88所示。

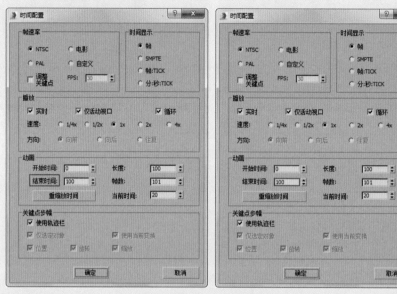

图13-87　　　　　　　　　　　　　　　　　　图13-88

技巧与提示

　　在"时间配置"对话框的上方有"帧速率"选项组，是控制播放速度的。默认的速度是NTSC格式的30帧/秒，而常用的则是PAL格式的25帧/秒。因此在做动画之前，一定要选择好格式，否则会影响后续制作，一旦修改帧的位置，会非常麻烦。

Q 能否预览动画效果

演示视频032：能否预览动画效果

制作好的动画效果，除了进行播放外，还可以导出一个视频进行预览。

第1步：执行"工具>预览-抓取视口>创建预览动画"菜单命令，如图13-89所示。

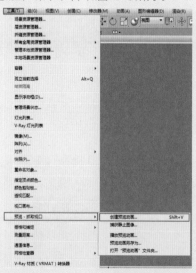

图13-89

第2步：在弹出的"生成预览"对话框中设置好"预览范围"，一般选择"活动时间段"选项，然后设置"播放FPS"的数值，即每秒的播放帧数，这里一定要和时间轴对应，接着设置"输出百分比"，即输出的分辨率，再设置"渲染视口"，即确认渲染的视口是否正确，最后单击"创建"按钮即可生成一段预览动画，如图13-90所示。

图13-90

当确认预览的动画效果无误后，就可以逐帧渲染场景，然后将渲染的图片按顺序在视频后期软件中合成为一个视频文件即可。

Employment Direction
从业方向 ≫

家具造型师　建筑设计表现师

工业设计师　室内设计表现师

第14章　角色动画

本章将介绍3ds Max 2016的角色动画技术，包含建立骨骼、蒙皮和走路动画。

通过第13章的讲解，相信读者会对动画有一个初步的认识，能制作出一些简单的效果。本章将讲解角色动画，会更加复杂，希望读者能耐心学习。

要制作角色动画，首先需要为角色模型建立骨骼，然后创建蒙皮，最后才是制作动画效果。所谓骨骼，可以理解为角色模型的骨架。角色的每一部分都是由这些骨架带动的，而我们制作动画时，也是控制这些骨架来建立关键帧。

蒙皮，则可以理解为角色的皮肤。皮肤会随着骨骼的运动而运动，但皮肤也是有运动极限的。在某些角度下，皮肤不可能达到弯曲、转折的效果时，该动作就不能成立。以我们身体为例，肩部的骨骼只能控制整个手臂的皮肤运动，但不能控制附近面部和胸部皮肤的运动。

图14-1所示是一些优秀的角色动画效果。

图14-1

实例138　创建骨骼模型

场景位置　场景文件>CH14>01.max
实例位置　实例文件>CH14>创建骨骼模型.max
学习目标　掌握创建骨骼模型的方法

3ds Max中的骨骼可以理解为真实的骨骼，它作为模型的主体连接起模型的各个部分，然后赋予骨骼一些关键帧动画，进而使模型产生动画动作。

◆ 模型创建

01 打开本书学习资源中的"场景文件>CH14>01.max"文件，如图14-2所示。场景中是一个鳄鱼模型。

图14-2

技巧与提示 ✎

平面的分段数越多，计算出的布料效果越精确，效果也会更加自然，如图14-3所示。

图14-3

02 在"创建"面板中单击"系统"按钮，设置系统类型为"标准"，然后单击"骨骼"按钮 骨骼 ，接着在模型头部拖曳鼠标即可创建一段骨骼，如图14-4所示。

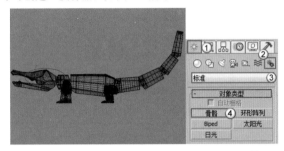

图14-4

03 保持"骨骼"按钮呈激活状态，然后继续创建身体其他部位的骨骼，如图14-5所示。需要注意骨骼的父子关系。

图14-5

技术专题 骨骼的父子关系

骨骼的父子关系是控制骨骼很重要的要素。所谓骨骼的父子关系，即父层级骨骼会控制子层级骨骼的移动、旋转，但子层级骨骼不能控制父层级，只能自身移动、旋转。

以手臂为例，肩关节的骨骼会控制肘部、手腕、手指关节整体的移动和旋转。读者可自行活动肩部来感受。但手指关节自行弯曲、移动，却不会带动肩关节的移动和旋转。

人体模型是以腰部为最高层级的关节，向上辐射出颈部、肩部和头部关节，肩部再分出两个手臂，向下辐射出胯部、膝盖和脚踝关节。

只有在创建骨骼时掌握了正确的父子关系，后续的IK创建才不会出错。骨骼的父子关系需要读者亲身体验才能完全理解。

---

04 创建的骨骼有时候不能完全对应模型各个关节的位置，需要进行调整。执行"动画>骨骼工具"菜单命令，如图14-6所示，打开"骨骼工具"面板，如图14-7所示。

05 单击"骨骼编辑模式"按钮 骨骼编辑模式 ，然后选中模型中的骨骼并进行调整，最终效果如图14-8所示。

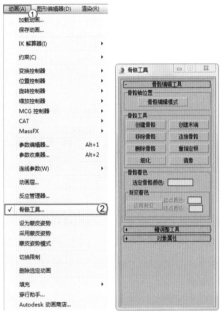

图14-6　　　　　图14-7　　　　　图14-8

技术回顾

◎ 工具：骨骼　视频：075-骨骼
◎ 位置：创建>系统>标准
◎ 用途：建立骨骼模型。

01 新建一个空白场景，然后在"创建"面板中单击"系统"按钮，设置系统类型为"标准"，接着单击"骨骼"按钮 骨骼 ，如图14-9所示。

图14-9

02 在场景中拖曳出一段骨骼，如图14-10所示。

03 保持"骨骼"按钮在激活状态，然后继续向下创建两段骨骼，如图14-11所示。

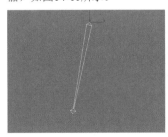

图14-10　　　　　　　　　　图14-11

04 界面左侧的场景资源管理器中显示了所创建的4段骨骼，如图14-12所示。这些模型在排列上不同于以往的并排排列，是按照层级排列的，这便是父子关系。

图14-12

05 选中Bone001骨骼，也就是场景中最开始创建的那一段骨骼，如图14-13所示。移动该骨骼，可以观察到下方的骨骼会跟着一起移动。对于下方的骨骼来说，这段骨骼是父层级，是控制子层级骨骼位置与旋转的最高级别。

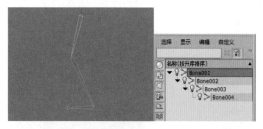

图14-13

06 选中Bone002骨骼，也就是第2段骨骼，如图14-14所示。移动该骨骼，可以观察到上方的骨骼没有移动，下方的骨骼会跟着一起移动。对于该骨骼，上方是它的父层级，不能控制，但下方的子层级是可以控制的。

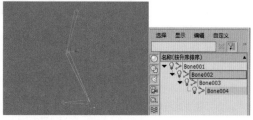

图14-14

07 执行"动画>骨骼工具"菜单命令，然后打开"骨骼工具"面板，如图14-15所示。

08 单击"骨骼编辑模式"按钮 骨骼编辑模式 ，可以将选中的骨骼模型移动、拉长、缩短，如图14-16所示。

图14-15

图14-16

技巧与提示 ✅
观看该部分教学视频，可以更直观地理解。

09 单击"创建骨骼"按钮 创建骨骼 ，在场景中沿着已有的骨骼继续创建新骨骼，如图14-17所示。

图14-17

10 选中如图14-18所示的骨骼，然后单击"移除骨骼"按钮 移除骨骼 ，此时选中的骨骼被删除了，而它的子层级骨骼自动连接在了父层级骨骼上，如图14-19所示。

图14-18 图14-19

11 选中如图14-20所示的骨骼，然后单击"删除骨骼"按钮 删除骨骼 ，此时选中的骨骼会被删除，而它的子层级骨骼则不再与原先的骨骼有关系，成为了一个单独的个体，如图14-21所示。

图14-20 图14-21

12 单击"细化"按钮 细化 ，可以在原有的骨骼上单击来添加新的分段，如图14-22所示。

图14-22

13 选中如图14-23所示的骨骼，然后单击"创建末端"按钮 创建末端 ，选中的骨骼末端后会自动创建一段骨骼，如图14-24所示。

14 在场景中创建一段骨骼，如图14-25所示，然后单击"连接骨骼"按钮 连接骨骼 ，接着将出现的虚线指向另一端的骨骼，并单击鼠标，系统会自动创建一段骨骼将其连接起来，如图14-26所示。

图14-23

图14-24

图14-25

图14-26

15 现有骨骼模型的父层级骨骼是Bone001，现在要指定Bone002为整个骨骼的父层级。选中Bone002骨骼，然后单击"重指定根" 重指定根 按钮，此时Bone002就变为所有骨骼的父层级了，如图14-27所示。

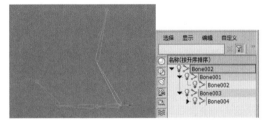

图14-27

实例139 用IK解算器连接骨骼

场景位置	场景文件>CH14>02.max
实例位置	实例文件>CH14>用IK解算器连接骨骼.max
学习目标	掌握线性IK解算器的用法

IK 解算器可以创建反向运动学解决方案，用于旋转和定位链中的链接。通过IK解算器，可以更好地控制骨骼。

🔷 模型创建

01 打开本书学习资源中的"场景文件>CH14>02.max"文件，如图14-28所示。这是上一个案例中创建的骨骼的模型，下面用IK解算器为模型的尾巴部分添加控制器。

图14-28

02 选中如图14-29所示的骨骼，然后执行"动画>IK解算器>IK肢体解算器"菜单命令，如图14-30所示。

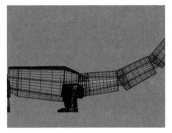

图14-29

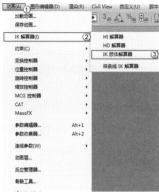

图14-30

03 此时指针上会出现一条延长的虚线，如图14-31所示，将其指向后方的骨骼并单击确定后，会出现一个十字形控制器，如图14-32所示。

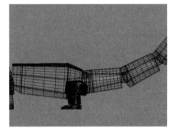

图14-31

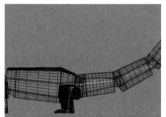

图14-32

04 按照上面的方法，再为尾部添加一个解算器，如图14-33所示。

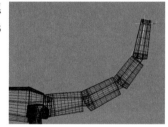

图14-33

05 选中IK解算器，然后移动位置，效果如图14-34所示。控制器将两段骨骼相连，只要移动控制器，骨骼就会相应发生移动和弯曲，类似于关节的效果。但第一次添加的控制器不能控制后方控制器的位置。

06 在场景资源管理器中，将IK Chain002移动到IK Chain001的下方，成为子层级，此时移动IK Chain001解算器的效果如图14-35所示。可以观察到IK Chain002随着IK Chain001的移动而移动，但自身移动却不会影响IK Chain001。

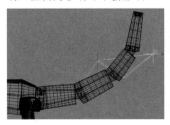

图14-34

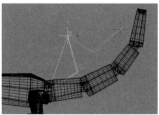

图14-35

◎ 工具：IK解算器　视频：076- IK解算器

◎ 位置：动画>IK解算器

◎ 用途：IK 解算器可以创建反向运动学解决方案，用于旋转和定位链中的链接。

01 新建一个空白场景，然后使用"骨骼"工具 骨骼 在场景中创建一组骨骼，如图14-36所示。

图14-36

02 选中如图14-37所示的骨骼，然后执行"动画>IK解算器>IK肢体解算器"菜单命令，如图14-38所示。

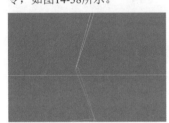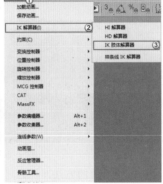

图14-37　　　　　　　图14-38

03 当指针上出现一条虚线时，向下移动到最下方的骨骼处，并单击鼠标选中该骨骼，会出现一个十字形的控制器，如图14-39所示。

04 选中该控制器，可以观察到有一条直线连接两端，如图14-40所示。

图14-39　　　　　　　图14-40

05 移动控制器，可以观察到骨骼随之移动，如图14-41所示。无论怎样移动，骨骼都不能反向弯曲，这样就符合了关节的特性。

图14-41

实例140 为模型添加蒙皮

场景位置	场景文件>CH14>03.max
实例位置	实例文件>CH14>为模型添加蒙皮.max
学习目标	掌握蒙皮修改器的用法

为角色创建好骨骼后，需要将角色的模型和骨骼绑定在一起，让骨骼带动角色的形体发生变化，这个过程就称为"蒙皮"。3ds Max 2016提供了两个蒙皮修改器，分别是"蒙皮"修改器和Physique修改器，这里重点讲解"蒙皮"修改器的使用方法。

◆ 模型创建

01 打开本书学习资源中的"场景文件>CH14>03.max"文件，如图14-42所示。这是添加了IK解算器的模型。

图14-42

02 选中模型，然后在修改器堆栈中加载一个"蒙皮"修改器，如图14-43所示。

03 在下方单击"骨骼"后方的"添加"按钮 添加 ，然后在弹出的对话框中选中所有的骨骼模型，如图14-44所示。

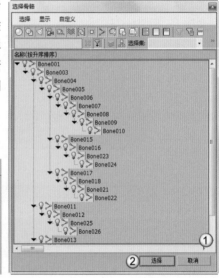

图14-43　　　　　　　图14-44

04 单击"选择"按钮后，骨骼模型将加载在下方的框中，如图14-45所示。这样模型与骨骼模型就全部绑定在一起了。

05 移动IK解算器，会观察到模型会有错误的部分，比如过度拉伸和模型重叠，如图14-46所示。

图14-45　　　　　　　图14-46

06 单击"编辑封套"按钮 <u>编辑封套</u>，然后会看到选中的骨骼上出现了一个红色的胶囊形状的控制器，如图14-47所示。

07 逐个调整胶囊的位置，使控制的红色部分只属于自身骨骼覆盖的部分，如图14-48所示。

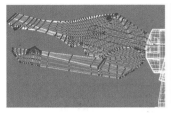 

图14-47　　　　　　　　　　　图14-48

技巧与提示 ✅

该步骤过于烦琐，文字不易描述，请读者观看教学视频。

↻ **技术回顾**

◎ 工具：蒙皮　视频：077- 蒙皮修改器

◎ 位置：修改器堆栈

◎ 用途：将骨骼与角色模型绑定。

01 新建一个空白场景，然后在场景中建立一个平面和4个球体，如图14-49所示。将平面视为模型，将4个球体视为骨骼，用于控制平面。

02 选中平面，然后为其加载一个"蒙皮"修改器，如图14-50所示。

图14-49　　　　　　　　　　　图14-50

03 在下方单击"骨骼"后方的"添加"按钮 <u>添加</u>，然后在弹出的对话框中选中所有的球体模型，如图14-51所示。

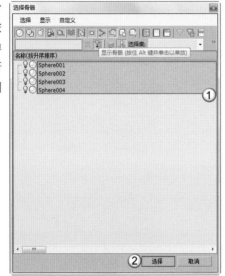

图14-51

04 单击"确定"按钮后，小球模型将加载在下方的框中，如图14-52所示。这样平面与球体就全部绑定在一起了。

05 选中小球并移动，可以观察到平面也随之部分移动，如图14-53所示。

 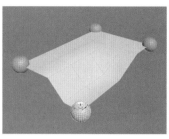

图14-52　　　　　　　　　　　图14-53

06 选中平面，然后在"修改"面板中单击"编辑封套"按钮 <u>编辑封套</u>，可以观察到小球的周围出现了一个红色的胶囊状控制器，如图14-54所示。

07 胶囊状控制器由两部分组成，里面正红色的控制器完全控制平面的区域，外面枣红色的控制器部分控制平面的区域。移动里面正红色的控制器，使其范围扩大，控制的范围更大，如图14-55所示。

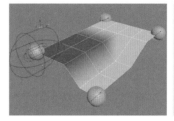 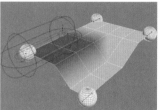

图14-54　　　　　　　　　　　图14-55

08 选择枣红色的控制器，然后继续扩大范围，可以观察到红色的控制区域周围出现了橙色，这部分不能对平面进行绝对控制，如图14-56所示。

09 移动选择的球体，可以观察到其所能影响平面的范围缩小了，如图14-57所示。

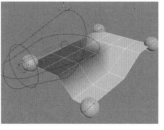 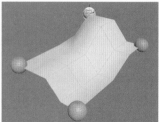

图14-56　　　　　　　　　　　图14-57

10 除了使用控制器调节范围，还可以使用"绘制权重"工具 <u>绘制权重</u> 在平面上绘制，如图14-58所示。

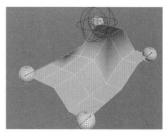

图14-58

实例141 制作尾巴动画

场景位置	场景文件>CH14>04.max
实例位置	实例文件>CH14>制作尾巴动画.max
学习目标	掌握动画的制作方法

案例效果如图14-59所示。

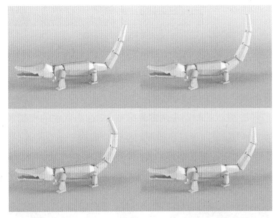

图14-59

01 打开本书学习资源中的"场景文件>CH14>04.max"文件，如图14-60所示。这是添加了蒙皮的模型，下面给尾巴添加一段动画效果。

02 选中尾巴根部的IK解算器，然后将时间滑块移动到第20帧，接着单击"自动关键点"按钮 自动关键点 ，并移动解算器到如图14-61所示的位置。

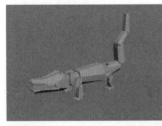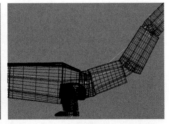

图14-60　　　　　　　图14-61

03 保持"自动关键点"按钮 自动关键点 为激活状态，然后选中尾巴尖部的IK解算器，接着移动到如图14-62所示的位置。

04 将时间滑块移动到第30帧，然后选中尾巴根部的IK解算器，接着移动解算器到获得如图14-63所示的效果。

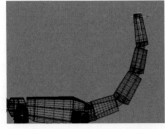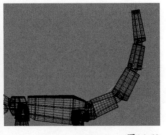

图14-62　　　　　　　图14-63

05 保持"自动关键点"按钮 自动关键点 为激活状态，然后选中尾巴尖部的IK解算器，接着移动到如图14-64所示的位置。

06 将时间滑块移动到第40帧，然后选中尾巴根部的IK解算器，接着移动解算器到获得如图14-65所示的效果。

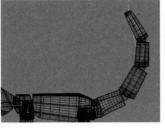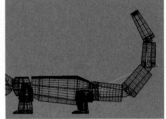

图14-64　　　　　　　图14-65

07 保持"自动关键点"按钮 自动关键点 为激活状态，然后选中尾巴尖部的IK解算器，接着移动到如图14-66所示的位置。

08 将时间滑块移动到第50帧，然后选中尾巴尖部的IK解算器，接着移动解算器到获得如图14-67所示的效果。最后单击"自动关键点"按钮 自动关键点 。

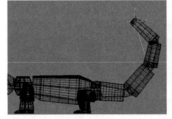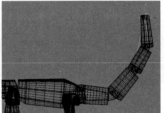

图14-66　　　　　　　图14-67

09 播放动画，观察动画的效果和流畅度。会发现尾巴尖部最后的动作很生硬，选中尾巴尖部的解算器，然后将第50帧的关键帧移动到第60帧位置。选取几个效果明显的帧进行渲染，最终效果如图14-68所示。

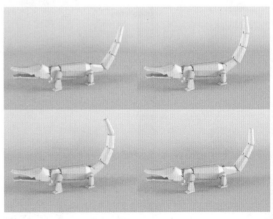

图14-68

Q 如何快速创建人体骨骼

演示视频033：如何快速创建人体骨骼

对于人物角色模型，创建骨骼会显得非常麻烦。3ds Max提供了一键创建人体骨骼的工具Biped。下面讲解一下Biped的使用方法。

第1步：在"创建"面板中单击"系统"按钮，然后选择"标准"选项，接着单击"Biped"按钮，如图14-69所示。

第2步：在场景中拖曳出一个人体骨骼模型，如图14-70所示。

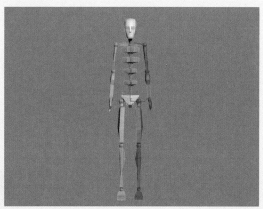

图14-69   图14-70

第3步：可以对骨骼进行操控，只需要对模型进行蒙皮即可。

Q 怎样能制作出好看的动画

演示视频034：怎样能制作出好看的动画

怎样制作出好看的动画是动画初学者最关心的问题。

第1点：物体动作的关键帧记录不能违背自然规律。比如人物正常走路时不能同手同脚，如图14-71所示。同侧手脚应向相反的方向运动，如图14-72所示。

第2点：在不违背自然规律的情况下，适当地进行夸张。在制作动画时，无论是动作还是面部表情，都是要进行适当夸张的。图14-73所示是一个起跑的姿势，整个身体前倾。对照生活中起跑的姿势，动画的姿势会更加夸张一些。

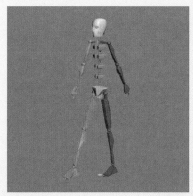
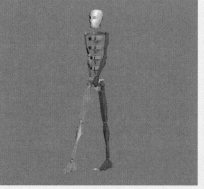
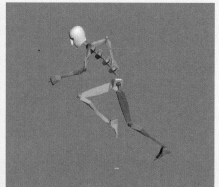

图14-71   图14-72   图14-73

第3点：确定好动作的关键帧。在制作动画时，都是通过关键帧的动作进行连接的，确定好关键帧的姿势就尤为重要。如走路动画的关键帧为5帧，如图14-74所示。这里只是展示手部和腿部的关键帧，身体移动和倾斜的部分没有制作。

第4点：善于观察生活，做生活的有心人。遇到没有做过的动作时该怎么制作动画关键帧？这就需要生活经验的积累。对于人体动作，可以亲身做一遍，感受一下运动的过程，然后在纸上画出关键帧的大致效果；对于动物类的动作，可以去查找一些自然纪录片，然后画出关键帧；对于面部表情，则可以对照镜子自己做一遍。

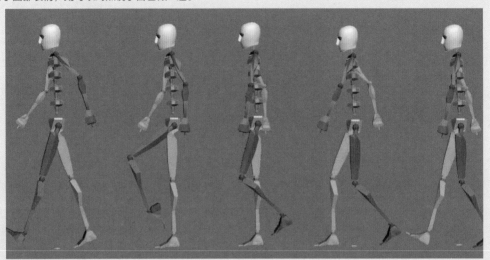

图14-74

第5点：动画中不要出现静止不动的画面。在制作一段动画时，最忌讳画面完全静止不动。遇到静止的物体，可以做一些微小的动作来打破沉寂的画面，眨眼睛、抖动尾巴、活动脚趾这些细小的动作都可以记录下来，让画面看起来更加丰富。

第6点：勤于练习。读者可以去网上下载一些绑定好的模型，然后对照优秀的动画片模仿其动作的姿势和表情。多看多练才能有所进步。

附录

附录A 3ds Max快捷键索引

主界面快捷键

操作	快捷键
显示降级适配（开关）	O
适应透视图格点	Shift+Ctrl+A
排列	Alt+A
角度捕捉（开关）	A
动画模式（开关）	N
改变到后视图	K
背景锁定（开关）	Alt+Ctrl+B
前一时间单位	.
下一时间单位	,
改变到顶视图	T
改变到底视图	B
改变到摄影机视图	C
改变到前视图	F
改变到正交视图	U
改变到右视图	R
改变到透视图	P
循环改变选择方式	Ctrl+F
默认灯光（开关）	Ctrl+L
删除物体	Delete
当前视图暂时失效	D
是否显示几何体内框（开关）	Ctrl+E
显示第一个工具条	Alt+1
专家模式，全屏（开关）	Ctrl+X
暂存场景	Alt+Ctrl+H
取回场景	Alt+Ctrl+F
冻结所选物体	6
跳到最后一帧	End
跳到第一帧	Home
显示/隐藏摄影机	Shift+C
显示/隐藏几何体	Shift+O
显示/隐藏网格	G
显示/隐藏帮助物体	Shift+H
显示/隐藏光源	Shift+L
显示/隐藏粒子系统	Shift+P
显示/隐藏空间扭曲物体	Shift+W
锁定用户界面（开关）	Alt+0
匹配到摄影机视图	Ctrl+C
材质编辑器	M
最大化当前视图（开关）	W
脚本编辑器	F11
新建场景	Ctrl+N
法线对齐	Alt+N
向下轻推网格	小键盘 –
向上轻推网格	小键盘 +
NURBS表面显示方式	Alt+L或Ctrl+4
NURBS调整方格1	Ctrl+1
NURBS调整方格2	Ctrl+2
NURBS调整方格3	Ctrl+3
偏移捕捉	Alt+Ctrl+Space（Space键即空格键）
打开一个MAX文件	Ctrl+O
平移视图	Ctrl+P
交互式平移视图	I
放置高光	Ctrl+H
播放/停止动画	/
快速渲染	Shift+Q
回到上一场景操作	Ctrl+A
回到上一视图操作	Shift+A

操作	快捷键
撤销场景操作	Ctrl+Z
撤销视图操作	Shift+Z
刷新所有视图	1
用前一次的参数进行渲染	Shift+E或F9
渲染配置	Shift+R或F10
在XY/YZ/ZX锁定中循环改变	F8
约束到x轴	F5
约束到y轴	F6
约束到z轴	F7
旋转视图模式	Ctrl+R或V
保存文件	Ctrl+S
透明显示所选物体（开关）	Alt+X
选择父物体	PageUp
选择子物体	PageDown
根据名称选择物体	H
选择锁定（开关）	Space（Space键即空格键）
减淡所选物体的面（开关）	F2
显示所有视图网格（开关）	Shift+G
显示/隐藏命令面板	3
显示/隐藏浮动工具条	4
显示最后一次渲染的图像	Ctrl+I
显示/隐藏主要工具栏	Alt+6
显示/隐藏安全框	Shift+F
显示/隐藏所选物体的支架	J
百分比捕捉（开关）	Shift+Ctrl+P
打开/关闭捕捉	S
循环通过捕捉点	Alt+Space（Space键即空格键）
间隔放置物体	Shift+I
改变到光线视图	Shift+4
循环改变子物体层级	Ins
子物体选择（开关）	Ctrl+B
贴图材质修正	Ctrl+T
加大动态坐标	+
减小动态坐标	–
激活动态坐标（开关）	X
精确输入转变量	F12
全部解冻	7
根据名字显示隐藏的物体	5
刷新背景图像	Alt+Shift+Ctrl+B
显示几何体外框（开关）	F4
视图背景	Alt+B
用方框快显几何体（开关）	Shift+B
打开虚拟现实	数字键盘1
虚拟视图向下移动	数字键盘2
虚拟视图向左移动	数字键盘4
虚拟视图向右移动	数字键盘6
虚拟视图向中移动	数字键盘8
虚拟视图放大	数字键盘7
虚拟视图缩小	数字键盘9
实色显示场景中的几何体（开关）	F3
全部视图显示所有物体	Shift+Ctrl+Z
视窗缩放到选择物体范围	E
缩放范围	Alt+Ctrl+Z
视窗放大两倍	Shift++（数字键盘）
放大镜工具	Z
视窗缩小两倍	Shift+-（数字键盘）
根据框选进行放大	Ctrl+W
视窗交互式放大	[
视窗交互式缩小	]

轨迹视图快捷键

操作	快捷键
加入关键帧	A
前一时间单位	<
下一时间单位	>
编辑关键帧模式	E
编辑区域模式	F3
编辑时间模式	F2
展开对象切换	O
展开轨迹切换	T
函数曲线模式	F5或F
锁定所选物体	Space（Space键即空格键）
向上移动高亮显示	↓
向下移动高亮显示	↑
向左轻移关键帧	←
向右轻移关键帧	→
位置区域模式	F4
回到上一场景操作	Ctrl+A
向下收拢	Ctrl+↓
向上收拢	Ctrl+↑

渲染器设置快捷键

操作	快捷键
用前一次的配置进行渲染	F9
渲染配置	F10

示意视图快捷键

操作	快捷键
下一时间单位	>
前一时间单位	<
回到上一场景操作	Ctrl+A

Active Shade快捷键

操作	快捷键
绘制区域	D
渲染	R
锁定工具栏	Space（Space键即空格键）

视频编辑快捷键

操作	快捷键
加入过滤器项目	Ctrl+F
加入输入项目	Ctrl+I
加入图层项目	Ctrl+L
加入输出项目	Ctrl+O
加入新的项目	Ctrl+A
加入场景事件	Ctrl+S
编辑当前事件	Ctrl+E
执行序列	Ctrl+R
新建序列	Ctrl+N

NURBS编辑快捷键

操作	快捷键
CV约束法线移动	Alt+N
CV约束到U向移动	Alt+U
CV约束到V向移动	Alt+V
显示曲线	Shift+Ctrl+C
显示控制点	Ctrl+D
显示格子	Ctrl+L
NURBS面显示方式切换	Alt+L
显示表面	Shift+Ctrl+S
显示工具箱	Ctrl+T
显示表面整齐	Shift+Ctrl+T
根据名字选择本物体的子层级	Ctrl+H
锁定2D所选物体	Space（Space键即空格键）
选择U向的下一点	Ctrl+→
选择V向的下一点	Ctrl+↑
选择U向的前一点	Ctrl+←
选择V向的前一点	Ctrl+↓
根据名字选择子物体	H
柔化所选物体	Ctrl+S
转换到CV曲线层级	Alt+Shift+Z
转换到曲线层级	Alt+Shift+C
转换到点层级	Alt+Shift+P
转换到CV曲面层级	Alt+Shift+V
转换到曲面层级	Alt+Shift+S
转换到上一层级	Alt+Shift+T
转换降级	Ctrl+X

FFD快捷键

操作	快捷键
转换到控制点层级	Alt+Shift+C

附录B　常见材质参数设置索引

说明：本附录是本书3个附录中最重要的一个，列出了12类常见的材质以及一些特殊的材质，共60种材质，包括玻璃材质、金属材质、布料材质、木纹材质、石材材质、陶瓷材质、漆类材质、皮革材质、壁纸材质、塑料材质、液体材质、自发光材质和其他材质。注意，本附录所给出的参数是制作材质的一种基本思路，在面对实际项目时，某些参数要根据场景重新设置，如漫反射/反射/折射/烟雾的颜色、反射与折射的细分值、烟雾倍增值、凹凸与置换值、贴图的瓷砖U/V值、贴图的模糊值以及是否开启菲涅耳反射等。

B.1　玻璃材质

材质名称	示例图	贴图	参数设置		用途
普通玻璃材质			漫反射	漫反射颜色=（红:129，绿:187，蓝:188）	家具装饰
			反射	反射颜色=（红:20，绿:20，蓝:20），高光光泽度=0.9，反射光泽度=0.95，细分=10，菲涅耳反射=勾选	
			折射	折射颜色=（红:240，绿:240，蓝:240），细分=20，影响阴影=勾选，烟雾颜色=（红:242，绿:255，蓝:253），烟雾倍增=0.2	
			其他		
窗玻璃材质			漫反射	漫反射颜色=（红:193，绿:193，蓝:193）	窗户装饰
			反射	反射通道=衰减贴图，侧=（红:134，绿:134，蓝:134），衰减类型=Fresnel，反射光泽度=0.99，细分=20	
			折射	折射颜色=白色，光泽度=0.99，细分=20，影响阴影=勾选，烟雾颜色=（红:242，绿:243，蓝:247），烟雾倍增=0.001	
			其他		
彩色玻璃材质			漫反射	漫反射颜色=黑色	家具装饰
			反射	反射颜色=白色，细分=15，菲涅耳反射=勾选	
			折射	折射颜色=白色，细分=15，影响阴影=勾选，烟雾颜色=自定义，烟雾倍增=0.04	
			其他		
磨砂玻璃材质			漫反射	漫反射颜色=（红:180，绿:189，蓝:214）	家具装饰
			反射	反射颜色=（红:57，绿:57，蓝:57），菲涅耳反射=勾选，反射光泽度=0.95	
			折射	折射颜色=（红:180，绿:180，蓝:180），光泽度=0.95，影响阴影=勾选，折射率=1.2，退出颜色=勾选，退出颜色=（红:3，绿:30，蓝:55）	
			其他		
龟裂缝玻璃材质			漫反射	漫反射颜色=（红:213，绿:234，蓝:222）	家具装饰
			反射	反射颜色=（红:119，绿:119，蓝:119），高光光泽度=0.8，反射光泽度=0.9，细分=15	
			折射	折射颜色=（红:217，绿:217，蓝:217），细分=15，影响阴影=勾选，烟雾颜色=（红:247，绿:255，蓝:255），烟雾倍增=0.3	
			其他	凹凸通道=贴图，凹凸强度=−20	
镜子材质			漫反射	漫反射颜色=（红:24，绿:24，蓝:24）	家具装饰
			反射	反射颜色=（红:239，绿:239，蓝:239）	
			折射		
			其他		
水晶材质			漫反射	漫反射颜色=（红:248，绿:248，蓝:248）	家具装饰
			反射	反射颜色=（红:250，绿:250，蓝:250），菲涅耳反射=勾选	
			折射	折射颜色=（红:130，绿:130，蓝:130），折射率=2，影响阴影=勾选	
			其他		

B.2 金属材质

材质名称	示例图	贴图	参数设置		用途
亮面不锈钢材质			漫反射	漫反射颜色=（红:49，绿:49，蓝:49）	家具及陈设品装饰
			反射	反射颜色=（红:210，绿:210，蓝:210），高光光泽度=0.8，细分=16	
			折射		
			其他	双向反射=沃德	
亚光不锈钢材质			漫反射	漫反射颜色=（红:40，绿:40，蓝:40）	家具及陈设品装饰
			反射	反射颜色=（红:180，绿:180，蓝:180），高光光泽度=0.8，反射光泽度=0.8，细分=20	
			折射		
			其他	双向反射=沃德	
拉丝不锈钢材质			漫反射	漫反射颜色=（红:58，绿:58，蓝:58）	家具及陈设品装饰
			反射	反射颜色=（红:152，绿:152，蓝:152），反射通道=贴图，高光光泽度=0.9，高光光泽度通道=贴图，反射光泽度=0.9，细分=20	
			折射		
			其他	双向反射=沃德，各向异性（-1..1）=0.6，旋转=-15，反射与贴图的混合量=14，高光光泽与贴图的混合量=3，凹凸通道=贴图，凹凸强度=3	
银材质			漫反射	漫反射颜色=（红:186，绿:186，蓝:186）	家具及陈设品装饰
			反射	反射颜色=（红:98，绿:98，蓝:98），反射光泽度=0.8，细分=20	
			折射		
			其他	双向反射=沃德	
黄金材质			漫反射	漫反射颜色=（红:139，绿:39，蓝:0）	家具及陈设品装饰
			反射	反射颜色=（红:240，绿:194，蓝:54），反射光泽度=0.9，细分=15	
			折射		
			其他	双向反射=沃德	
亮铜材质			漫反射	漫反射颜色=（红:40，绿:40，蓝:40）	家具及陈设品装饰
			反射	反射颜色=（红:240，绿:190，蓝:126），高光光泽度=0.65，反射光泽度=0.9，细分=20	
			折射		
			其他		

B.3 布料材质

材质名称	示例图	贴图	参数设置		用途
绒布材质（注意，材质类型为标准材质）			明暗器	（O）Oren-Nayar-Blinn	家具装饰
			漫反射	漫反射通道=贴图	
			自发光	自发光=勾选，自发光通道=遮罩贴图，贴图通道=衰减贴图（衰减类型=Fresnel），遮罩通道=衰减贴图（衰减类型=阴影/灯光）	
			反射高光	高光级别=10	
			其他	凹凸强度=10，凹凸通道=噪波贴图，噪波大小=2（注意，这组参数需要根据实际情况进行设置）	
单色花纹绒布材质（注意，材质类型为标准材质）			明暗器	（O）Oren-Nayar-Blinn	家具装饰
			自发光	自发光=勾选，自发光通道=遮罩贴图，贴图通道=衰减贴图（衰减类型=Fresnel），遮罩通道=衰减贴图（衰减类型=阴影/灯光）	
			反射高光	高光级别=10	
			其他	漫反射颜色+凹凸通道=贴图，凹凸强度=-180（注意，这组参数需要根据实际情况进行设置）	

材质名称	示例图	贴图	参数设置		用途
麻布材质			漫反射	通道=贴图	家具装饰
			反射		
			折射		
			其他	凹凸通道=贴图，凹凸强度=20	
抱枕材质			漫反射	漫反射通道=抱枕贴图，模糊=0.05	家具装饰
			反射	反射颜色=（红:34，绿:34，蓝:34），反射光泽度=0.7，细分=20	
			折射		
			其他	凹凸通道=凹凸贴图	
毛巾材质			漫反射	漫反射颜色=（红:252，绿:247，蓝:227）	家具装饰
			反射		
			折射		
			其他	置换通道=贴图，置换强度=8	
半透明窗纱材质			漫反射	漫反射颜色=（红:240，绿:250，蓝:255）	家具装饰
			反射		
			折射	折射通道=衰减贴图，前=（红:180，绿:180，蓝:180），侧=黑色，光泽度=0.88，折射率=1.001，影响阴影=勾选	
			其他		
花纹窗纱材质（注意，材质类型为混合材质）			材质1	材质1通道=VRayMtl材质，漫反射颜色=（红:98，绿:64，蓝:42）	家具装饰
			材质2	材质2通道=VRayMtl材质，漫反射颜色=（红:164，绿:102，蓝:35），反射颜色=（红:162，绿:170，蓝:75），高光光泽度=0.82，反射光泽度=0.82，细分=15	
			遮罩	遮罩通道=贴图	
			其他		
软包材质			漫反射	漫反射通道=衰减贴图，前通道=软包贴图，模糊=0.1，侧=（红:248，绿:220，蓝:233）	家具装饰
			反射		
			折射		
			其他	凹凸通道=软包凹凸贴图，凹凸强度=45	
普通地毯			漫反射	漫反射通道=衰减贴图，前通道=地毯贴图，衰减类型=Fresnel	家具装饰
			反射		
			折射		
			其他	凹凸通道=地毯凹凸贴图，凹凸强度=60 置换通道=地毯凹凸贴图，置换强度=8	
普通花纹地毯			漫反射	漫反射通道=贴图	家具装饰
			反射		
			折射		
			其他		

B.4 木纹材质

材质名称	示例图	贴图	参数设置		用途
亮光木纹材质			漫反射	漫反射通道=贴图	家具及地面装饰
			反射	反射颜色=（红:40，绿:40，蓝:40），高光光泽度=0.75，反射光泽度=0.7，细分=15	
			折射		
			其他	凹凸通道=贴图，环境通道=输出贴图	
亚光木纹材质			漫反射	漫反射通道=贴图，模糊=0.2	家具及地面装饰
			反射	反射颜色=（红:213，绿:213，蓝:213），反射光泽度=0.6，菲涅耳反射=勾选	
			折射		
			其他	凹凸通道=贴图，凹凸强度=60	
木地板材质			漫反射	漫反射通道=贴图，瓷砖（平铺）U/V=6	地面装饰
			反射	反射颜色=（红:55，绿:55，蓝:55），反射光泽度=0.8，细分=15	
			折射		
			其他		

B.5 石材材质

材质名称	示例图	贴图	参数设置		用途
大理石地面材质			漫反射	漫反射通道=贴图	地面装饰
			反射	反射颜色=（红:228，绿:228，蓝:228），细分=15，菲涅耳反射=勾选	
			折射		
			其他		
人造石台面材质			漫反射	漫反射通道=贴图	台面装饰
			反射	反射通道=衰减贴图，衰减类型=Fresnel，高光光泽度=0.65，反射光泽度=0.9，细分=20	
			折射		
			其他		
拼花石材材质			漫反射	漫反射通道=贴图	地面装饰
			反射	反射颜色=（红:228，绿:228，蓝:228），细分=15，菲涅耳反射=勾选	
			折射		
			其他		
仿旧石材材质			漫反射	漫反射通道=混合贴图，颜色#1通道=旧墙贴图，颜色#2通道=破旧纹理贴图，混合量=50	墙面装饰
			反射		
			折射		
			其他	凹凸通道=破旧纹理贴图，凹凸强度=10 置换通道=破旧纹理贴图，置换强度=10	
文化石材材质			漫反射	漫反射通道=贴图	墙面装饰
			反射	反射颜色=（红:30，绿:30，蓝:30），高光光泽度=0.5	
			折射		
			其他	凹凸通道=贴图，凹凸强度=50	

材质名称	示例图	贴图	参数设置		用途
砖墙材质			漫反射	漫反射通道=贴图	墙面装饰
			反射	反射通道=衰减贴图，侧=（红:18，绿:18，蓝:18），衰减类型=Fresnel，高光光泽度=0.5，反射光泽度=0.8	
			折射		
			其他	凹凸通道=灰度贴图，凹凸强度=120	
玉石材质			漫反射	漫反射颜色=（红:88，绿:146，蓝:70）	陈设品装饰
			反射	反射颜色=（红:111，绿:111，蓝:111），菲涅耳反射=勾选	
			折射	折射颜色=白色，光泽度=0.32，细分=20，烟雾颜色=（红:88，绿:146，蓝:70），烟雾倍增=0.2	
			其他	半透明类型=硬（蜡）模型，背面颜色=（红:182，绿:207，蓝:174），散布系数=0.4，正/背面系数=0.44	

B.6 陶瓷材质

材质名称	示例图	贴图	参数设置		用途
白陶瓷材质			漫反射	漫反射颜色=白色	陈设品装饰
			反射	反射颜色=（红:131，绿:131，蓝:131），细分=15，菲涅耳反射=勾选	
			折射	折射颜色=（红:30，绿:30，蓝:30），光泽度=0.95	
			其他	半透明类型=硬（蜡）模型，厚度=0.05mm（该参数要根据实际情况而定）	
青花瓷材质			漫反射	漫反射通道=贴图，模糊=0.01	陈设品装饰
			反射	反射颜色=白色，菲涅耳反射=勾选	
			折射		
			其他		
马赛克材质			漫反射	漫反射通道=马赛克贴图	墙面装饰
			反射	反射颜色=（红:10，绿:10，蓝:10），反射光泽度=0.95	
			折射		
			其他	凹凸通道=灰度贴图	

B.7 漆类材质

材质名称	示例图	贴图	参数设置		用途
白色乳胶漆材质			漫反射	漫反射颜色=（红:250，绿:250，蓝:250）	墙面装饰
			反射	反射通道=衰减贴图，衰减类型=Fresnel，高光光泽度=0.8，反射光泽度=0.85，细分=20	
			折射		
			其他	环境通道=输出贴图，输出量=1.2，跟踪反射=关闭	
彩色乳胶漆材质			漫反射	漫反射颜色=自定义	墙面装饰
			反射	反射颜色=（红:18，绿:18，蓝:18），高光光泽度=0.25，细分=15	
			其他	跟踪反射=关闭	
烤漆材质			漫反射	漫反射颜色=黑色	电器及乐器装饰
			反射	反射颜色=（红:233，绿:233，蓝:233），反射光泽度=0.9，细分=20，菲涅耳反射=勾选	
			折射		
			其他		

B.8 皮革材质

材质名称	示例图	贴图	参数设置		用途
亮光皮革材质			漫反射	漫反射颜色=贴图	家具装饰
			反射	反射颜色=（红:79，绿:79，蓝:79），高光光泽度=0.65，反射光泽度=0.7，细分=20	
			折射		
			其他	凹凸通道=凹凸贴图	
亚光皮革材质			漫反射	漫反射颜色=（红:250，绿:246，蓝:232）	家具装饰
			反射	反射颜色=（红:45，绿:45，蓝:45），高光光泽度=0.65，反射光泽度=0.7，细分=20 菲涅耳反射=勾选，菲涅耳反射率=2.6	
			折射		
			其他	凹凸通道=贴图	

B.9 壁纸材质

材质名称	示例图	贴图	参数设置		用途
壁纸材质			漫反射	通道=贴图	墙面装饰
			反射		
			折射		
			其他		

B.10 塑料材质

材质名称	示例图	贴图	参数设置		用途
普通塑料材质			漫反射	漫反射颜色=自定义	陈设品装饰
			反射	反射通道=衰减贴图，前=（红:22，绿:22，蓝:22），侧=（红:200，绿:200，蓝:200），衰减类型=Fresnel，高光光泽度=0.8，反射光泽度=0.7，细分=15	
			折射		
			其他		
半透明塑料材质			漫反射	漫反射颜色=自定义	陈设品装饰
			反射	反射颜色=（红:51，绿:51，蓝:51），高光光泽度=0.4，反射光泽度=0.6，细分=10，菲涅耳反射=勾选	
			折射	折射颜色=（红:221，绿:221，蓝:221），光泽度=0.9，细分=10，折射率=1.01，影响阴影=勾选，烟雾颜色=漫反射颜色，烟雾倍增=0.05	
			其他		
塑钢材质			漫反射	漫反射颜色=白色	家具装饰
			反射	反射颜色=（红:233，绿:233，蓝:233），反射光泽度=0.9，细分=20，菲涅耳反射=勾选	
			折射		
			其他		

B.11 液体材质

材质名称	示例图	贴图	参数设置		用途
清水材质			漫反射	漫反射颜色=（红:123，绿:123，蓝:123）	室内装饰
			反射	反射颜色=白色，菲涅耳反射=勾选，细分=15	
			折射	折射颜色=（红:241，绿:241，蓝:241），细分=20，折射率=1.333，影响阴影=勾选	
			其他	凹凸通道=噪波贴图，噪波大小=0.3（该参数要根据实际情况而定）	
游泳池水材质			漫反射	漫反射颜色=（红:15，绿:162，蓝:169）	公用设施装饰
			反射	反射颜色=（红:132，绿:132，蓝:132），反射光泽度=0.97，菲涅耳反射=勾选	
			折射	折射颜色=（红:241，绿:241，蓝:241），折射率=1.333，影响阴影=勾选，烟雾颜色=漫反射颜色，烟雾倍增=0.01	
			其他	凹凸通道=噪波贴图，噪波大小=1.5（该参数要根据实际情况而定）	
红酒材质			漫反射	漫反射颜色=（红:146，绿:17，蓝:60）	陈设品装饰
			反射	反射颜色=（红:57，绿:57，蓝:57），细分=20，菲涅耳反射=勾选	
			折射	折射颜色=（红:222，绿:157，蓝:191），细分=30，折射率=1.333，影响阴影=勾选，烟雾颜色=（红:169，绿:67，蓝:74）	
			其他		

B.12 自发光材质

材质名称	示例图	贴图	参数设置		用途
灯管材质（注意，材质类型为VR-灯光材质）			颜色	颜色=白色，强度=25（该参数要根据实际情况而定）	电器装饰
电脑屏幕材质（注意，材质类型为VR-灯光材质）			颜色	颜色=白色，强度=25（该参数要根据实际情况而定），通道=贴图	电器装饰
灯带材质（注意，材质类型为VR-灯光材质）			颜色	颜色=自定义，强度=25（该参数要根据实际情况而定）	陈设品装饰
环境材质（注意，材质类型为VR-灯光材质）			颜色	颜色=白色，强度=25（该参数要根据实际情况而定），通道=贴图	室外环境装饰

B.13 其他材质

材质名称	示例图	贴图	参数设置		用途
叶片材质（注意，材质类型为标准材质）			漫反射	漫反射通道=叶片贴图	室内/外装饰
			不透明度	不透明度通道=黑白遮罩贴图	
			反射高光	高光级别=40，光泽度=50	
			其他		
水果材质			漫反射	漫反射通道=贴图，模糊=15（根据实际情况来定）	室内/外装饰
			反射	反射颜色=（红:15，绿:15，蓝:15），高光光泽度=0.7，反射光泽度=0.65，细分=16	
			折射		
			其他	半透明类型=硬（蜡）模型，背面颜色=（红:251，绿:48，蓝:21），凹凸通道=贴图，凹凸强度=15	
草地材质			漫反射	漫反射通道=草地贴图	室外装饰
			反射	反射颜色=（红:28，绿:43，蓝:25），反射光泽度=0.85	
			折射		
			其他	跟踪反射=关闭，草地模型=加载VRay置换模式修改器，类型=2D贴图（景观），纹理贴图=草地贴图，数量=15mm（该参数要根据实际情况而定）	
镂空藤条材质（注意，材质类型为标准材质）			漫反射	漫反射通道=藤条贴图	家具装饰
			不透明度	不透明度通道=黑白遮罩贴图	
			反射高光	高光级别=60	
			其他		
沙盘楼体材质			漫反射	漫反射颜色=（红:237，绿:237，蓝:237）	陈设品装饰
			反射		
			折射		
			其他	不透明度通道=VR-边纹理贴图，颜色=白色，像素=0.3	
书本材质			漫反射	漫反射通道=贴图	陈设品装饰
			反射	反射颜色=（红:80，绿:80，蓝:80），细分=20，菲涅耳反射=勾选	
			折射		
			其他		
画材质			漫反射	漫反射通道=贴图	陈设品装饰
			反射		
			折射		
			其他		
毛发地毯材质（注意，该材质用VR-毛皮工具进行制作）			根据实际情况，对VR-毛皮的参数进行设定，如长度、厚度、重力、弯曲、结数、方向变量和长度变化。另外，毛发颜色可以直接在"修改"面板中选择		地面装饰

附录C　3ds Max 2016优化与常见问题速查

C.1　软件的安装环境

3ds Max 2016必须在Windows 7或以上的64位系统中才能正确安装。所以，要正确使用3ds Max 2016，首先要将计算机的系统换成Windows 7或更高版本的64位系统，如右图所示。

C.2　软件的流畅性优化

3ds Max 2016对计算机的配置要求比较高，如果用户的计算机配置比较低，运行起来可能会比较困难，但是可以通过一些优化来提高软件的流畅性。

更改显示驱动程序：3ds Max 2016默认的显示驱动程序是Nitrous Direct3D 9，该驱动程序对显卡的要求比较高，我们可以将其换成对显卡要求比较低的驱动程序。执行"自定义>首选项"菜单命令，打开"首选项设置"对话框，然后单击"视口"选项卡，接着在"显示驱动程序"选项组下单击"选择驱动程序"按钮 选择驱动程序... ，在弹出的对话框中选择"旧版OpenGL"驱动程序，如右图所示。旧版OpenGL驱动程序不仅对显卡的要求比较低，同时也不会影响用户的正常操作。

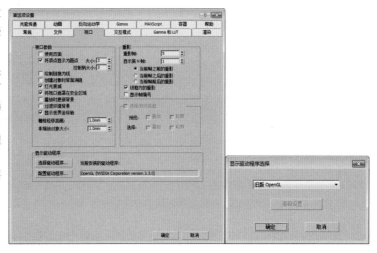

优化软件界面：3ds Max 2016默认的软件界面中有很多的工具栏，其中最常用的是主工具栏和命令面板，可以将其他工具栏隐藏起来，在需要用到的时候再将其调出来，整个界面只需要保留主工具栏和命令面板即可。隐藏掉暂时用不到的工具栏不仅可以提高软件的运行速度，还可以让操作界面更加整洁，如右图所示。

注意：如果用户修改了显示驱动程序并优化了软件界面，3ds Max 2016的运行速度依然很慢的话，建议重新购买一台配置较高的计算机，且以后在做实际项目时，也需要拥有一台配置好的计算机，这样才能提高工作效率。

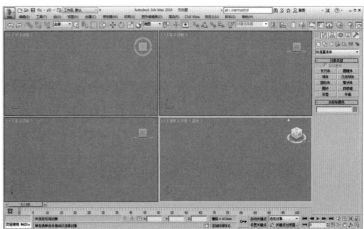

C.3 打开文件时的问题

在打开场景文件时，如果提示文件的单位不匹配，请选择"采用文件单位比例"选项（如果选择另外一个选项，则场景的缩放比例会出现问题），如图A所示；如果打开场景文件时提示缺少DLL文件，一般情况下是没有影响的，如图B所示；但是如果提示缺少V-Ray的相关文件，则是因为没有安装V-Ray渲染器，这种情况就必须安装V-Ray渲染器，本书所使用的V-Ray渲染器是V-Ray 3.0版本，如图C所示。

图A   图B   图C

C.4 自动备份文件

在很多时候，由于我们的一些误操作，很可能导致3ds Max崩溃，但不要紧，3ds Max会自动将当前文件保存到"C:\Users\Administrator\Documents\3dsMax\autoback"路径下，待重启3ds Max后，在该路径下可以找到自动保存的备份文件，但是自动备份文件会出现贴图缺失的情况，就算打开了也需要重新链接贴图文件，因此我们还要养成及时保存文件的良好习惯。

C.5 贴图重新链接的问题

在打开场景文件时，经常会出现贴图缺失的情况，这就需要我们手动链接缺失的贴图。本书所有的场景文件都将贴图整理归类在一个文件夹中，如果在打开场景文件时提示缺失贴图，读者可以参考本书第149页的"行业问答：丢失了贴图怎么处理"，重新链接缺失的贴图以及其他场景资源。

C.6 在渲染时让软件不满负荷运行

在一般情况下，3ds Max在渲染时都是满负荷运行，此时要用计算机做一些其他事情则会非常卡。如果要在渲染时做一些其他事情，可以关掉一两个CPU，如图A所示；另外，也可以通过勾选V-Ray渲染器的"低线程优先权"选项来实现低线程渲染，这样可以让计算机不满负荷运行，如图B所示。

图A   图B